생성형 AI
활용 생산성 향상

공저   최재용 강혜정 김재연 노경훈 박성우 신오영 양양금
      유양석 윤은숙 이도혜 이은정 임상희 최금선
감수   김진선

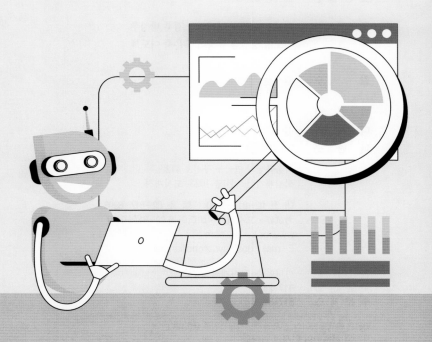

미디어북

생성형 AI 활용 생산성 향상

초 판 인 쇄	2024년 6월 13일
초 판 발 행	2024년 6월 20일
공 저 자	최재용 강혜정 김재연 노경훈 박성우
	신오영 양양금 유양석 윤은숙 이도혜
	이은정 임상희 최금선
감 수	김진선
발 행 인	정상훈
디 자 인	신아름
펴 낸 곳	미디어북

서울특별시 관악구 봉천로 472
코업레지던스 B1층 102호 고시계사

대 표 02-817-2400   팩 스 02-817-8998
考試界・고시계사・미디어북 02-817-0419
www.gosi-law.com
E-mail : goshigye@chollian.net

판 매 처	미디어북・고시계사
주 문 전 화	817-2400
주 문 팩 스	817-8998

정가 20,000원   ISBN 979-11-89888-86-2   13560

미디어북은 고시계사 자매회사입니다

생성형 AI 활용
생산성 향상

AI는 데이터 분석, 보고서 작성, 마케팅 등 다양한 분야에서 그 잠재력을 발휘하고 있다.

'생성형 AI 활용 생산성 향상', 이 책은 AI 프롬프트 엔지니어링과 생성형 AI를 활용한 다양한 사례와 방법들을 소개해 독자들이 실제 업무에 적용할 수 있도록 돕고자 한다. AI 기술을 활용한 업무 생산성 강화 방법부터 챗봇 제작, 이미지 향상, 데이터 시각화, SNS 마케팅 등 다양한 주제를 다루고 있으며, 각 분야의 전문가들이 집필한 실용적인 노하우를 담고 있다.

먼저, 노경훈의 'AI 프롬프트 엔지니어링 활용법, 기업 및 공공기관 생산성 강화'는 AI 프롬프트 엔지니어링을 통해 기업과 공공기관이 생산성을 어떻게 높일 수 있는지에 대해 설명한다. 이어서 김재연의 '생산성 UP! 챗GPT-4로 간편한 데이터 분석'에서는 챗GPT-4를 활용한 데이터 분석 방법을 소개한다.

이은정의 '데이터 시각화 루커 스튜디오(Looker Studio)'는 데이터 시각화 툴 사용법을 설명한다. 윤은숙의 '생성형 AI 활용한 업무 효율 높이는 보고서 작성'과 강혜정의 '업무 효율을 높이는 MS Copilot 활용법'은 생성형 AI와 MS Copilot을 이용해 업무 효율을 극대화하는 방법을 제시한다. 박성우의 '코파일럿을 활용한 블로그 글쓰기'는 블로그 글쓰기에 AI를 활용하는 구체적인 사례를 제공한다.

또한, 신오영의 '내 손안의 AI, 스마트폰으로 업무 효율 향상시키는 방법'은 스마트폰을 이용한 AI 활용법을 다루고 있으며, 이도혜의 '인공지능 PPT 3분 만에 만들기 감마 앱'은 PPT 제작의 혁신을 가져오며 프리젠테이션 등 업무 효율성을 높이는 데 크게 기여하고 있다.

최금선의 '업무 생산성 향상을 위한 챗GPT 챗봇 GPTs 제작하기'는 챗봇 제작 방법을 다루고 있다. 최재용의 'AI 챗봇시대, D-ID로 AI 챗봇 에이전트 만들기'는 D-ID를 활용한 AI 챗봇 에이전트 제작 방법을 소개한다.

유양석의 '챗GPT 챗봇 활용, AI 이미지로 업무 효율 UP!'과 양양금의 '생성형 AI를 활용한 이미지(Image) 향상 비법'은 AI를 활용한 이미지 작업 노하우를, 임상희의 '생성형 AI로 SNS 마케팅 홍보 문구와 동영상 만들기'는 생성형 AI를 이용한 SNS 마케팅 기법을 소개하고 있다.

이 책을 통해 독자들이 AI 기술을 활용해 업무 효율성을 높이고, 생산성을 강화하는 데 도움을 받기를 바란다. AI 시대를 선도하는 지식과 기술을 습득하여 더욱 창의적이고 혁신적인 방법으로 일상과 업무에 적용할 수 있기를 기대한다.

끝으로 이 책의 감수를 맡아 수고하신 파이낸스투데이 전문위원, 이사이며 (사)한국AINFT협회 이사장인 김진선 교수님께 감사를 드리며 미디어북 임직원 여러분께도 감사의 말씀을 전한다.

2023년 6월

디지털융합교육원 **최 재 용** 원장

공저자 소개

최 재 용

과학기술정보통신부 인가 사단법인 4차산업혁명연구원 이사장과 디지털융합교육원 원장으로 전국을 누비며 생성형 AI 활용 업무효율화 강의를 하고 있다. 또한 한성대학교 지식서비스&컨설팅대학원 스마트융합컨설팅학과 겸임교수로 근무하고 있다.

(mdkorea@naver.com)

강 혜 정

디지털미래교육연구소 대표이자 디지털융합교육원 교수 및 선임연구원, 한국메타버스연구원 경기지회장으로 커뮤니티 리더, 생성형 AI 활용 교육전문가로 활동하고 있다. SNS마케팅, 메타버스, AI 아트, 챗GPT·생성형 AI 활용 업무 효율화 강의를 진행하고 있다. (hyejeongdream@gmail.com)

김 재 연

디지털융합교육원 지도교수, 선임연구원 및 AI 아티스트, 파이낸스투데이 기자로 활동 중이다. 생성형 AI를 실생활에 어떻게 활용할지 연구와 강의하고 있다. 저서로는 「40대, ChatGPT와 친해지는 이야기」, 「우리의 모든 시간이 글이 됐다」 등이 있다.

(lifeyes100@gmail.com)

저자는 숭실대와 단국대 등 대학에서 인공지능 챗GPT 활용법과 4차산업혁명을 강의하고 있다. 또한, 중소기업 대상으로 챗GPT 프롬프트 엔지니어링을 통한 생산성 강화전략 컨설팅 및 교육을 하고 있다. 한돌연구소 대표이사와 한국경제산업연구원 부원장으로 활동 중이다. (westover@naver.com)

노 경 훈

박 성 우

더드림 온라인 쇼핑몰을 운영하면서 파이낸스투데이 전주 지국장과 국가보훈부 광주제대군인지원센터에서 군 멘토로 활동 중이다. 특히 소상공인, 제대군인, 청년, 경력 단절 여성들을 위해 소셜 마케팅 강의와 창업 교육하며 꾸준히 소통하고 있으며 창업에 대한 거부감보다는 친근감을 느끼도록 노력하고 있다. (windpak07@naver.com)

디지털융합교육원 지도교수이자 ㈜스마트디지털마케팅센터의 대표이사이다. 영상편집, 영상제작, 인플루언서 광고 등을 진행하며 생성형 AI, SNS 마케팅 교육, 쇼호스트 및 크리에이터 양성 교육 등을 진행하고 있다. (clio1523@naver.com)

신 오 영

공저자 소개

양 양 금

한국문화예술교육협회 대표이고 디지털융합교육원 선임연구원이자 지도교수이며 (사)한국사진작가협회, 단국대학교 평생교육원에서 18년째 사진작가들을 양성하고 있고, ChatGPT, MS코파일럿, AI아트를 강의하고 있다.　　　(yein55@naver.com)

유 양 석

디지털융합교육원의 지도교수이며 챗GPT 강사로 활동 중이다. 이펙트하우스 상위 1% 크리에이터로서, 온오프라인에서 틱톡 스티커 강의를 진행한다. 또한 미디어 창업 뉴스의 취재기자로도 활동하고 있다. 저서로는 '디지털아티스트 틱톡 스티커 디자인의 시작', '쿠키와 친구들의 돌고래 섬 모험'이 있다.　　　(pillip012@naver.com)

윤 은 숙

디지털융합교육원 선임연구원이며 지도교수이다. 코파일럿, 챗GPT 강의를 하고 있으며 30여 년간 사진작가로 활동해 왔으며 사진과 블로그 강의도 하고 있다.

(phoyoon@naver.com)

한국AI콘텐츠연구소 대표, 디지털융합교육원 지도교수, 틱톡102K 크리에이터. 삼성전자 본사, 삼성 인재개발원을 비롯한 대기업 강의를 계속 하고 있다. 생성형AI를 활용한 업무효율화, 데이터분석, 프롬프트 엔지니어링, 영상제작, AI아트, 보고서쓰기, 기사쓰기 등 전국적으로 활발히 하고 있다.

 이 도 혜

(dohye.edu@gmail.com)

이 은 정

디지털융합교육원 선임연구원이며 지도교수로 인공지능 컨텐츠 강사로 활동하고 있다. D딤돌 온라인 커뮤니티에서 어벤저스 강사로 활동하며 생성형AI와 AI아트에 대해 연구하고 있다.

(wit299@naver.com)

글로벌마케팅전략원 원장으로 AI를 활용한 SNS 마케팅 교육과 컨설팅을 하고 있다. 디지털 융합 교육원 교수 및 선임연구원으로 활동중이다. 인공지능 컨텐츠 지도사 1급, 챗지피티 인공지능 지도사 1급, SNS 마케팅 전문가 1급을 가진 강사이다. 1등급 수능 영어 강사경력이 20년이다. (agafaw@naver.com)

임 상 희

공저자 소개

최 금 선

한국AI융합연구소 대표이자 디지털융합교육원 교수, 미래교육아카데미 전임강사, AI Artist로 생성형 AI 활용 업무효율화와 프롬프트엔지니어링, 코파일럿, 드론, 코딩 교육을 하고 있다. 저서로는 '프롬프트 플라톤의 대화처럼'과 '2024 AI를 활용한 업무효율 극대화 가이드' 외 4권이 있다.

(choiseon0921@gmail.com)

감 수 자 --

김 진 선

'i-MBC 하나더 TV 매거진' 발행인, 세종 대학교 세종 CEO 문학포럼 지도교수를 거쳐 현재 한국AINFT협회 이사장, 파이낸스투데이 전문위원/이사, SNS스토리저널 대표로서 활동 중이다. 30여 년간 기자로서의 활동을 바탕으로 출판 및 뉴스크리에이터 과정을 진행하고 있다.

(hisns1004@naver.com)

Contents

AI 프롬프트 엔지니어링 활용법 : 기업 및 공공기관 생산성 강화

Contents

CHAPTER
3

데이터 시각화 루커 스튜디오(Looker Studio)

Contents

생성형 AI 활용한 업무 효율 높이는 보고서 작성

Contents

CHAPTER 5

업무 효율을 높이는 MS Copilot 활용법

Contents

코파일럿(Copilot)을 활용한 블로그 글쓰기

CHAPTER 7

내 손안의 AI, 스마트폰으로 업무 효율 향상시키는 방법

Contents

인공지능 PPT 3분 만에 만들기 '감마 앱'

Contents

CHAPTER
11

챗GPT 챗봇 활용, AI 이미지로 업무 효율 UP!

Contents

생성형 AI를 활용한 이미지(Image) 향상 비법

CHAPTER 13

생성형 AI로 SNS 마케팅 홍보 문구와 동영상 만들기

Contents

AI 프롬프트 엔지니어링 활용법 : 기업 및 공공기관 생산성 강화

노 경 훈

제1장
AI 프롬프트 엔지니어링 활용법 : 기업 및 공공기관 생산성 강화

Prologue

21세기에 들어서면서 인공지능(AI) 기술은 우리의 삶을 혁신적으로 변화시키고 있다. AI는 다양한 산업 분야에서 업무를 자동화하고 효율성을 높이는 데 크게 기여하고 있다. 특히 생성형 AI 중 챗GPT는 그 중심에 있다. 최근 기업과 공공기관에서 이 기술을 활용해 업무 효율성을 극대화하고, 새로운 가치를 창출하려는 시도가 활발히 진행되고 있다.

챗GPT는 OpenAI에서 개발한 강력한 언어 모델로, 텍스트 기반의 다양한 작업을 수행할 수 있는 능력을 갖고 있다. 단순한 대화형 AI를 넘어, 고객 서비스, 데이터 분석, 보고서 작성, 교육 콘텐츠 생성 등 여러 방면에서 활용 가능성이 무궁무진하다. 이런 챗GPT의 성공적인 활용을 위해서는 효과적인 프롬프트 엔지니어링이 필수적이다. 프롬프트 엔지니어링은 AI에게 원하는 결과를 도출하기 위해 입력 문장을 설계하고 구성하는 기술로, 이를 통해 AI 모델의 성능을 극대화할 수 있다.

이 책은 AI와 프롬프트 엔지니어링에 대한 깊은 이해를 바탕으로, 프롬프트 작성의 기법과 실제 실무적인 사용 방법을 제공하고자 한다. 이를 통해 기업 및 공공기관이 AI를 효과적으로 활용할 수 있도록 돕는다. 독자 여러분이 본 저서를 통해 AI와 프롬프트 엔지니어링의 세계를 깊이 이해하고, 이를 통해 실제 현업에서 혁신적인 성과를 창출할 수 있기를 기대한다.

1. 프롬프트 엔지니어링(Prompt Engineering) 이해하기

1) 챗GPT 등장과 생성형 AI 열풍

마이크로소프트 창업자 빌 게이츠가 "인터넷의 발명만큼 중대한 사건"이라며 극찬한 인공지능(AI) 챗GPT는 출시된 지 5일 만에 이용자 수 100만 명을 확보하고, 두 달 만에 1억 명을 돌파하는 등 큰 인기를 끌었다. 사람들은 왜 이렇게 챗GPT에 열광할까?

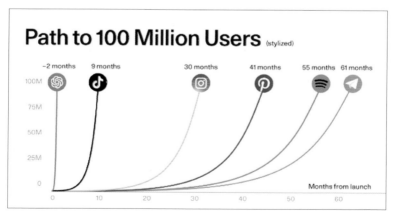

[그림1] 챗GPT 1억 명 돌파에 단 2달 소요(출처 : SEQUOAI)

챗GPT는 OpenAI에서 개발한 대화형 AI 서비스로 'Chat'과 'GPT (Generative Pre-trained Transformer)'의 합성어다. 이는 많은 데이터를 사전에 학습한 트랜스포머 계열의 대규모 언어 모델(GPT-3.5)을 기반으로 해 데이터를 생성하는 챗봇을 의미한다.

이 LLM 모델은 대량의 데이터를 학습해 새로운 정보를 생성하고 응답하는 능력을 갖추고 있다. 번역, 문장 재구성, 텍스트 요약, 콘텐츠 생성, 코딩 등 다양한 영역에서 우수한 성능을 발휘한다. 특히 인간 고유의 영역이라 여겨져 온 창작의 영역까지 AI가 파고들었다는 사실에 많은 사람이 놀라고 있다.

[그림2] 챗GPT 개념

챗GPT의 확산으로 전 산업에서 파괴적 혁신에 따른 기회 창출 및 사회적 파급력이 증대되면서 글로벌 빅테크 기업들의 움직임도 빨라지고 있다. MS, 구글, 메타, 바이두, 네이버 등 국내외 주요 IT 기업들이 앞다퉈 관련 서비스를 출시하며 생성 AI 시장을 둘러싼 주도권 쟁탈전이 치열해지고 있다.

한편, 생성 AI의 발전과 함께 해결해야 할 과제도 있다. 잘못된 정보나 허위 정보를 생성하는 할루시네이션 문제, 데이터 편향성, 개인정보 침해 및 유출, 저작권 문제 등이 있으며, 이에 대한 규제 논의도 활발히 이뤄지고 있다.

이처럼 해결해야 할 과제들도 많지만, 산업과 기업은 생성형 AI의 적극적인 도입과 활용을 통해 생산성 증대 및 차별화된 경쟁력 창출에 역점을 두고 있다.

2) 생성형 AI 개념과 작동 원리

생성형 인공지능(Generative AI)은 주어진 입력 데이터를 바탕으로 새로운 데이터를 생성하는 능력을 가진 AI 시스템을 말한다. 이는 단순히 데이터를 분석하고 이해하는 것을 넘어서, 인간처럼 창의적으로 새로운 콘텐츠를 만들어 낼 수 있는 기술이다.

생성형 AI는 자연어 처리(NLP), 이미지 생성, 음악 작곡, 비디오 생성 등 다양한 분야에서 활용될 수 있으며, 대표적인 예로는 OpenAI의 GPT(Generative Pre-trained Transformer) 시리즈가 있다.

[그림3] 생성형 AI Market Map 중 Foundation Medels(출처 : SEQUOAI)

생성형 AI는 크게 두 가지 주요 요소로 나눈다.(생성 모델과 판별 모델)

① 생성 모델은 새로운 데이터를 만들어 내는 역할을 한다.

② 판별 모델은 생성된 데이터의 품질을 평가한다. 예를 들어, 텍스트 생성에서는 문장의 문법적 정확성, 논리적 일관성 등을 평가하고, 이미지 생성에서는 생성된 이미지가 얼마나 실제와 유사한지를 평가한다.

생성형 AI의 작동 원리는 주로 두 가지 기법에 기반한다.

- 기계 학습(Machine Learning)과 신경망(Neural Networks) 특히 딥러닝(Deep Learning)인데 아래는 생성형 AI의 핵심 작동 원리이다.

(1) 기계 학습과 신경망

생성형 AI는 방대한 데이터 셋을 학습해 패턴을 인식하고 이를 바탕으로 새로운 데이터를 생성한다. 기계 학습에서는 데이터 셋을 통해 모델을 훈련시키고 학습된 모델이 새로운 입력에 대한 출력을 생성하도록 한다. 신경망은 인간의 뇌 구조를 모방한 것으로, 다층 퍼셉트론(Multi-layer Perceptron), 합성곱 신경망(Convolutional Neural Network, CNN), 순환 신경망(Recurrent Neural Network, RNN) 등의 다양한 구조가 있다.

(2) 딥러닝과 트랜스포머 모델

딥러닝은 다층 신경망을 활용해 복잡한 데이터의 패턴을 학습하는 기술이다.

- 특히 자연어 처리 분야에서 큰 성과를 거둔 트랜스포머(Transformer) 모델은 생성형 AI의 핵심 기술 중 하나이다. 트랜스포머 모델은 병렬 처리를 통해 대규모 데이터를 빠르고 효율적으로 학습할 수 있다. 이는 어텐션 메커니즘(Attention Mechanism)을 사용해 입력 데이터의 중요한 부분을 집중적으로 처리함으로써 더 나은 성능을 발휘한다.

트랜스포머 모델은 두 가지 주요 구성 요소로 이뤄져 있다.(인코더(Encoder)와 디코더(Decoder)).

① 인코더는 입력 데이터를 처리해 의미 있는 표현(임베딩)을 생성한다.
② 디코더는 이 표현을 바탕으로 새로운 데이터를 생성한다. GPT 시리즈는 트랜스포머의 디코더 부분을 활용해 텍스트를 생성하는 모델이다.

(3) 생성 모델의 학습 과정

생성형 AI 모델의 학습은 크게 두 단계로 나눌 수 있다.(사전 학습(Pre-training)과 미세 조정(Fine-tuning)이다.)

① **사전 학습(Pre-training)** : 대규모 데이터 셋을 사용해 모델을 학습시킨다. 예를 들어, GPT-3는 인터넷에 있는 방대한 양의 텍스트 데이터를 사용해 사전 학습됐다. 이 과정에서 모델은 언어의 문법, 단어 간의 관계, 문맥 등을 학습한다.
② **미세 조정(Fine-tuning)** : 특정 작업이나 도메인에 맞게 모델을 추가로 학습시킨다. 이는 사전 학습된 모델이 다양한 일반적 지식을 갖고 있지만, 특정 업무에 맞게 세부 조정을 통해 성능을 향상시키기 위한 과정이다. 예를 들어, 특정 산업의 기술 문서를 학습해 해당 분야에 대한 전문적인 텍스트를 생성할 수 있도록 한다.

(4) 생성형 AI의 응용

생성형 AI는 다양한 분야에서 활용되고 있다.

[그림4] 생성형 AI 전환의 가속화(출처 : 공공부문 초거대 AI 도입 방안 컨설팅 보고서)

① **자연어 처리(NLP)** : 텍스트 생성, 번역, 요약, 대화형 AI 등에서 사용된다. 챗GPT와 같은 모델은 고객 서비스, 교육, 콘텐츠 생성 등에서 혁신적인 변화를 이끌고 있다.

② **이미지 생성** : GAN(Generative Adversarial Networks)을 사용해 현실과 유사한 이미지를 생성한다. 예술 작품, 광고, 게임 디자인 등에서 활용되고 있다.

③ **음악 및 비디오 생성** : 음악 작곡 AI는 새로운 음악을 작곡하고, 비디오 생성 AI는 시나리오에 맞춘 동영상을 제작한다. 이는 엔터테인먼트 산업에서 새로운 콘텐츠 창출에 기여하고 있다.

(5) 생성형 AI의 한계와 도전 과제

생성형 AI는 많은 가능성을 갖고 있지만, 몇 가지 한계와 도전 과제가 있다.

생성형 AI가 생성한 콘텐츠의 저작권 문제, 데이터 편향, 허위 정보 생성 등의 윤리적 문제가 있다. 이러한 문제를 해결하기 위해서는 엄격한 규제와 가이드라인이 필요하다. 또한 모델의 성능은 학습 데이터의 품질에 크게 의존한다. 불완전하거나 편향된 데이터로 학습된 모델은 부정확하거나 편향된 결과를 생성할 수 있다. 마지막으로 대규모 생성형 AI 모델을 학습하고 실행하는 데는 막대한 계산 자원과 비용이 필요하다. 이는 소규모 기업이나 연구기관이 접근하기 어렵게 만드는 요인이다.

생성형 AI는 주어진 데이터를 바탕으로 새로운 데이터를 생성하는 능력을 통해 다양한 분야에서 혁신을 주도하고 있다. 기계 학습과 신경망, 특히 딥러닝과 트랜스포머 모델을 활용해 생성형 AI는 텍스트, 이미지, 음악 등 다양한 형태의 콘텐츠를 창의적으로 만든다.

3) 생성형 AI 도입의 확장 트렌드

생성형 AI는 다양한 산업 분야에서 혁신적인 변화를 이끌어 내고 있다. 특히 기업과 공공기관이 AI를 효과적으로 활용함으로써 업무 효율성을 극대화하고 새로운 가치를 창출할 수 있다. 향후 챗GPT와 같은 생성형 AI 기술은 더욱 발전할 것이며 그 활용 범위와 영향력은 계속해서 확대될 것으로 전망된다. 주요 활용 분야를 살펴보면 다음과 같다.

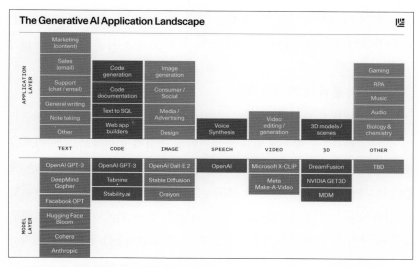

[그림5] 생성형 AI 응용 현황(Text, Code, Image, Video, Voice 등 확장 응용)

(1) 고객 서비스

챗GPT는 '고객 서비스' 분야에서 혁신적인 변화를 가져오고 있다. 기업들은 챗GPT를 활용해 24시간 운영되는 고객 지원 챗봇을 도입해 고객의 질문에 실시간으로 답변하고 문제를 해결해 준다. 예를 들어, 대형 소매업체는 챗GPT 기반 챗봇을 통해 주문 상태 확인, 반품 처리, 제품 정보 제공 등의 업무를 자동화해 고객 대기 시간을 줄이고 고객 만족도를 높이고 있다.

(2) 마케팅과 홍보

챗GPT는 '마케팅과 홍보' 활동에서도 중요한 역할을 하고 있다. 기업들은 챗GPT를 활용해 개인화된 마케팅 메시지를 생성하고 고객의 관심사와 행동에 맞춘 추천 콘텐츠를 제공한다. 전자 상거래 기업은 고객의 구매 이력과 선호도를 분석해 맞춤형 제품 추천 이메일을 자동으로 생성할 수 있으며 소셜 미디어 게시물 작성, 광고 카피 작성 등에도 활용된다. 이를 통해 마케팅팀의 업무 효율성을 크게 높일 수 있다.

(3) 데이터 분석 및 보고서 작성

'데이터 분석과 보고서 작성'도 챗GPT의 주요 활용 분야 중 하나이다. 기업들은 챗GPT를 활용해 방대한 데이터를 빠르게 분석하고, 인사이트를 도출하며 이를 바탕으로 보고서를 작성한다. 예를 들어, 금융 기관은 챗 GPT를 사용해 시장 동향 분석 보고서를 자동으로 생성해 분석가들이 보다 전략적인 업무에 집중할 수 있도록 돕는다. 또한 회계 부서에서는 재무 보고서 작성 시 반복적인 작업을 자동화해 시간과 비용을 절감하고 있다.

(4) 교육과 훈련

'교육과 훈련' 분야에서도 챗GPT의 활용이 확대되고 있다. 기업과 공공 기관은 직원 교육과 훈련 프로그램에 챗GPT를 도입해 맞춤형 학습 자료를 제공하고 교육 콘텐츠를 자동으로 생성한다. IT 기업은 새로운 소프트웨어 교육을 위해 챗GPT 기반의 학습 도우미를 제공해 직원들이 필요할 때마다 질문하고 답변을 받을 수 있다. 이는 교육의 질을 높이고 학습 효율성을 극대화하는 데 기여한다.

(5) 창의적 콘텐츠 제작

챗GPT는 '창의적 콘텐츠 제작'에도 큰 영향을 미치고 있다. 기업들은 챗GPT를 활용해 블로그 게시물, 뉴스 기사, 광고 카피 등 다양한 콘텐츠를 자동으로 생성한다. 미디어 회사는 챗GPT를 사용해 일일 뉴스 요약을 작성하거나 특정 주제에 관한 기사를 신속하게 작성하며 광고 에이전시는 챗GPT를 활용해 창의적이고 매력적인 광고 카피를 빠르게 작성해 캠페인 실행 속도를 높인다.

(6) 공공 서비스 개선

공공기관에서도 챗GPT를 활용한 혁신적인 서비스가 도입되고 있다. 정부 기관은 챗GPT 기반의 챗봇을 통해 시민들에게 다양한 정보를 제공하고 문의 사항을 신속하게 처리한다. 예를 들어, 세금 관련 문의, 교통 정보 제공, 공공 서비스 신청 안내 등 다양한 분야에서 챗GPT가 활용되고 있다. 이는 공공 서비스의 접근성을 높이고 시민들의 만족도를 향상하는 데 중요한 역할을 한다.

(7) 법률 및 의료 분야

'법률 및 의료' 분야에서도 챗GPT의 활용 가능성은 무궁무진하다. 법률 회사는 챗GPT를 사용해 법률 문서를 검토하고 간단한 계약서를 작성하며 법률 상담 서비스를 제공한다. 의료 기관에서는 챗GPT를 활용해 의료 상담 챗봇을 운영하고 환자에게 기본적인 의료 정보를 제공하며 진료 예약 시스템을 자동화한다. 이는 법률 및 의료 서비스의 효율성을 높이고 서비스 품질을 개선하는 데 기여한다.

[그림6] Open AI GPTs 화면. GPTs 5만 개 이상 등록. 실무용 프롬프트 앱은 초기 수준

4) 프롬프트 엔지니어링의 등장 및 중요성

'프롬프트(Prompt)'는 인공지능 모델, 특히 자연어 처리(NLP) 모델과 상호작용할 때 사용자가 모델에게 지시를 내리거나 질문을 하는 입력 텍스트를 의미한다. 프롬프트는 모델이 이해하고 응답할 수 있도록 설계된 문장이나 문구로 구성되며, 주어진 프롬프트에 따라 모델은 텍스트를 생성하거나 특정 작업을 수행한다. 예를 들어, 'AI가 창의적으로 시를 지어 줘'라는 프롬프트는 AI 모델에게 시를 생성하도록 지시하는 것이다.

프롬프트는 단순한 질문 형태일 수도 있고, 명령문, 설명문 등 다양한 형태를 취할 수 있다. 중요한 것은 프롬프트의 명확성과 구체성이다. 잘 작성된 프롬프트는 AI 모델이 정확하고 유용한 응답을 생성하는 데 중요한 역할을 한다.

'프롬프트 엔지니어링(Prompt Engineering)'은 AI 모델이 원하는 결과를 생성하도록 프롬프트를 설계하고 조정하는 기술이다. 이는 단순한 질문이나 명령을 넘어 AI의 능력을 최대한 활용할 수 있도록 하는 정교한 프롬프트를 작성하는 과정이다. 최근 프롬프트 엔지니어에 대한 수요 급증으로 인해 초봉 4억 원 이상을 제시하는 채용 광고도 나타나고 있다.

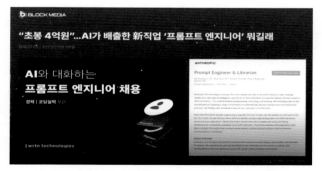

[그림7] 프롬프트 엔지니어링 채용 내용(출처: 좌측 WRTN, 우측 미국 ANTHROPIC 광고)

프롬프트 엔지니어링은 고객 서비스, 콘텐츠 생성, 데이터 분석, 교육 등 다양한 분야에서 AI의 활용을 극대화 할 수 있는 방법을 제공한다. 분야마다 요구되는 응답의 형태와 내용이 다르기에 이를 맞춤형으로 설계하는 프롬프트 엔지니어링의 중요성이 부각 됐다. 잘 설계된 프롬프트는 AI 모델이 더 정확하고 유용한 응답을 생성할 수 있도록 도와준다. 이는 반복적인 수정 작업을 줄이고 효율성을 높이며 모델의 성능을 극대화하는 데 중요한 역할을 한다. 특히 중요성은 다음과 같은 요소들에서 나타난다.

(1) AI 모델의 성능 최적화

프롬프트 엔지니어링을 통해 AI 모델의 성능을 최적화할 수 있다. 잘 작성된 프롬프트는 모델이 맥락을 더 잘 이해하고 정확한 정보를 제공하도록 도와준다. 이는 모델의 출력 품질을 높이고, 사용자의 기대에 부합하는 결과를 도출할 수 있게 한다.

(2) 사용자의 의도 반영

프롬프트 엔지니어링은 사용자의 의도를 정확히 반영해 AI 모델이 적절한 응답을 생성하도록 한다. 이는 특히 복잡한 질문이나 특정한 맥락을 요구하는 경우에 중요하다. 예를 들어, 기술 문서 작성, 특정 산업에 대한 보고서 생성 등에서 프롬프트 엔지니어링은 사용자의 요구를 정확히 반영한 결과를 제공할 수 있다.

(3) 다양한 응용 분야에서의 활용

프롬프트 엔지니어링은 다양한 응용 분야에서 AI 모델의 활용을 극대화하는 데 필수적이다. 예를 들어, 고객 서비스에서는 고객의 문의에 신속하고 정확하게 답변할 수 있도록 프롬프트를 설계하고, 교육 분야에서는 학생의 학습 수준에 맞춘 맞춤형 학습 자료를 제공하는 데 활용한다. 이는 각 분야에서 AI 모델의 효율성을 높이고 사용자 경험을 향상하는 데 기여한다.

(4) 윤리적 사용 및 데이터 편향 최소화

프롬프트 엔지니어링은 AI 모델의 윤리적 사용을 보장하고, 데이터 편향을 최소화하는 데 중요한 역할을 한다. 잘못된 프롬프트는 편향된 결과를 초래할 수 있으며, 이는 사회적 문제로 이어질 수 있다. 따라서 프롬프트 엔지니어링을 통해 공정하고 윤리적인 AI 사용을 촉진할 수 있다.

(5) 혁신적 응용과 새로운 가치 창출

프롬프트 엔지니어링은 AI의 창의적이고 혁신적인 응용을 가능하게 한다. 이는 새로운 아이디어와 솔루션을 도출하는 데 기여하며 기업과 조직이 새로운 가치를 창출할 수 있도록 돕는다. 예를 들어, 마케팅 분야에서는 창의적인 광고 카피를 생성하거나 제품 개발에서는 혁신적인 아이디어를 도출하는 데 활용할 수 있다.

프롬프트 엔지니어링은 AI 모델의 성능을 최적화하고 사용자의 의도를 정확히 반영하며 다양한 응용 분야에서 AI의 활용을 극대화하는 데 필수적인 기술이다. AI 모델의 복잡성과 활용 범위가 증가함에 따라 프롬프트 엔지니어링의 중요성도 더욱 부각되고 있다. 이는 효율성과 정확성을 높이고 윤리적 사용을 보장하며 혁신적 응용을 통해 새로운 가치를 창출하는 데 기여한다. 앞으로도 프롬프트 엔지니어링은 AI 기술의 발전과 함께 더욱 중요한 역할을 할 것이다.

5) 프롬프트 엔지니어링의 기본원칙 5가지

[그림8] 프롬프트 엔지니어링 기본원칙 5가지

(1) 구체적 지시

AI가 명확하게 이해하고 수행할 수 있도록 세부적이고 명료한 지시를 제공해야 한다. 구체적인 지시는 AI 모델이 작업의 범위와 기대되는 결과를 명확히 이해하도록 도와주며, 이를 통해 보다 정확하고 일관된 응답을 얻을 수 있다. 따라서 구체적 지시를 작성할 때는 모호한 표현을 피하고 가능한 한 자세히 설명한다. 이를 위해 다음과 같은 세부 요소들을 고려할 수 있다.

첫째, 작업의 각 단계를 세부적으로 설명한다. 필요한 경우 단계별로 지시를 나눠 명확히 전달한다. 둘째, 작업을 수행할 때 필요한 조건이나 제약 사항을 명확히 전달 한다. 예를 들어, 특정 데이터 범위나 시간대를 지정할 수 있다. 셋째, 기대하는 결과의 형식을 구체적으로 지정한다. 예를 들어, 응답이 리스트, 표, 단락 등 어떤 형식으로 제공돼야 하는지 명시해야 하며 원하는 결과의 예시를 제공해 AI 모델이 더 쉽게 이해하고 따라 할 수 있게 한다.

구체적 지시의 이해를 돕기 위한 보고서 작성의 예시를 살펴보겠다.

- **모호한 지시:** "환경 보호에 대한 보고서를 작성해줘."
- **구체적 지시:** "2023년 현재 전 세계적으로 시행되고 있는 주요 환경 보호 정책에 대한 보고서를 작성해줘. 보고서는 다음 섹션으로 구성해줘:

  1. 서론: 환경 보호의 중요성 및 현재 상황
  2. 정책 개요: 각 대륙별 주요 환경 보호 정책 소개 (예: 유럽의 탄소 배출권 거래제도, 아시아의 플라스틱 사용 제한 정책 등)
  3. 정책 효과: 각 정책의 도입 후 환경 개선 효과 및 통계 자료
  4. 결론: 정책들의 장단점 및 앞으로의 과제
     각 섹션은 200자 내외로 작성하고, 최신 통계 데이터를 포함시켜줘."

이와 같은 구체적 지시를 통해 AI 모델은 사용자의 의도를 정확히 파악하고 원하는 결과를 더욱 정확하게 생성할 수 있다. 이는 작업의 효율성과 응답의 품질을 높이는 데 크게 기여한다.

(2) 명확한 단어 사용

명확한 단어 사용은 AI 모델이 정확하게 이해할 수 있도록 명확하고 직관적인 단어와 표현을 사용하는 것을 의미한다. 이는 모델이 입력된 프롬프트를 오해하거나 잘못 해석하는 것을 방지하고 정확한 응답을 생성할 수 있도록 도와준다. 복잡하거나 다의적인 단어는 피하고 직관적이고 일관된 용어를 사용해야 한다.

명확한 단어 사용을 위해 5가지 요소를 고려해야 한다.

첫째, (단순하고 직관적인 표현 사용) 복잡하거나 난해한 용어보다는 단순하고 직관적인 표현을 사용한다.

둘째, (일관된 용어 사용) 동일한 의미를 전달할 때는 일관된 용어를 사용해 혼동을 사전 예방한다.

셋째, (전문 용어의 설명) 기술 용어, 전문 용어, 줄임말 등을 사용할 때는 그 의미를 명확히 하거나 더 쉬운 표현으로 대체한다.

넷째, (문맥에 적합한 단어 선택) 문맥에 맞는 적절한 단어를 선택해 오해를 방지한다.

다섯째, (이중 의미의 단어 피하기) 다의어 또는 이중 의미를 갖는 단어를 피하고 구체적이고 명확한 단어를 사용한다.

몇 가지 예시를 통해서 명확한 단어 사용의 중요성에 대한 이해를 돕고자 한다.

예시 1: 기술 설명

- **모호한 단어 사용:** "이 시스템은 데이터 전송 속도가 빠르고, 사용이 편리합니다."
- **명확한 단어 사용:** "이 시스템은 초당 10기가비트의 데이터 전송 속도를 지원하며, 직관적인 사용자 인터페이스를 통해 쉽게 사용할 수 있습니다."

예시 2: 마케팅 자료 작성

- **모호한 단어 사용:** "우리 제품은 매우 효율적이고 강력합니다."
- **명확한 단어 사용:** "우리 제품은 에너지 효율이 95%이며, 10마력의 출력을 제공합니다."

예시 3: 고객 서비스

- **모호한 단어 사용:** "문제가 발생하면 곧바로 연락주세요."
- **명확한 단어 사용:** "문제가 발생하면 고객 서비스 팀에 월요일부터 금요일까지 오전 9시에서 오후 6시 사이에 123-456-7890으로 연락주세요."

이와 같이 명확한 단어를 사용하는 것은 AI 모델이 사용자 의도를 정확히 이해하고 기대하는 바에 부합하는 응답을 생성하는 데 필수적이다.

(3) 맥락의 제공

맥락의 제공은 AI 모델이 더 나은 응답을 생성할 수 있도록 충분한 배경 정보와 상황을 제공하는 것을 의미한다. 맥락이 잘 제공되면 AI는 주어진 상황을 더 잘 이해하고 그에 맞는 적절한 응답을 생성할 수 있다. 이는 특히 복잡하거나 세부적인 질문에 대해 정확한 응답을 도출하는 데 중요하다.

맥락을 제공하는 데 있어 고려해야 할 요소들은 다음과 같다.

첫째, (배경 정보 제공) 주제에 대한 충분한 배경 정보를 제공해 AI가 상황을 이해할 수 있도록 한다.

둘째, (목적 명시) 프롬프트의 목적을 명확히 해 AI가 어떤 결과를 도출해야 하는지 이해하게 한다.

셋째, (대상 독자 설정) 응답이 사용될 대상 독자를 명시해, AI가 적절한 어조와 내용을 선택하도록 돕는다.

넷째, (세부 사항 포함) 질문에 대한 세부 사항을 포함해 AI가 더 구체적인 응답을 제공할 수 있게 한다.

다섯째, (풍부한 예시 제공) 원하는 응답의 형식이나 예시를 제공해 AI가 참고할 수 있도록 한다.

맥락 제공의 중요성을 이해하기 위해 몇 가지 예시를 살펴보겠다.

목적 명시

개념: 프롬프트의 목적을 명확히 하여 AI가 어떤 결과를 도출해야 하는지 이해하게 합니다. 이는 AI가 응답을 생성할 때 목표를 분명히 하도록 돕습니다.

예시:

- **부족한 목적:** "신제품에 대한 마케팅 전략을 제안해줘."
- **명확한 목적:** "신제품인 스마트폰 모델 X의 마케팅 전략을 제안해줘. 이 전략은 18세에서 35세 사이의 젊은 소비자들을 대상으로 하며, 온라인 광고와 소셜 미디어 캠페인을 중심으로 구성해줘."

세부 사항 포함

개념: 질문에 대한 세부 사항을 포함시켜 AI가 더 구체적인 응답을 제공할 수 있게 합니다. 이는 AI가 응답을 작성할 때 중요한 세부 정보를 놓치지 않도록 돕습니다.

예시:

- **부족한 세부 사항:** "우리 회사의 매출 분석 보고서를 작성해줘."
- **충분한 세부 사항:** "2023년 1분기 우리 회사의 매출 분석 보고서를 작성해줘. 보고서에는 월별 매출, 제품 카테고리별 매출, 지역별 매출 데이터를 포함해줘. 또한, 전년 동기 대비 매출 변화를 분석하고, 주요 매출 증가 요인과 감소 요인을 설명해줘."

예시 제공

개념: 원하는 응답의 형식이나 예시를 제공하여 AI가 참고할 수 있도록 합니다. 이는 AI가 응답을 작성할 때 참고할 수 있는 구체적인 지침을 제공합니다.

예시:

- **부족한 예시:** "연간 보고서를 작성해줘."
- **충분한 예시:** "2023년 연간 보고서를 작성해줘. 보고서는 다음 형식에 맞춰 작성해줘:
    1. 서론: 회사 개요 및 연간 목표
    2. 주요 성과: 각 부서별 주요 성과와 달성 목표
    3. 재무 성과: 연간 매출, 순이익, 주요 비용 항목
    4. 향후 계획: 내년도 주요 계획과 전략
       각 섹션은 300자 내외로 작성하고, 주요 성과와 재무 성과는 표로 정리해줘."

이와같이 맥락을 충분히 제공하면 AI 모델이 사용자의 의도를 정확히 이해하고 기대하는 바에 부합하는 응답을 생성할 수 있다. 이는 특히 복잡한 질문이나 세부적인 답변이 필요한 경우에 매우 중요하다. 맥락 제공은 AI의 성능을 최적화하고, 사용자 경험을 향상하는 데 필수적인 요소이다.

(4) 피드백 및 추가 질문

피드백 및 추가 질문은 AI 모델의 초기 응답을 바탕으로 추가 지시를 제공해 결과를 개선하는 과정을 의미한다. 이는 AI 모델이 점진적으로 더 나은 결과를 생성할 수 있도록 도와준다. 피드백을 통해 부족한 부분을 보완하고 추가 질문을 통해 세부 사항을 구체화하며 필요한 정보를 더 정확히 얻을 수 있다.

피드백 및 추가 질문을 효과적으로 활용하기 위해 5가지 요소들을 고려할 수 있다.

첫째, (초기 응답 평가) AI 모델이 제공한 초기 응답을 평가해 부족하거나 부정확한 부분을 식별한다. 이는 모델이 적절한 정보를 제공했는지, 문법적으로 올바른지, 질문에 적합한지를 평가하는 과정이다.

둘째, (구체적인 피드백 제공) 식별된 문제를 해결하기 위해 구체적이고 명확한 피드백을 제공한다. 예를 들어, '응답에 포함된 정보가 부족합니다. 더 구체적인 세부 사항을 추가해 주세요.'

셋째, (추가 질문 작성) 초기 응답을 바탕으로 더 구체적인 정보를 얻기 위해 추가 질문을 작성한다. 이는 모델이 응답을 보완하고 세부 사항을 더 잘 이해할 수 있도록 돕는다.

넷째, (반복적인 과정) 피드백과 추가 질문 과정을 반복해 점진적으로 응답의 질을 향상한다. 필요에 따라 여러 번의 피드백을 통해 최종 결과를 개선한다.

다섯째, (긍정적 피드백) 잘된 부분에 대한 긍정적 피드백을 제공해 AI 모델이 올바르게 이해한 부분을 강화한다. 예를 들어, '이 부분은 매우 잘 설명됐습니다. 이와 같은 수준의 세부 사항을 다른 항목에도 적용해 주세요.'

피드백 및 추가 질문의 중요성을 이해하기 위해 두 가지 예시를 살펴보겠다.

> **예시 1: 마케팅 전략**
>
> - **초기 프롬프트:** "신제품 마케팅 전략을 제안해줘."
> - **초기 응답:** "소셜 미디어 광고, 이메일 마케팅, 인플루언서 마케팅을 활용할 수 있습니다."
> - **피드백:** "소셜 미디어 광고에 대해 더 구체적으로 설명해줘. 어떤 플랫폼을 사용할지, 타겟 고객층 은 누구인지, 광고 예산은 어느 정도로 설정해야 하는지 설명해줘."
> - **추가 질문:** "이메일 마케팅의 구체적인 전략도 제안해줘. 이메일 목록 생성 방법, 이메일 콘텐츠, 발 송 빈도 등을 포함해줘."
>
> **예시 2: 제품 리뷰**
>
> - **초기 프롬프트:** "새로운 스마트워치에 대한 리뷰를 작성해줘."
> - **초기 응답:** "이 스마트워치는 사용하기 쉽고, 배터리 수명이 깁니다."
> - **피드백:** "리뷰를 좀 더 구체적으로 작성해줘. 주요 기능, 성능, 디자인, 가격대비 성능에 대한 평가를 포함해줘."
> - **추가 질문:** "배터리 수명에 대해 더 자세히 설명해줘. 얼마나 오래 지속되며, 충전 시간은 얼마나 걸 리는지 알려줘."

이처럼 피드백과 추가 질문을 통해 AI 모델은 점진적으로 더 정확하고 유용한 응답을 생성할 수 있다. 이는 AI 모델의 학습 과정에서도 중요한 역할을 하며 사용자와 AI 간의 상호작용을 통해 최적의 결과를 도출할 수 있도록 한다.

(5) 구조의 형식화

구조의 형식화는 응답이 체계적이고 일관되게 구성되도록 프롬프트를 설계하는 것을 의미한다. 이는 AI 모델이 응답을 생성할 때 일관된 형식을 따르도록 돕는다. 구조화된 형식은 응답의 가독성을 높이고 필요한 정보를 빠르게 찾을 수 있도록 해 결과적으로 응답의 품질과 유용성을 향상시킨다.

구조의 형식화를 위해 5가지 요소들은 다음과 같다.

첫째, (리스트와 번호 매기기) 정보를 나열할 때 번호 매기기나 리스트 형식을 사용해 명확하고 일관되게 정리한다.

둘째, (섹션 및 하위 섹션 구분) 긴 텍스트나 복잡한 정보는 섹션과 하위 섹션으로 나눠 체계적으로 구성한다.

셋째, (표와 그래프 사용) 데이터를 시각적으로 제시할 때 표와 그래프를 사용해 정보를 명확하게 전달한다. 넷째, (강조와 서식) 중요한 정보는 굵게 표시하거나 이탤릭체를 사용해 강조하고, 필요에 따라 글머리 기호를 사용한다. 다섯째, (일관된 형식 유지) 동일한 유형의 응답에 대해 일관된 형식을 유지해 응답의 일관성을 보장한다.

이를 이해하기 위한 예시를 살펴보겠다.

- **비구조적 지시:** "새 프로젝트 계획을 세워줘."
- **구조적 지시:** "다음 형식에 맞춰 새로운 프로젝트 계획을 세워줘:

  1. 프로젝트 개요:
     - 프로젝트 이름:
     - 목표:
     - 주요 일정:
  2. 팀 구성:
     - 팀원 이름과 역할:
     - 연락처 정보:
  3. 작업 계획:
     - 주요 작업 항목:
     - 작업 일정:
     - 예상 소요 시간:
  4. 예산 계획:
     - 총 예산:
     - 항목별 예산 배정:
  5. 위험 관리:
     - 잠재적 위험 요소:
     - 대응 방안:"

이와같이 구조의 형식화를 통해 AI 모델은 사용자 의도를 정확히 이해하고 기대하는 바에 부합하는 응답을 생성할 수 있다. 이는 특히 복잡한 정보나 긴 텍스트를 체계적으로 구성하는 데 매우 중요하다.

2. 프롬프트 종류와 개발 전략

1) 프롬프트의 종류

프롬프트 구조화는 인공지능 모델의 효율적인 활용과 정확한 응답을 유도하기 위해 매우 중요하다. 효과적인 프롬프트 설계는 명확한 패턴이나 구조를 따를 때 더욱 성공적일 수 있다. 다음은 프롬프트를 구조화하는 몇 가지 방법들인 프롬프트의 종류들을 살펴보겠다.

(1) 질문 중심 프롬프트

질문을 중심으로 하는 프롬프트는 AI에게 특정한 정보를 요구한다. 이 방식은 정보 검색, 데이터 분석 또는 특정 주제에 대한 설명 요청 시 유용하다. 예를 들어, '챗GPT 기술의 주요 장점은 무엇입니까?'와 같은 질문은 구체적인 답변을 유도한다.

(2) 명령형 프롬프트

명령형 프롬프트는 AI에게 구체적인 작업을 지시한다. 예를 들어, '다음 문장을 영어로 번역해 주세요.' 또는 '이 데이터를 요약해 주세요.'와 같은 프롬프트는 AI에게 분명한 행동 지침을 제공한다.

(3) 시나리오 기반 프롬프트

특정 시나리오나 상황을 설명하고 AI에게 그 상황에 맞는 반응을 요청한다. 예를 들어, '고객이 제품에 만족하지 않고 환불을 요청할 때의 대응 방법을 제시해 주세요.' 이런 방식은 AI를 통해 특정 상황에 대한 응답이나 솔루션을 탐색할 때 효과적이다.

(4) 선택 기반 프롬프트

사용자에게 선택지를 제공하고 AI에게 각 선택에 대한 분석이나 권장 사항을 제공하도록 요청한다. 예를 들어, '다음 세 가지 마케팅 전략 중 가장 효과적인 전략은 무엇입니까? 각각의 장단점을 분석해 주세요.' 이런 방식은 결정 지원 시스템에서 유용하다.

(5) 창의적 프롬프트

예술적 창작물, 이야기나 시나리오 작성 등 창의적인 작업을 위한 프롬프트이다. 예를 들어, '미래 도시에서의 하루를 묘사하는 짧은 이야기를 작성해 주세요.' 이런 프롬프트는 AI의 창의력을 발휘하는 데 도움을 제공한다.

미국 콜로라도 주립 미술대회서 1등을 차지한 '스페이스 오페라 극장' 미술품은 작업 시간만 80시간 이상, 프롬프트 입력 회수는 900번 이상 입력해서 완성했다.

자료: The New York Times. (2022.9.2). An A.I.-Generated Picture Won an Art Prize. Artists Aren't Happy.

[그림9] 미드저니로 그린 스페이스 오페라 극장(프롬프트 900번 이상 입력 후 완성)

프롬프트의 구조화는 AI의 반응 방식을 제어하고, 예측 가능하며 일관된 결과를 얻기 위한 중요한 단계이다. 이러한 프롬프트 구조화 방법 및 프롬프트의 종류를 활용하면 AI를 보다 효과적으로 이해하고 활용할 수 있게 될 것이다.

2) 프롬프트 활용 극대화를 위한 6가지 Check List

챗GPT를 효과적으로 사용하기 위한 프롬프트의 활용 체크리스트를 살펴보면 명확한 맥락 제공, 적절한 역할 할당, 구체적 지시, 예제 제공, 응답 길이 제한, 프롬프트 개선 등 출력의 품질을 극대화하기 위한 기본 체크리스트가 있다.

(1) 컨텍스트 제공

챗GPT는 맥락을 이해해야 효과적으로 응답할 수 있다. 따라서 진행 중인 프로젝트, 자신의 역할, 해결하려는 문제 등을 구체적으로 설명해야 한다. 중요한 부분은 따옴표로 강조하면 모델이 핵심 정보를 놓치지 않도록 할 수 있다.

(2) 역할 할당

챗GPT에게 특정 역할이나 관점을 부여하면 응답의 품질이 향상된다. 예를 들어, '선임 마케터의 관점에서, 성과 코치로서'와 같은 지시어를 사용해 챗GPT가 적절한 시각으로 정보를 제공하도록 한다.

(3) 명확한 지시

명확하고 구체적인 지시어를 사용해 챗GPT가 해야 할 작업을 정확히 이해하도록 한다. 예를 들어, '분석하라, 작성하라, 요약해 달라'와 같은 명령어를 사용해 모호함을 줄이고 원하는 결과를 얻도록 한다.

(4) 예제 제공

원하는 결과를 명확히 전달하기 위해 좋은 예제와 나쁜 예제를 함께 제공할 수 있다. 좋은 예제는 따라 할 모델이 되고, 나쁜 예제는 피해야 할 실수를 명확히 한다. 또한 영어로 작성된 예제는 챗GPT의 응답 정확도를 높일 수 있다.

(5) 분량(응답 길이) 제한

응답 길이를 적절히 제한해 불필요한 정보를 줄이고, 챗GPT가 핵심에 집중하도록 한다. 예를 들어, '500단어 이하로 요약해 달라'는 식으로 길이

를 명확히 지정하면 도움이 된다. 지나치게 긴 응답은 부정확성이 높아질
수 있다.

(6) 프롬프트 개선

첫 요청이 만족스럽지 않다면 프롬프트를 조정해 더 나은 답변을 유도
해야 한다. 후속 질문을 통해 주제를 더 명확히 하거나, 사소한 변경으로
답변의 질을 높일 수 있다. 챗GPT가 모든 문제를 해결하지 못할 때는 다
른 접근 방식을 시도하는 것이 좋다.

3) 프롬프트의 개발 전략

프롬프트를 개별적인 상황과 문제 해결을 위해 개발하는 전략을 제시하
고자 한다. 이는 프롬프트 개발의 7단계 과정을 통해 효과적인 프롬프트
를 생성하고 최적화하는 데 도움이 될 것이다.

(1) 1단계 '목적 파악'

프롬프트를 작성하기 전에, 프롬프트의 목적을 명확히 파악하는 것이
중요하다. 이는 무엇을 얻고자 하는지, 프롬프트가 어떤 역할을 해야 하는
지를 결정하는 단계이다.

- 질문의 목적 : 정보 획득, 문제 해결, 의견 수집 등
- 대상 청중 : 학생, 일반인, 전문가 등
- 응답 형식 : 간단한 답변, 상세한 설명, 예시 포함 등
- 예시 : 대학 1학년 학생들에게 AI의 기본 개념을 이해시키기 위한 프
  롬프트 작성

(2) 2단계 '기본 프롬프트 만들기'

목적을 명확히 한 후, 이를 바탕으로 기본 프롬프트를 작성한다. 이 단계에서는 간단하고 명확한 질문을 만드는 것이 중요하다.

- 구체적이고 명확하게 : AI의 기본 개념을 설명해 주세요.
- 예시 : AI란 무엇인가요?

(3) 3단계 '기본 프롬프트에서 문제 확인하기'

기본 프롬프트를 작성한 후 이를 테스트하고 문제점을 확인한다. 이 단계에서는 프롬프트가 명확한지, 필요한 정보를 얻을 수 있는지 등을 평가한다.

- 테스트와 피드백 : 실제로 프롬프트를 사용해 보고, 응답의 품질을 평가한다.
- 문제점 확인 : 모호성, 응답의 불충분함, 예상치 못한 해석 등
- 예시 : 테스트 결과, 'AI란 무엇인가요?'라는 질문이 너무 광범위해 포괄적인 답변이 나올 수 있다.

(4) 4단계 '기본 프롬프트의 문제 해결하기'

확인된 문제를 바탕으로 프롬프트를 수정한다. 질문을 더 구체적으로 만들거나 추가 정보를 제공해 응답의 질을 개선한다.

- 구체화 및 명료화 : 필요한 경우 프롬프트를 세분화하거나 문맥을 추가한다.
- 예시 추가 : 응답 형식을 명확히 하기 위해 예시를 포함한다.

– 예시 : 'AI란 무엇인가요?'를 'AI의 기본 개념과 예를 설명해 주세요.'
로 수정한다.

(5) 5단계 '추가 기법 활용하기'

프롬프트의 효과를 높이기 위해 추가 기법을 활용한다. 이는 응답의 질
을 더욱 향상시키는 데 도움이 된다.

– 문맥 제공 : AI는 다양한 분야에서 사용됩니다. AI의 기본 개념과 이
를 활용한 예를 설명해 주세요.
– 제한 조건 : AI의 기본 개념을 3문장 이내로 설명해 주세요.
– 예시 : 의료 분야에서 AI가 어떻게 사용되는지 예를 들어 설명해 주
세요.

(6) 6단계 '키워드 변경을 통한 테스트'

다양한 키워드를 사용해 프롬프트를 테스트하고, 어떤 키워드가 가장
효과적인지 평가한다. 이는 프롬프트가 다양한 상황에서 잘 작동하도록
한다.

– 키워드 변형 : 'AI' 대신 '인공지능' 사용 등
– 다양한 표현 테스트 : 동일한 질문을 다른 방식으로 표현
– 예시 : 'AI의 기본 개념과 이를 설명하는 예는 무엇인가요?'와 '인공지
능이란 무엇인지, 그 예를 들어 설명해 주세요.'를 비교 테스트해 보라.

(7) 7단계 '최종 완성'

모든 단계를 거친 후, 최종 프롬프트를 완성한다. 이 프롬프트는 목적에
맞고 명확하며 필요한 정보를 정확히 얻을 수 있어야 한다.

- 최종 검토 : 모든 수정 사항과 피드백을 반영한 최종 프롬프트 검토
- 최종 테스트 : 실제 사용 상황에서 최종 프롬프트 테스트
- 최종 예시 : 의료 분야에서 AI가 사용되는 예를 포함해 AI의 기본 개념을 3문장 이내로 설명해 주세요.

이 7단계 개발법을 통해 각각의 개별적인 상황과 문제 해결을 위한 맞춤화된 프롬프트를 체계적으로 작성하고 최적화할 수 있다.

3. 프롬프트 엔지니어링 고급 기법

1) Few-shot(예시 제공) 기법

'Few-shot 기법'은 모델에게 몇 가지 예제를 제공해 특정 작업을 수행하도록 하는 기법이다. 이는 특히 대량의 학습 데이터 없이도 모델이 새로운 작업을 수행할 수 있도록 하는 데 유용하다. 모델은 제공된 예제를 통해 패턴을 인식하고 그에 따라 새로운 입력에 대해 적절한 출력을 생성한다.

Few-shot 학습은 'n-shot learning'의 일종으로, 여기서 'n'은 제공된 예제의 수를 나타낸다. 예를 들어, 3-shot 학습에서는 모델에 세 개의 예제를 제공합니다. 이 예제들은 모델이 어떻게 반응해야 하는지를 보여주는 기준이 된다. 이는 일반적으로 프롬프트에 예제 입력과 출력 쌍을 포함해 이뤄진다.

(1) 쉬운 예시

Q : 사과는 어떤 과일인가요?
A : 사과는 달콤하고 바삭한 과일입니다.

Q : 바나나는 어떤 과일인가요?
A : 바나나는 부드럽고 크림 같은 과일입니다.

Q : 오렌지는 어떤 과일인가요?
A :

위 예제에서, 모델은 앞서 제공된 예제들을 참고해 오렌지에 대한 답변을 생성한다.

(2) 활용법

Few-shot 기법은 다양한 언어 처리 작업에 활용될 수 있다. 예를 들어, 고객 서비스 자동화에서 몇 가지 예제를 제공해 모델이 고객의 질문에 적절하게 답변하도록 할 수 있다. 또한 특정 도메인 지식이 필요한 질문에 대해 간단한 예제를 제공해 모델이 정확한 정보를 제공할 수 있도록 할 수 있다.

2) Chain of Thought(생각의 사슬) 기법

'Chain of Thought(생각의 사슬) 기법'은 모델이 복잡한 문제를 단계별로 해결하도록 유도하는 기법이다. 이는 문제를 여러 단계로 나눠 각 단계를 논리적으로 연결해 최종 답을 도출하는 방식이다. 이 기법은 특히 논리적 추론과 복잡한 문제 해결에 효과적이다.

Chain of Thought 기법에서는 모델이 문제를 해결하기 위해 여러 중간 단계를 거치도록 프롬프트를 구성한다. 각 단계는 이전 단계의 결과를 바탕으로 다음 단계를 진행한다. 이는 모델이 더 깊이 있는 이해와 추론을 하도록 돕는다.

(1) 쉬운 예시

Q : 15개의 사과가 있습니다. 7개의 사과를 먹으면 몇 개가 남나요?
A : 먼저, 15에서 7을 뺍니다.
    15 – 7 = 8
따라서, 8개의 사과가 남습니다.

여기서 모델은 단계별로 문제를 해결하는 과정을 보여준다.

(2) 활용법

Chain of Thought 기법은 수학적 문제 해결, 논리적 추론, 과학적 질문 등에 유용하다. 예를 들어, 수학 교육에서 학생들이 복잡한 문제를 단계별로 이해하고 풀 수 있도록 돕는 데 사용될 수 있다. 또한 법률문제나 복잡한 의사결정 과정에서 모델이 단계별로 논리를 전개해 최적의 결론을 도출하도록 도울 수 있다.

3) 멀티 페르소나 기법

'멀티 페르소나(Multi-Persona) 기법'은 하나의 AI 모델이 다양한 페르소나(인격)를 갖고 다양한 역할을 수행하도록 하는 기법이다. 이는 모델이 특정 상황이나 사용자 요구에 따라 다른 스타일이나 관점으로 응답할 수 있도록 설계된 것이다. 멀티 페르소나 기법은 사용자 경험을 향상시키고, 다양한 응답 스타일이 필요한 애플리케이션에서 특히 유용하다.

멀티 페르소나 기법은 모델이 여러 페르소나를 학습하도록 프롬프트를 구성하는 방식이다. 각 페르소나는 고유한 말투, 관점, 지식 베이스를 가진다. 예를 들어, 모델이 때로는 기술 전문가로, 때로는 고객 서비스 담당자로, 때로는 교육자로 응답할 수 있도록 설정한다. 이는 프롬프트에 특정 페르소나를 명시하거나, 페르소나 변경 지시를 포함함으로써 가능하다.

(1) 쉬운 예시

- 페르소나 : 기술 전문가

Q : 클라우드 컴퓨팅이란 무엇인가요?

A : 클라우드 컴퓨팅은 인터넷을 통해 데이터 저장, 관리 및 처리 서비스를 제공하는 기술입니다.

- 페르소나 : 고객 서비스 담당자

Q : 클라우드 컴퓨팅이란 무엇인가요?

A : 클라우드 컴퓨팅은 데이터를 안전하게 저장하고 언제 어디서나 접근할 수 있도록 돕는 서비스입니다. 추가 질문이 있으시면 언제든지 말씀해 주세요!

- 페르소나 : 교육자

Q : 클라우드 컴퓨팅이란 무엇인가요?

A : 학생 여러분, 클라우드 컴퓨팅은 인터넷을 통해 다양한 컴퓨터 자원을 제공하는 기술로, 이를 통해 여러분은 데이터를 안전하게 저장하고 필요한 때에 언제든지 접근할 수 있습니다.

이 예시에서 모델은 동일한 질문에 대해 각기 다른 페르소나로 응답한다.

(2) 활용법

멀티 페르소나 기법은 다양한 사용자와 상호작용하는 애플리케이션에서 유용하다. 예를 들어, 고객 서비스 봇은 다양한 상황에 맞춰 고객의 기분을 이해하고 그에 맞는 어조로 응답할 수 있다. 교육 플랫폼에서는 학생의 수준에 맞춰 교사 페르소나를 변화시킬 수 있다. 또한 마케팅에서는 고객의 관심사에 맞춰 다른 페르소나로 제품을 설명할 수 있다.

멀티 페르소나 기법의 주요 장점은 사용자 경험의 향상과 다양한 요구 사항에 맞춘 응답 가능성이다. 그러나 이 기법은 모델이 각 페르소나의 특성을 명확히 구분하고 일관되게 유지하는 것이 중요하다. 또한 각 페르소나에 대한 충분한 학습이 필요하며, 잘못된 페르소나로 응답하지 않도록 신중한 설계가 필요하다.

4) 할루시네이션 유도 기법

'할루시네이션 유도(Hallucination Induction) 기법'은 AI 모델이 존재하지 않는 정보나 사실을 만들어 내도록 의도적으로 설계된 기법이다. 일반적으로 AI 모델의 목표는 정확하고 사실에 기반한 응답을 제공하는 것이지만, 이 기법은 창의적인 이야기 생성, 예술적 표현 그리고 아이디어 브레인스토밍과 같은 특정 상황에서 유용하게 사용될 수 있다. 할루시네이션 유도는 모델의 상상력을 극대화해 새로운 콘텐츠나 아이디어를 창출하는 데 도움을 준다.

할루시네이션 유도 기법은 프롬프트를 통해 모델이 현실과는 다른 정보를 생성하도록 유도한다. 이는 모델에게 '가정, 상상, 만약'과 같은 키워드를 사용해 비현실적인 상황을 상상하도록 지시할 수 있다. 이러한 기법은 자연어 생성 모델의 창의성을 최대한 활용하기 위한 방법으로 특히 문학, 예술, 게임 개발 등의 분야에서 많이 활용된다.

(1) 쉬운 예시

Q : 만약 지구가 네모난 모양이었다면 어떤 변화가 있을까요?

A : 네모난 지구는 각 모서리마다 극단적인 기후 변화를 겪을 것입니다. 해양은 네 구석에서 거대한 폭포로 떨어지고, 각 면의 중간 부분에서는 독특한 생태계가 발전할 것입니다. 사람들은 이러한 환경에 적응하기 위해 특별한 건축 기술과 생활 방식을 개발할 것입니다.

이 예시에서 모델은 비현실적인 가정을 기반으로 상상력을 동원해 흥미로운 응답을 생성한다.

(2) 활용법

할루시네이션 유도 기법은 다양한 창의적인 분야에서 활용될 수 있다. 몇 가지 주요 활용 예시는 다음과 같다.

① 문학 창작 (스토리텔링)

작가들이 새로운 이야기나 소설을 창작할 때, 모델의 상상력을 활용해 독창적인 플롯이나 캐릭터를 만들어낼 수 있다.

- 시나리오 작성 : 영화나 연극의 대본 작성에서 독특한 장면이나 대사를 창출하는 데 유용하다.

② 예술과 디자인 (예술 작품)

새로운 예술 작품이나 디자인을 창출하는 데 모델의 상상력을 활용할 수 있다.

- 광고 캠페인 : 독특하고 창의적인 광고 콘텐츠를 제작하는 데 도움이 된다.

할루시네이션 유도 기법의 주요 장점은 창의력과 혁신을 극대화할 수 있다는 점이다. 이는 특히 예술적 프로젝트나 창의적인 작업에서 큰 도움이 된다. 그러나, 이 기법은 현실적이고 신뢰할 수 있는 정보를 제공하는 데는 적합하지 않으므로, 사실 확인이 중요한 작업에서는 주의해서 사용해야 한다.

또한 모델이 할루시네이션을 유도 받아 생성한 정보는 실제로 존재하지 않는 허구의 산물이므로 사용자가 이를 명확히 이해하고 활용할 필요가 있다. 이러한 응답이 오해나 잘못된 정보를 전달하지 않도록 주의해야 한다.

5) Act as(역할 지정) 프롬프트 기법

'Act as 프롬프트 기법'은 AI에게 특정한 인물이나 직업, 상황을 지정해 마치 그 역할을 수행하는 것처럼 응답하도록 지시하는 방법이다. 이를 통해 사용자는 더 맥락에 맞고 구체적인 답변을 받을 수 있다. 예를 들어, AI에게 '프로그래머처럼 행동해'라고 지시하면, AI는 프로그래밍과 관련된 기술적이고 전문적인 답변을 제공하려고 노력한다.

역할 지정 기법은 프롬프트에 'Act as [역할]'이라는 명령어를 포함해 모델이 해당 역할을 수행하도록 지시한다. 모델은 주어진 역할에 맞게 지식, 어조, 스타일 등을 조정해 응답합니다. 이는 사용자와의 상호작용을 더욱 현실적이고 몰입감 있게 만들어 준다.

'Act as' 프롬프트 기법을 사용하는 것은 다음과 같은 과정을 포함한다.

(1) 역할 설정

AI에게 어떤 역할을 맡길 것인지 명확하게 지정한다. 이는 AI가 그 역할에 맞는 지식과 어휘를 사용하게 한다.

(2) 상황 제공

AI가 더 나은 맥락을 이해하도록 상황이나 배경을 제공할 수 있다.

(3) 명확한 질문

역할과 상황을 설정한 후, 구체적인 질문이나 명령을 제공한다.

---

1. 프로그래머로서의 역할:

- **프롬프트:** "프로그래머처럼 행동해. 내가 Python으로 간단한 웹 스크레이퍼를 만들고 싶어. 어떻게 시작해야 할까?"
- **응답:** "Python으로 웹 스크레이퍼를 만들려면 먼저 `requests`와 `BeautifulSoup` 라이브러리를 설치해야 합니다. 그런 다음 다음과 같은 코드를 작성하여 웹 페이지에서 데이터를 추출할 수 있습니다..."

2. 역사 교수로서의 역할:

- **프롬프트:** "역사 교수처럼 행동해. 산업 혁명이 경제와 사회에 미친 영향에 대해 설명해줘."
- **응답:** "산업 혁명은 18세기 후반부터 19세기 초반까지 일어난 큰 변화로, 경제와 사회에 깊은 영향을 미쳤습니다. 경제적으로는 대량 생산이 가능해졌고, 사회적으로는 도시화가 진행되었습니다. 이로 인해 노동 계급이 형성되고..."

Act as 프롬프트 기법은 AI를 특정 역할로 설정해 더 맥락에 맞고 유용한 답변을 얻는 방법이다. 이를 통해 사용자는 원하는 분야의 전문적인 답변을 얻을 수 있으며, AI와의 상호작용이 더 풍부해질 수 있다.

1) 브랜드 마케팅 기획안 작성하기

(1) 프롬프트 작성 예시

- 역할 : 마케팅 전략가
- 목표 : 새로운 마케팅 캠페인 아이디어 생성, 목표 고객 분석 및 이해
- 맥락 : 최근 시장 동향과 경쟁사 분석
- 지침 : 시장 동향 분석을 통해 새로운 브랜드 마케팅 전략 제안, 경쟁사 강점과 약점 식별
- 제약 사항 : 예산 한도 내에서 실행가능 한 전략
- 출력 : 보고서 형식, 분량은 최대 1,000 단어, 톤 및 매너는 전문성과 설득력 있는 방식

(2) 프롬프트 출력 결과(일부)

LG생활건강 화장품 'THE WHOO' 마케팅 전략 기획안

---

3. 경쟁사 분석

3.1. 주요 경쟁사

- **설화수**: 고급스러운 이미지와 한방 성분을 강조하는 브랜드로 'THE WHOO'와 유사한 타겟층을 공략하고 있습니다.
- **헤라**: 현대적이고 세련된 이미지를 강조하며 젊은 층을 대상으로 마케팅을 펼치고 있습니다.

3.2. 강점과 약점 분석

- **설화수**: 전통과 현대의 조화를 잘 이루어내며 브랜드 충성도가 높습니다. 그러나 가격대가 높아 일부 소비자들에게는 부담으로 작용할 수 있습니다.
- **헤라**: 젊은 층을 대상으로 한 세련된 마케팅이 강점입니다. 그러나 한방 성분의 이미지가 부족하여 'THE WHOO'와의 차별화 포인트가 됩니다.

4. 마케팅 전략 제안

4.1. 제품 차별화

'THE WHOO'의 핵심 강점인 한방 성분과 전통적인 이미지를 더욱 강화하는 방향으로 제품 포트폴

리오를 확장합니다. 특히, 천연 성분과 지속 가능성을 강조하는 제품을 개발하여 친환경 트렌드에 부응합니다.

4.2. 디지털 마케팅 강화

- **소셜 미디어 캠페인**: 인스타그램, 페이스북, 유튜브 등 주요 소셜 미디어 플랫폼을 통해 브랜드 스토리와 제품의 우수성을 홍보합니다. 인플루언서와 협업하여 제품 리뷰와 튜토리얼을 제공합니다.

- **온라인 광고**: 타겟 고객층을 겨냥한 맞춤형 온라인 광고를 통해 브랜드 인지도를 높입니다. 특히, 동영상 광고를 통해 제품의 효과를 시각적으로 전달합니다.

2) 기업의 홍보 문구 작성하기

(1) 프롬프트 작성 예시

- 역할 부여 : 당신은 최고의 홍보 전문가야

- 목표에 대한 구체적 지시 : 사회복지사 자격증 과정의 인강 상품을 홍보하는 홍보 문구를 제약조건과 입력문에 맞추어서 작성해 줘.

- 제약 사항과 입력문 제공 : 회사 관련 정보도 추가로 제공

- 출력문 : 홍보 문구는 5가지, 분량은 200자 이내로 작성 등

 # 명령문 :
당신의 중앙사이버평생교육원 [홍보팀장 김혜송]이야. 아래의 제약조건과 입력문을 기반으로 사회복지사 자격증 과정 인터넷강의 상품을 홍보하는 홍보문구를 출력해줘

 # 제약조건 :
- 친근한 말투로 타겟에 맞는 홍보문구를 작성해줘
- 창의적이고 설득력 있게 임팩트 있는 단어를 사용해줘
- 사회복지사 자격증 인터넷 강의를 수강하고 싶은 마음이 생기도록 동기부여를 자극해줘

 # 회사 정보 :
- 이름 : 중앙사이버평생교육원
- 업종 : 학점은행제 온라인 교육업
- 회사 홈페이지 : https://www.joongangcyber.com/
- 문의 전화 : 1566-1461

 # 입력문 :
- 상품명 : 사회복지사 자격증 2급 인터넷강의
- 상품 소개 : 인터넷 강의 수강을 통해서 사회복지사 자격증 취득
- 주요 타겟 : 취업을 위해 사회복지사 자격증 취득에 관심 있는 20대에서 50대
- 혜택 : 선착순 10명에 한정해서 수강료 50% 할인, 평생 수강의 혜택, 취업 관련 지원 등
- 거절할수없는 제안을 만들어줘

 # 출력문 :
- 홍보 문구는 5가지를 작성해서 제안해줘
- 문구는 200자 이내로 작성해주고, 수강해야 할 이유를 설득력있게 제시해줘

(2) 프롬프트의 출력 결과

중앙사이버평생교육원 사회복지사 자격증 상품 홍보 문구

홍보 문구 1:

"꿈을 이루는 첫 걸음, 사회복지사 자격증!"

중앙사이버평생교육원에서 쉽고 편하게 온라인으로 자격증을 취득하세요! 선착순 10명 수강료 50% 할인과 평생 수강 혜택까지! 지금 바로 도전하세요!

홍보 문구 2:

"사회복지사로 새로운 시작!"

온라인 강의로 언제 어디서나 공부하세요. 수강료 50% 할인과 평생 수강 혜택! 중앙사이버평생교육원과 함께라면 꿈은 현실이 됩니다!

홍보 문구 3:

"취업 준비, 이제 고민 끝!"

사회복지사 자격증 2급, 중앙사이버평생교육원에서 빠르고 확실하게! 선착순 10명 한정 50% 할인, 평생 수강 혜택, 취업 지원까지! 지금 바로 시작하세요!

홍보 문구 4:

"사회복지사의 길, 지금 열립니다!"

중앙사이버평생교육원의 인터넷 강의로 자격증 취득! 선착순 10명 수강료 50% 할인과 평생 수강 혜택! 더 나은 미래를 향해 지금 도전하세요!

홍보 문구 5:

"당신의 열정을 응원합니다!"

사회복지사 자격증 2급, 중앙사이버평생교육원에서 온라인으로 간편하게! 선착순 10명 50% 할인, 평생 수강, 취업 지원까지! 지금 바로 신청하세요!

📞 **문의전화:** 1566-1461   ↓

🌐 **홈페이지:** 중앙사이버평생교육원

---

3) 업무용 이메일 작성하기

(1) 프롬프트 작성 예시

- 명령문 : 당신은 기업 [CEO]야. [전문적인 비즈니스 이메일]을 작성해 줘.
- 제약 조건 : 요점을 명확히 하고, 문장은 간결하게, 예의 바르고 정중한 표현을 사용해 줘.
- 입력문 : [Open AI CEO 샘 알트만에게 담주 수요일 오전 10시

ZOOM 미팅]을 요청해 줘.미팅 주제는 [GPT 5.0 서비스의 회사 도입]
문의야.
  - 출력문 : (GPT에게 답변 재량 부여)

(2) 프롬프트의 출력 결과

OpenAI CEO 샘 알트만에게 ZOOM 미팅 요청 이메일

⚙ Subject: Request for a Zoom Meeting on Wednesday to Discuss GPT 5.0 Integration

Dear Mr. Altman,

I hope this message finds you well.

My name is Kyung Hoon Roh, and I am the CEO of HANDOL. I am writing to request a Zoom
meeting with you next Wednesday at 10:00 AM to discuss the potential integration of GPT 5.0
into our company's services.

We are particularly interested in understanding the capabilities and benefits of GPT 5.0 for our
business operations. Your insights and guidance would be invaluable as we explore this
opportunity.

Please let me know if this time is convenient for you or if there is a more suitable slot in your
schedule. I appreciate your consideration and look forward to the possibility of speaking with
you soon.

Thank you for your time and attention.

Best regards,

Kyung Hoon Roh, Ph.D.
CEO, HANDOL
Email: westover@naver.com
Mobile: +82-10-8577-3542

---

4) 데이터 분석 및 시각화 활용하기

(1) 프롬프트 작성 예시

  - Kaggle(www.kaggle.com)에서 Netflix 자료를 다운로드 후 GPT에
    첨부한다.
  - 당신은 이제 Netflix 데이터 분석가야. 넷플릭스 TV쇼와 영화 관련

데이터셋을 분석 후 데이터셋의 구조를 먼저 파악해 줘.
- 탐색적 데이터 분석(EDA)의 방법론과 구성 요소에 대해 설명해 줘.
- EDA를 수행하기 위해 콘텐츠의 트렌드와 특징 등 주제를 설정하고 분석 계획을 세워줘.
- 위의 분석 내용을 시각화 자료로 보여줘.

(2) 프롬프트 출력 결과

넷플릭스 콘텐츠 배포 전략 분석을 통한 인사이트 도출

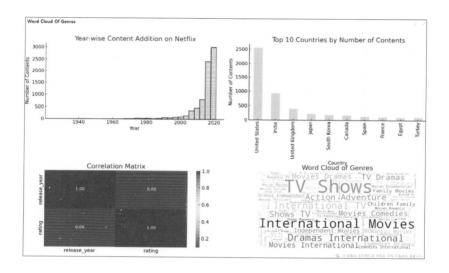

위의 시각화 자료는 다음과 같은 정보를 포함하고 있습니다:

1. **연도별 콘텐츠 추가 수:**

    - 히스토그램은 각 연도별로 넷플릭스에 추가된 콘텐츠의 수를 나타냅니다. 이를 통해 특정 연도에 콘텐츠 추가 트렌드를 확인할 수 있습니다.

2. **상위 10개 국가별 콘텐츠 수:**

    - 막대 그래프는 콘텐츠 수가 많은 상위 10개 국가를 보여줍니다. 이를 통해 넷플릭스의 글로벌 배포 전략을 이해할 수 있습니다.

3. **상관 분석 히트맵:**

    - 히트맵은 `release_year`와 `rating` 간의 상관 관계를 시각화합니다. 이를 통해 두 변수 간의 관계를 파악할 수 있습니다.

4. **장르 워드 클라우드:**

    - 워드 클라우드는 `listed_in` 열의 데이터를 기반으로 생성되었으며, 넷플릭스 콘텐츠에서 가장 많이 언급되는 장르를 시각적으로 나타냅니다.

이러한 시각화 자료는 넷플릭스의 콘텐츠 배포 전략을 분석하고, 중요한 인사이트를 도출하는 데 도움을 줍니다. (>-)

5) 창업계획서 작성하기

(1) 프롬프트 작성 예시

- 너는 대한민국 카페 창업 분야 최고의 컨설턴트야. 아래의 제약조건과 입력문을 토대로 카페창업계획서를 작성해 줘.
- 정중한 표현을 사용할 것, 기획안의 형식을 지킬 것 등
- 카페 창업 지역 : 경기도 안양시, 창업 자금 : 1억 원, 타깃 고객 : 20대에서 50대, 마케팅 전략은 STP 4P 전략으로 수립, 환경분석은 SWOT 분석으로 수립해 줘.

(2) 프롬프트 출력 결과(일부) : 카페 창업계획서를 SWOT - STP - 4P 전략 포함해서 작성

---

2. 시장 분석

SWOT 분석

- **강점(Strengths)**: 경쟁력 있는 위치, 다양한 연령층을 아우르는 메뉴 구성
- **약점(Weaknesses)**: 신규 브랜드로 인한 초기 고객 신뢰 부족
- **기회(Opportunities)**: 안양시의 증가하는 상업 활동과 인구 유동
- **위협(Threats)**: 인근의 다수 경쟁 카페들과의 치열한 경쟁

3. 제품 및 서비스

주요 제품: 다양한 오리진의 커피, 수제 베이커리 제품(케이크, 빵, 쿠키)

서비스: 편안하고 아늑한 분위기에서의 높은 품질의 서비스 제공

4. 마케팅 전략

STP (Segmentation, Targeting, Positioning) & 4P (Product, Price, Place, Promotion) 분석

- **Segmentation**: 연령, 소득 수준, 라이프스타일을 기준으로 세분화
- **Targeting**: 20대에서 50대 사이의 커피와 베이커리 제품에 관심이 많은 고객층
- **Positioning**: 고품질의 제품과 서비스로 차별화된 카페 경험 제공
- **Product**: 고급스러운 커피와 신선한 베이커리 제품
- **Price**: 경쟁력 있는 가격 설정으로 시장 점유율 확보
- **Place**: 접근성이 뛰어난 안양시 중심 상업지구
- **Promotion**: 소셜 미디어 캠페인, 개점 초기 할인 이벤트, 로열티 프로그램

프롬프트 엔지니어링은 AI 모델에게 명확한 지시를 제공해 원하는 결과를 얻기 위해 입력 문장을 설계하고 구성하는 기술이다. 이 과정은 단순히 AI에게 질문을 던지는 것 이상의 의미를 가지며 명확하고 구체적인 지시를 통해 AI 모델이 최적의 응답을 생성하도록 유도한다. 이 책에서는 프롬프트 엔지니어링의 기본원칙부터 고급 기법까지 그리고 실전에서의 응용 방법을 상세히 설명했다.

프롬프트 엔지니어링은 앞으로 더욱 중요해질 것이다. AI 기술이 계속 발전함에 따라 이를 효과적으로 활용하기 위한 방법도 계속 발전해야 한다. 프롬프트 엔지니어링은 AI의 잠재력을 최대한 발휘하게 하는 핵심 도구로, 기업과 공공기관은 이 기술을 더욱 적극적으로 도입하고 적용할 것으로 예상된다.

이 책에서 다룬 프롬프트 엔지니어링의 다양한 기법들은 실제 업무에서 매우 유용하게 활용될 수 있다. Few-shot 기법, Act As(역할 지정) 기법, Chain of Thought 기법, 멀티 페르소나 기법, 할루시네이션 유도법 등은 모두 AI 모델의 성능을 극대화하고 사용자 의도를 정확히 반영해 유용한 결과를 도출하는 데 도움이 된다.

미래에는 AI와 프롬프트 엔지니어링이 새로운 비즈니스 기회를 창출하고 생산성을 극대화하는 데 중요한 역할을 할 것이다. 우리는 이 책을 통해 AI와 프롬프트 엔지니어링의 세계를 깊이 이해하고 이를 통해 혁신적인 변화를 창출할 수 있을 것이다. 프롬프트 엔지니어링을 통한 AI의 활용은 이제 시작에 불과하다. 앞으로 더 많은 가능성이 열릴 것이며 그 중심에는 여러분의 창의성과 노력 그리고 이 책에서 배운 프롬프트 엔지니어링 기법이 있을 것이다.

2

생산성 UP! 챗GPT-4o로
간편한 데이터 분석

김 재 연

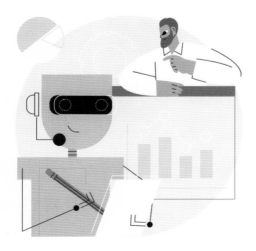

제2장
생산성 UP! 챗GPT-4o로
간편한 데이터 분석

'생산성 UP! 챗GPT-4o로 간편한 데이터 분석'을 집필하게 된 것을 매우 기쁘게 생각한다. 이 책은 데이터 분석과 시각화의 최신 도구인 챗 GPT-4o를 활용해 업무 생산성을 극대화하는 방법을 소개하기 위해 작성했다.

현대의 업무 환경은 점점 더 복잡해지고 있으며, 데이터의 양과 중요성은 날로 증가하고 있다. 이러한 데이터들을 효율적으로 분석하고 시각화하는 것은 매우 중요한 일이 됐다. 그러나 많은 사람이 복잡한 도구와 기술 때문에 어려움을 겪고 있다. 특히 엑셀의 고급 함수를 사용하지 못하는 분들에게 챗GPT-4o는 매우 유용한 도구가 될 수 있다. 누구나 쉽게 데이터 분석을 수행할 수 있도록 돕고자 이 책을 쓰게 됐다.

예를 들어, 한 중소기업의 마케팅팀은 매달 수천 개의 고객 데이터를 분석해 마케팅 전략을 조정해야 했다. 팀원들은 엑셀의 복잡한 함수와 피벗 테이블 사용에 어려움을 겪고 있었고, 데이터 분석에 많은 시간을 소비하고 있었다. 그러나 챗GPT-4o를 도입한 후 팀은 자연어로 질문을 던져 데이터를 쉽게 분석하고 시각화할 수 있게 됐다. 이를 통해 분석 시간은 절반으로 줄었고 더 나은 인사이트를 얻어 마케팅 전략을 신속하게 조정할 수 있었다.

챗GPT-4o의 기본 기능부터 고급 활용 방법까지 체계적으로 설명해, 독자들이 실무에서 데이터 분석을 효율적으로 수행할 수 있도록 돕는 것이다. 이를 통해 독자들은 데이터의 가치를 최대한 활용해 업무 생산성을 높일 수 있을 것이다. 특히 엑셀의 고급 함수에 익숙하지 않은 분들도 쉽게 이해하고 활용할 수 있도록 내용을 구성했다.

챗GPT-4o를 활용한 데이터 분석의 기본 개념부터 시작해 실전 예제와 고급 기능까지 아우른다. 이를 통해 독자들은 데이터 수집, 정리, 분석, 시각화의 전 과정을 체계적으로 학습할 수 있다. 챗GPT-4o의 다양한 기능을 활용해 데이터 분석을 보다 쉽고 빠르게 수행할 수 있도록 돕는 것이 이 책의 핵심 가치이다.

- 챗GPT-4o의 기본 사용법과 고급 기능을 익히고 실무에 적용할 수 있다.
- 데이터를 효율적으로 분석하고 시각화하는 방법을 습득해 업무 생산성을 높일 수 있다.
- 실전 예제를 통해 실제 업무 상황에서의 데이터 분석 문제를 해결할 수 있는 능력을 배양할 수 있다.
- 엑셀의 고급 함수를 사용하지 않더라도 데이터 분석을 효과적으로 수행할 수 있는 방법을 배울 수 있다.

챗GPT-4o의 소개와 기본 사용법, 데이터 준비와 분석, 고급 시각화 기법, 실전 예제로 구성돼 있다. 각 장에서는 실습을 통해 독자들이 직접 챗GPT-4o를 사용해 보며 익힐 수 있도록 구성했다.

이 장이 데이터 분석에 대한 여러분의 이해를 높이고, 업무에서의 생산성을 향상하는 데 큰 도움이 되기를 바란다.

1. 챗GPT-4o

1) 챗GPT-4o란?

OpenAI는 미국 현지 시간 2024년 5월 13일에 멀티모달 플래그십 모델인 챗GPT-4o를 공개했다. 챗GPT-4o는 텍스트, 오디오, 이미지를 동시에 입력받고 출력할 수 있는 모델로, 'Omni'의 약자인 'o'는 '모든 것'을 의미한다.

이 모델은 사용자와 실시간 대화가 가능하며, 대화 상대의 감정을 인식하고 상황에 맞는 적절한 감정 표현도 할 수 있다. 또한 농담하고 노래를 부르는 등의 다양한 기능을 제공한다.

특히 챗GPT-4o의 음성 모드는 말하기 전 1~2초의 대기 시간이 있었던 기존 방식과 달리, 언제든지 말을 시작할 수 있으며, 답변도 실시간으로 이뤄진다. 사용자는 AI가 말을 끝마칠 때까지 기다릴 필요 없이 대화 도중에 끼어들 수도 있다.

챗GPT-4o는 단순한 텍스트 응답을 넘어선 다양한 기능을 갖추고 있다. 예를 들어, 사용자가 데이터 분석과 관련된 질문을 던지면, 챗GPT-4o는 해당 데이터를 기반으로 한 통계 분석, 시각화 및 보고서 작성까지 모두 지원한다. 이를 통해 사용자는 데이터 분석에 대한 전문 지식이 부족하더라도 쉽게 분석 작업을 수행할 수 있다.

2) 데이터 분석에의 활용 장점

챗GPT-4o는 데이터 분석 작업에서 다음과 같은 주요 장점을 제공한다.

(1) 사용자 친화성

챗GPT-4o는 직관적인 사용자 인터페이스를 제공해, 데이터 분석 경험이 적은 사용자도 쉽게 사용할 수 있다. 복잡한 코딩이나 수식 없이도 자연어로 질문을 하면 필요한 분석을 수행할 수 있다. 이는 데이터 분석이 어려워 접근하지 못했던 많은 사용자에게 큰 이점을 제공한다.

(2) 자동화된 데이터 처리

대량의 데이터를 효율적으로 처리할 수 있으며 데이터 전처리, 분석, 시각화 과정을 자동화해 사용자의 시간을 절약한다. 데이터를 정리하고 준비하는 과정에서 발생하는 오류를 줄이고, 일관된 결과를 제공해 분석의 신뢰성을 높인다. 이를 통해 데이터의 수집부터 분석, 보고서 작성까지 일관된 워크플로우를 제공한다.

(3) 실시간 분석 및 피드백

챗GPT-4o는 실시간으로 데이터를 분석하고, 즉각적인 피드백을 제공한다. 이는 빠른 의사결정이 필요한 비즈니스 환경에서 매우 유용하다. 예를 들어, 판매 데이터의 실시간 분석을 통해 즉각적인 마케팅 전략 조정이 가능하며, 이를 통해 비즈니스 성과를 극대화할 수 있다.

(4) 고급 분석 기능

챗GPT-4o는 통계 분석, 머신러닝 모델 적용 등 고급 분석 기능을 포함하고 있어 복잡한 데이터 분석 작업도 손쉽게 수행할 수 있다. 이러한 기능을 통해 사용자는 데이터에서 유의미한 인사이트를 도출하고, 이를 바탕으로 전략적 의사결정을 내릴 수 있다. 이는 단순한 데이터 분석을 넘어, 비즈니스 성과 향상에 직접적으로 기여한다.

3) 챗GPT-4o의 주요 기능 및 특징

(1) 언어 능력

챗GPT-4o는 GPT-4 대비 뛰어난 추론 능력을 보인다. 특히 일반 지식 문제(COT MMLU)에서 88.7%라는 최고 점수를 기록하며 언어 이해 및 생성 능력이 크게 향상됐다.

(2) 음성 자동 인식 능력

챗GPT-4o의 음성 인식 성능은 모든 언어, 특히 자원이 부족한 언어에 대해 Whisper-v3 보다 우수한 성능을 발휘했고, 이는 더 정확하고 신뢰할 수 있는 음성 인식을 가능하게 한다.

(3) 음성 번역 능력

챗GPT-4o는 음성 번역 분야에서도 새로운 기준을 제시하며, MLS 벤치마크에서 Whisper-v3 보다 뛰어난 성능을 보이고 다양한 언어 간의 실시간 번역이 가능해진다.

(4) 향상된 AI 이미지 생성 모델

챗GPT-4o는 텍스트를 이미지로 구현하는 능력이 크게 향상됐다. 이는 기존의 이미지 생성 모델을 능가하며, 사용자에게 더 정교하고 다양한 이미지를 제공한다.

① 텍스트의 이미지 구현

사용자가 입력한 텍스트를 이미지로 완벽하게 구현할 수 있다.

② 캐리커처 생성

실물 사진을 바탕으로 한 캐리커처를 생성한다.

③ 로고 제작

사용자 요청에 맞춰 로고를 제작하고, 다양한 표면에 정확하게 반영할 수 있다.

(5) 실시간 대화 및 음성 모드

챗GPT-4o는 실시간 대화를 지원하며, 기존의 대기 시간 없이 즉시 응답할 수 있다. 사용자는 AI의 응답을 기다릴 필요 없이 대화 도중에 끼어들 수 있어 더욱 자연스러운 대화가 가능하다.

(6) API 및 활용

개발자는 API를 통해 챗GPT-4o의 텍스트 및 비전 모델에 접근할 수 있으며, GPT-4 터보에 비해 속도가 2배 빠르고 가격은 절반이다. 향후 몇 주 내에 신뢰할 수 있는 소수의 파트너 그룹을 대상으로 새로운 오디오 및 비디오 기능 지원이 시작될 예정이다.

2. 챗GPT-4o 기본 사용법

챗GPT-4o는 데이터 분석의 복잡성을 줄이고, 누구나 쉽게 사용할 수 있도록 설계된 혁신적인 도구이다.

1) 챗GPT-4o 시작하기

챗GPT-4o를 사용하기 위해서는 다음과 같다.

(1) 웹사이트 접속

챗GPT-4o의 공식 웹사이트에 접속한다. 웹사이트 주소는 [www.ChatGPT.com]이다.

[그림1] 챗GPT 회원가입(출처 : OpneAI의 ChatGPT)

(2) 계정 생성 및 로그인

웹사이트에 접속한 후, '가입' 버튼을 클릭해 구글 계정으로 계정을 생성한다. 구글 계정을 선택해 로그인하면 챗GPT-4o의 모든 기능을 사용할 수 있다.

[그림2] 구글 계정으로 회원가입 또는 로그인(출처 : OpneAI의 ChatGPT)

(3) 초기 설정

로그인 후 초기 설정 화면이 나타난다. 여기서 기본적인 환경 설정을 완료한다. 데이터 저장 위치, 기본 분석 템플릿, 언어 설정 등을 선택할 수 있다.

(4) 데이터 준비

데이터를 분석하기 위해서는 분석할 데이터를 준비해야 한다. 챗GPT-4o는 엑셀 파일, CSV 파일, 데이터베이스 등 다양한 데이터 소스를 지원한다.

2) 기본 인터페이스 설명

챗GPT-4o의 기본 인터페이스는 사용자 친화적으로 설계돼 있어 누구나 쉽게 사용할 수 있다. 주요 구성 요소는 다음과 같다.

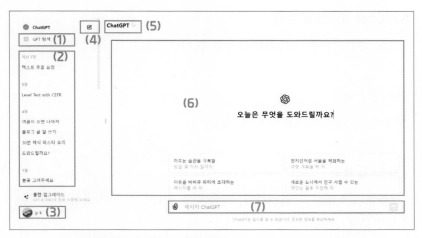

[그림3] 챗GPT 접속 후 기본 화면(출처 : OpneAI의 ChatGPT)

(1) GPT 탐색

GPTs에 있는 챗봇을 찾아 사용할 수 있다.

(2) 채팅 목록

챗GPT와 대화한 목록을 보여준다. 채팅한 목록을 공유하기, 이름 바꾸기, 삭제하거나 아카이브에 보관 처리할 수 있다.

(3) 내 계정

내 GPT, ChatGPT 맞춤 설정, 설정, 로그아웃을 할 수 있다.

(4) 새 채팅

새로운 채팅이 시작한다. 프롬프트를 입력해 작업을 하는데, 오류가 난다면 새 채팅을 눌러 새로운 대화를 시작하는 것이 좋다.

(5) ChatGPT 모델 선택

ChatGPT 모델을 선택해서 사용할 수 있다.

(6) 대화 내용

챗GPT와 대화한 내용이 뜬다.

(7) 챗 입력 창

프롬프트나 질문을 입력한다. 엑셀 파일, PDF, 이미지 파일 등을 첨부하고 질문할 수 있다.

키보드 단축키							✕
새 채팅 열기	Ctrl	Shift	O	맞춤형 지침 설정	Ctrl	Shift	I
채팅 입력에 집중		Shift	Esc	사이드바 토글	Ctrl	Shift	S
마지막 코드 블록 복사	Ctrl	Shift	;	채팅 삭제	Ctrl	Shift	⌫
마지막 응답 복사	Ctrl	Shift	C	단축키 표시		Ctrl	/

[그림4] 챗GPT 사용 시 키보드 단축키(출처 : OpneAI의 ChatGPT)

3. 데이터 업로드 및 관리 방법

　데이터를 효과적으로 분석하기 위해서는 먼저 데이터를 업로드하고 관리하는 방법을 익혀야 한다. 챗GPT-4o에서는 다양한 데이터 소스를 지원하며 데이터 업로드 및 관리는 매우 간편하다.

(1) 데이터 업로드

　채팅 입력창에 있는 '파일 첨부' 아이콘을 누른다.

[그림5] 챗GPT 파일 첨부 (출처 : OpneAI의 ChatGPT)

(2) 파일 업로드하기

　데이터 파일이 어디에 있는지에 따라 Google Drive, Microsoft OneDrive 또는 컴퓨터에서 업로드를 한다.

(3) 엑셀, CSV, 구글 시트 등 자료 업로드가 가능

　챗GPT-4o는 데이터 업로드 및 관리 기능을 통해 사용자가 데이터를 효율적으로 관리하고 분석할 수 있도록 돕는다. 이러한 기본 사용법을 숙지하면, 복잡한 데이터 분석 작업도 쉽게 수행할 수 있다.

4. 데이터 준비

데이터 분석의 첫 번째 단계는 데이터를 적절히 준비하는 것이다. 이는 데이터 수집, 정리, 전처리, 형식 지정 및 유효성 검사를 포함한다. 이 장에서는 이러한 단계를 상세히 설명해 챗GPT-4o를 사용한 데이터 분석이 원활하게 이뤄지도록 한다.

1) 데이터 수집 및 정리 방법

데이터 수집은 데이터 분석의 기초가 되는 단계이다. 데이터는 다양한 소스에서 수집될 수 있다. 엑셀 파일, CSV 파일, 데이터베이스, API, 웹 크롤링 등을 통해 데이터를 수집할 수 있다. 챗GPT-4o는 이러한 다양한 소스의 데이터를 통합해 분석할 수 있는 기능을 제공한다.

(1) 엑셀 파일 업로드

챗GPT-4o에서는 엑셀 파일을 직접 업로드 해 데이터를 분석할 수 있다. 엑셀 파일의 모든 시트와 데이터를 자동으로 인식해 업로드한다. 이를 통해 사용자는 손쉽게 데이터를 준비할 수 있다.

(2) CSV 파일 업로드

CSV 파일도 엑셀 파일과 마찬가지로 쉽게 업로드할 수 있다. 파일 선택 후, 챗GPT-4o가 데이터를 자동으로 분석해 테이블 형식으로 표시한다. CSV 파일은 구조가 간단하고 범용적으로 사용되므로 매우 편리하다.

(3) Google Drive, Microsoft OneDrive 연결

Google Drive와 Microsoft OneDrive와 같은 클라우드 저장소를 연결해 파일을 쉽게 업로드하고 관리할 수 있다. 구글 시트에 있는 데이터를 사용하려면 데이터가 있는 구글 계정에 로그인과 함께 'ChatGPT에서 구글 계정에 대한 액세스 요청합니다.' – '계속'을 클릭해 액세스 한다.

1) QR코드로 구글 드라이브 접속
2) 판매_데이터_분석.xlsx 파일을 다운받아 챗GPT-4o에서 전처리 연습

[그림6] 챗GPT-4o 연습할 예시 파일 QR코드

2) 데이터 업로드 예시

데이터 수집이 완료되면 수집된 데이터를 정리하는 과정이 필요하다. 정리 과정에서는 데이터의 중복 제거, 결측치 처리, 데이터 형식 변경 등이 포함된다. 이를 통해 데이터의 품질을 높이고, 분석 결과의 신뢰성을 확보할 수 있다.

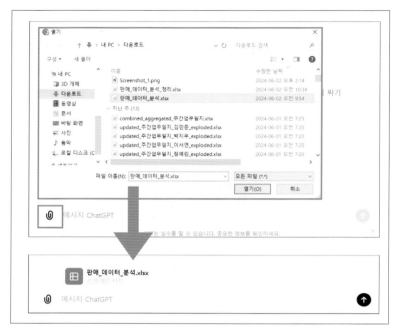

[그림7] 챗GPT 파일 첨부 (출처 : OpneAI의 ChatGPT)

3) 데이터 전처리 기법

데이터 전처리는 분석에 앞서 데이터를 정제하는 과정이다. 이 과정에서 데이터의 품질을 높이고, 분석 결과의 신뢰성을 확보할 수 있다. 챗GPT-4o를 사용해 데이터를 전처리하는 방법은 다음과 같다.

(1) 중복 제거

데이터셋에 중복된 데이터가 있는 경우 분석 결과에 왜곡을 일으킬 수 있다. 챗GPT-4o는 중복된 행을 자동으로 감지하고 제거하는 기능을 제공한다. 중복 데이터는 통계적 왜곡을 초래할 수 있기에 반드시 제거해야 한다.

(2) 결측치 처리

결측치는 데이터 분석에서 흔히 발생하는 문제이다. 결측치는 데이터 분석의 정확성을 저해할 수 있다. 챗GPT-4o는 결측치를 처리하는 다양한 방법을 제공한다. 결측치를 평균값, 중앙값, 최빈값 등으로 대체하거나 결측치가 포함된 행을 제거할 수 있다.

(3) 데이터 형식 변경

데이터의 형식이 일관되지 않으면 분석에 어려움이 발생할 수 있다. 예를 들어, 날짜 형식이 일관되지 않거나 숫자가 텍스트 형식으로 저장된 경우이다. 챗GPT-4o는 이러한 형식을 자동으로 감지하고, 일관된 형식으로 변경하는 기능을 제공한다.

4) 데이터의 형식 지정 및 유효성 검사

데이터의 형식 지정은 데이터를 일관된 형식으로 정리하는 과정이다. 이는 데이터 분석의 정확성을 높이기 위해 중요한 단계이다. 유효성 검사는 데이터가 분석에 적합한지 확인하는 과정이다.

(1) 데이터 형식 지정

챗GPT-4o는 다양한 데이터 형식을 지원하며 데이터의 형식을 자동으로 감지해 적절한 형식으로 변환할 수 있다. 예를 들어, 날짜 형식을 YYYY-MM-DD로 통일하거나, 숫자 형식을 소수점 두 자리로 맞추는 작업을 자동으로 수행한다. 일관된 데이터 형식은 분석의 정확성을 높여준다.

(2) 유효성 검사

유효성 검사는 데이터의 정확성과 일관성을 확인하는 단계이다. 챗
GPT-4o는 데이터의 이상치, 결측치, 중복 데이터 등을 자동으로 검사하
고, 사용자가 설정한 기준에 맞지 않는 데이터를 식별한다. 이를 통해 분
석의 신뢰성을 높일 수 있다.

5) 전처리 요청

① 업로드할 데이터 파일명은 데이터와 연관성이 있어야 한다. 오류를
최소화하기 위해 영어로 쓰기를 권장한다.
② 프롬프트 입력 시 명료하고 단계적으로 지시한다.
③ 파일 업로드 때 어떤 데이터인지 간략하게 설명한다.
④ 다운로드 링크 제공 요청을 하고 중간 과정을 보여달라고 요청한다.
⑤ 데이터 전처리 프롬프트

이 데이터는 '데이터 설명' 데이터입니다. 이 데이터는 '데이터 내용이
무엇인지 간단하게 설명을 입력'하는 내용을 포함하고 있습니다.

이 데이터를 분석하고 데이터를 전처리하기 위한 과정을 한국어로 설
명하고 그 과정에 따라 전처리를 실행해 주세요.

---

6) 전처리 요청 예시

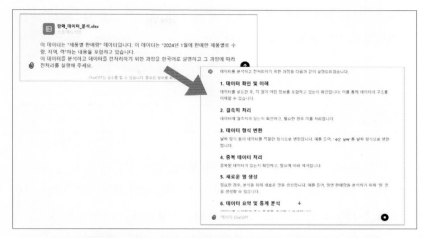

[그림8] 챗GPT 데이터 파일 전처리 요청 (출처 : OpneAI의 ChatGPT)

7) 전처리 전 데이터 파일과 전처리 후 파일을 비교해서 확인

[그림9] 챗GPT 데이터 파일 전처리 전, 후 엑셀 파일

챗GPT-4o는 데이터 준비 과정에서 필요한 모든 기능을 제공해 사용자가 데이터를 효율적으로 관리하고 분석할 수 있도록 돕는다. 데이터 수집, 정리, 전처리, 형식 지정, 유효성 검사 과정을 철저히 거치면 데이터 분석의 정확성과 신뢰성을 높일 수 있다.

5. 기초 분석

챗GPT-4o를 활용한 데이터 분석의 첫 단계는 기초 분석이다. 기초 분석은 데이터를 이해하고 기본적인 통계 정보를 얻는 과정으로, 이는 이후의 고급 분석을 위한 기초를 마련해 준다. 이 장에서는 기술 통계 분석, 기본 시각화 도구 사용법, 간단한 함수 및 수식 사용법을 다룬다.

1) 기술 통계 분석

기술 통계는 데이터의 분포, 중심 경향, 변동성을 설명하는 통계이다. 챗GPT-4o를 사용하면 이러한 기술 통계를 손쉽게 계산할 수 있다. 주로 사용하는 기초 기술 통계 지표는 다음과 같다.

(1) 평균(Mean)

데이터값의 산술 평균을 구한다. 이는 데이터의 중심 경향을 나타내는 대표적인 지표이다.

평균 = (전체 데이터값의 합) / (데이터값의 개수)

(2) 중위수(Median)

데이터값을 크기순으로 정렬했을 때, 중앙에 위치하는 값이다. 데이터가 극단값에 영향을 받을 때 유용하다.

> 중위수 = 정렬된 데이터값 중 중앙값

(3) 표준편차(Standard Deviation)

데이터값들이 평균으로부터 얼마나 떨어져 있는지를 나타내는 지표이다. 변동성이 큰 데이터를 분석할 때 중요하다.

> 표준편차 = sqrt((Σ(각 데이터값 - 평균)^2) / (데이터값의 개수 - 1))

챗GPT-4o에서 이러한 지표들을 계산하는 방법은 매우 간단하다. 데이터를 업로드한 후 분석 메뉴에서 기술 통계 분석 옵션을 선택하면, 자동으로 해당 지표들을 계산해 준다.

(4) 기초 분석의 예시

다음은 2024년 1월의 판매 데이터를 활용해 기술 통계 분석을 수행하는 실제 예시이다. 데이터 셋은 다음과 같다.

주문 ID	주문 날짜	제품명	수량	매출액	지역
001	2024-01-01	상품 A	10	300,000	서울
002	2024-01-02	상품 B	5	150,000	부산
003	2024-01-02	상품 C	7	210,000	대구
004	2024-01-03	상품 A	12	360,000	서울
005	2024-01-03	상품 B	8	240,000	부산

[표1] 판매 데이터 예시

이 데이터를 이용해 기초 기술 통계 분석을 수행해 보겠다.

① 평균 매출액 계산

매출액의 총합을 구하고, 주문 건수로 나누어 평균을 계산한다.

예시: $(300,000 + 150,000 + 210,000 + 360,000 + 240,000) / 5 = 252,000$원

② 중위수 계산

매출액을 오름차순으로 정렬한 후, 중앙에 위치한 값을 찾는다.

정렬된 매출액: 150,000, 210,000, 240,000, 300,000, 360,000

중위수: 240,000원

③ 표준편차 계산

각 매출액에서 평균을 빼고 제곱한 후, 그 합을 구하고 데이터 수 − 1로 나눈 다음, 제곱근을 구한다.

계산 과정:

$(300,000 - 252,000)^2 = 2,304,000,000$

$(150,000 - 252,000)^2 = 10,404,000,000$

$(210,000 - 252,000)^2 = 1,764,000,000$

$(360,000 - 252,000)^2 = 11,664,000,000$

$(240,000 - 252,000)^2 = 144,000,000$

총합: 26,280,000,000

표준편차: $sqrt(26,280,000,000 / 4)$ = 약 81,240원

챗GPT-4o는 이러한 계산을 자동으로 수행해 주며 사용자는 결과를 쉽게 확인할 수 있다.

2) 기본 시각화 도구 사용법

데이터 시각화는 복잡한 데이터를 이해하기 쉽게 도와준다. 챗GPT-4o 는 다양한 시각화 도구를 제공해 사용자가 데이터를 시각적으로 표현할 수 있도록 한다. 엑셀보다 쉽고 복잡하고 다양한 차트를 시각화할 수 있다. 기본적으로 많이 사용하는 차트는 막대 차트와 원형 차트를 생성해 본다.

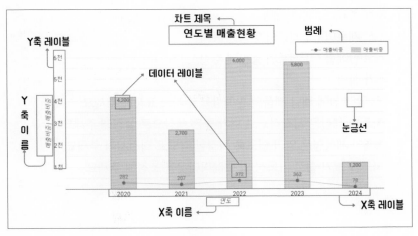

[그림10] 차트 구성 요소

(1) 막대 차트(Bar Chart)

범주형 데이터를 시각화할 때 유용하고 각 범주의 값 크기를 막대의 길이로 표현한다.

① 사용 예시

제품별 판매량 비교

② 생성 방법

챗GPT-4o에서 데이터 셋을 선택하고, x축과 y축에 표시할 데이터를 지정하고 막대 차트로 시각화를 요청한다.

③ 프롬프트 예시

> 차트 제목: 제품별 판매량 비교
>
> 차트 종류: 막대 바 차트
>
> X축: 제품명 (각 제품의 이름을 표시)
>
> Y축: 판매량 (각 제품의 총판매 수량)
>
> 추가 설명
>
> -각 막대 위에 해당 제품의 판매량을 수치로 표시해 주세요.
>
> -차트의 색상은 시각적으로 보기 좋은 색상으로 설정해 주세요.
>
> -X축의 제품명은 읽기 쉽도록 적절한 각도로 회전시켜 주세요.
>
> -차트를 보기 쉽고 가독성 있게 레이아웃을 조정해 주세요.

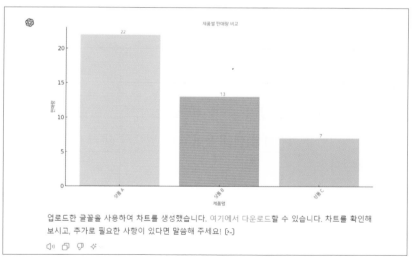

[그림11] 챗GPT-4o에서 요청한 막대 차트(출처 : OpneAI의 ChatGPT)

1) 차트 제목 등 한글이 깨질 때 나눔 스퀘어 글꼴을 첨부해서 사용

2) QR코드로 구글 드라이브 접속

3) 나눔스퀘어 글꼴.ttf 파일을 다운받아 챗GPT-4o에서 시각화 차트 연습

[그림12] 챗GPT-4o가 연습할 나눔 글꼴 다운 받는 QR코드

챗GPT-4o는 이러한 시각화 도구를 통해 데이터를 보다 직관적으로 이해할 수 있도록 돕는다.

(2) 원형 차트(Pie Chart)

전체 데이터에서 각 부분의 비율을 나타낼 때 사용한다. 원형의 각 부분이 전체에서 차지하는 비율을 시각적으로 보여준다.

① 사용 예시

시장 점유율 분석

② 프롬프트 예시

차트 제목: 지역별 점유율 분석

차트 종류: 원형 차트

추가 설명:

-점유율을 수치로 표시해 주세요.

-차트의 색상은 시각적으로 보기 좋은 색상으로 설정해 주세요.
-X축의 제품명은 읽기 쉽도록 적절한 각도로 회전시켜 주세요.
-차트를 보기 쉽고 가독성 있게 레이아웃을 조정해 주세요

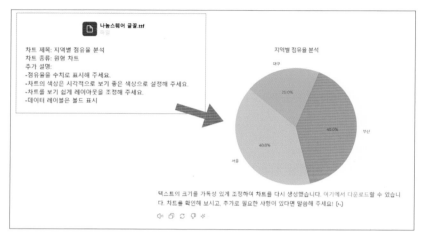

[그림13] 챗GPT-4o에서 요청한 원형 차트(출처 : OpneAI의 ChatGPT)

챗GPT-4o를 사용한 기초 분석 방법에 대해 살펴보았다. 기술 통계 분석, 기본 시각화 도구 사용법을 익히면 데이터의 기본적인 특성을 이해하고 더 나아가 복잡한 분석을 수행할 준비를 할 수 있다.

6. 데이터 취합

1) 동일한 형식의 엑셀 보고 자료 편집

(1) 데이터 취합

데이터 분석의 첫 단계인 데이터 취합은 다양한 출처에서 데이터를 수집해 일관된 형식으로 정리하는 과정이다. 이 단계는 데이터의 정확성 및 일관성을 유지하는 데 필수적이다. 데이터가 일관되지 않으면 분석 과정에서 오류가 발생할 수 있으며, 결과의 신뢰성도 떨어지게 된다. 따라서 데이터 취합 단계에서는 각 소스의 데이터를 동일한 형식으로 통일하는 것이 중요하다. 엑셀 보고 자료를 편집할 때는 다음과 같은 사항을 고려해야 한다.

(2) 데이터 형식 통일

데이터 형식을 통일하는 것은 데이터 취합에서 가장 중요한 부분 중 하나이다. 엑셀 파일의 각 열(Column)은 동일한 데이터 형식을 가져야 한다. 예를 들어, 날짜 형식은 모두 'YYYY-MM-DD' 형식으로 통일하고, 숫자 데이터는 소수점 자릿수를 맞추는 등의 작업이 필요하다. 날짜 형식을 통일하면 시간 순서에 따른 분석이 용이해지며, 숫자 데이터의 소수점 자릿수를 맞추면 계산의 정확성을 높일 수 있다.

형식이 통일되지 않으면 데이터 분석 과정에서 다양한 문제가 발생할 수 있다. 예를 들어, 서로 다른 날짜 형식은 날짜 계산에 오류를 일으킬 수 있으며, 소수점 자릿수가 다른 숫자 데이터는 합산이나 평균 계산 시 정확하지 않은 결과를 초래할 수 있다.

(3) 일관된 헤더 사용

모든 엑셀 파일의 첫 번째 행(Row)은 데이터의 의미를 명확히 하는 헤더(Header)로 사용해야 한다. 헤더는 데이터의 성격을 잘 나타낼 수 있도록 명확하고 일관성 있게 설정해야 한다. 예를 들어, 날짜를 나타내는 열은 '날짜'로, 매출액을 나타내는 열은 '매출액'으로 명확히 표기해야 한다. 헤더가 일관되지 않으면 데이터 분석 시 혼동이 발생할 수 있으며, 데이터 관리의 효율성도 떨어지게 된다. 일관된 헤더를 사용하면 데이터의 이해도가 높아지며, 데이터 분석 작업을 보다 체계적으로 수행할 수 있다. 이는 분석 과정에서 데이터를 쉽게 식별하고 필요한 정보를 신속하게 찾을 수 있도록 도와준다.

(4) 불필요한 데이터 제거

분석에 필요하지 않은 데이터는 미리 제거하는 것이 좋다. 예를 들어, 분석과 관련 없는 메모, 빈 셀, 중복 데이터 등을 제거해 데이터의 품질을 높인다. 불필요한 데이터가 많으면 분석 과정에서 오류가 발생할 수 있으며 데이터 처리 속도가 느려질 수 있다. 따라서 데이터를 정리할 때는 꼭 필요한 정보만 남기고 불필요한 부분은 과감히 제거하는 것이 중요하다. 이는 데이터의 신뢰성을 향상시키고 분석 결과의 정확성을 높이는 데 기여한다. 불필요한 데이터를 제거하면 데이터의 크기가 줄어들어 처리 속도가 빨라지고 분석 과정이 보다 원활해진다.

(5) 데이터 정렬

데이터를 일관성 있게 유지하기 위해 특정 기준에 따라 정렬한다. 예를 들어, 날짜순으로 정렬하거나, 특정 키값을 기준으로 정렬해 데이터의 접근성을 높인다. 데이터 정렬은 데이터 분석의 효율성을 높이는 데 중요한 역할을 한다. 정렬된 데이터는 패턴을 찾기 쉽고 분석 결과를 명확히 해

준다. 특히 대용량 데이터의 경우 정렬 작업을 통해 데이터 접근 시간을 단축하고, 분석의 효율성을 극대화할 수 있다. 데이터 정렬은 또한 데이터의 일관성을 유지하는 데 도움을 주어, 분석 과정에서 발생할 수 있는 혼동을 최소화한다.

2) 파일 업로드 규칙

챗GPT-4o는 데이터 분석 작업의 효율성을 극대화하기 위해 한 번에 최대 10개의 파일을 업로드할 수 있으며, zip 파일을 하나의 파일로 인식하는 기능을 제공한다. 이는 대량의 데이터를 효과적으로 취합하고 관리하기 위한 중요한 기능이다.

(1) 파일 업로드 절차

사용자는 '데이터 업로드' 메뉴에서 최대 10개의 파일을 선택해 업로드할 수 있다. 각 파일은 엑셀(XLSX), CSV, 또는 zip 형식이어야 한다. 이 기능을 통해 다양한 형식의 데이터를 손쉽게 업로드하고 관리할 수 있다. 데이터 업로드 과정은 다음과 같다.

① 데이터 업로드 메뉴 접근

챗GPT-4o 인터페이스에서 '데이터 업로드' 메뉴를 선택한다.

② 파일 선택

파일 선택 창이 열리면, 업로드할 최대 10개의 파일을 선택한다. 여기에는 엑셀 파일, CSV 파일, 그리고 zip 파일이 포함될 수 있다.

③ 업로드 시작

파일 선택이 완료되면 '업로드' 버튼을 클릭해 파일을 서버에 업로드한다. 챗GPT-4o는 업로드된 파일을 자동으로 처리하고 데이터베이스에 저장한다.

이 절차를 통해 사용자는 복잡한 데이터를 간편하게 업로드하고 분석 작업을 신속하게 시작할 수 있다.

(2) zip 파일 활용

여러 개의 엑셀 파일이나 CSV 파일을 하나의 zip 파일로 압축해 업로드할 수 있다. zip 파일은 챗GPT-4o에서 자동으로 해제돼 개별 파일로 인식되므로, 데이터 관리가 간편해진다. zip 파일을 활용한 업로드 절차는 다음과 같다.

① 파일 압축

업로드할 엑셀 파일이나 CSV 파일을 하나의 zip 파일로 압축한다. 예를 들어, '데이터_2024.zip'이라는 이름의 파일을 만든다.

② zip 파일 업로드

'데이터 업로드' 메뉴에서 zip 파일을 선택해 업로드한다. zip 파일은 챗GPT-4o에서 하나의 파일로 인식되므로 여러 개의 파일을 동시에 업로드할 수 있다.

③ 자동 해제 및 처리

업로드된 zip 파일은 챗GPT-4o에서 자동으로 해제돼 개별 파일로 변환된다. 이를 통해 사용자는 압축된 데이터를 효율적으로 관리할 수 있다.

zip 파일 활용은 대량의 데이터를 처리할 때 특히 유용하며, 데이터 업로드 과정을 단순화시켜 준다.

(3) 파일 이름 규칙

파일 이름은 각 파일의 내용을 잘 나타낼 수 있도록 명명하는 것이 좋다. 명확하고 일관된 파일 이름 규칙은 파일 관리의 효율성을 높이는 데 큰 도움이 된다. 파일 이름 규칙의 예시는 다음과 같다.

① 날짜 포함

파일 이름에 작성 날짜를 포함한다. 예를 들어, '2024_01_매출_보고서.xlsx'와 같이 작성한다.

② 내용 명시

파일 이름에 파일의 내용을 명확히 명시한다. 예를 들어, '고객_목록.csv', '판매_데이터.xlsx' 등으로 작성한다.

③ 버전 관리

파일이 여러 버전으로 존재하는 경우, 버전 번호를 포함해 명명한다. 예를 들어, '프로젝트_계획서_v1.0.docx', '프로젝트_계획서_v1.1.docx'와 같이 작성한다.

이와 같은 파일 이름 규칙을 따르면, 나중에 파일을 식별하고 관리하기 쉬워진다. 이는 파일 관리의 효율성을 높이고, 필요한 데이터를 신속하게 찾을 수 있도록 도와준다.

3) 500MB 파일 업로드 한도 및 관리

챗GPT-4o는 파일 업로드 시 최대 500MB까지 지원한다. 이는 대용량 데이터를 처리할 수 있는 능력을 제공하며, 사용자는 보다 큰 규모의 데이터를 분석할 수 있다.

(1) 데이터 압축

데이터가 500MB를 초과하는 경우 데이터를 압축해 zip 파일 형식으로 업로드하는 것이 좋다. 이는 데이터 업로드 시간을 단축하고 보다 효율적으로 데이터를 관리할 수 있게 한다.

(2) 데이터 샘플링

데이터가 너무 큰 경우 샘플링 기법을 사용해 데이터의 일부만 업로드하고 분석할 수 있다. 이는 전체 데이터를 분석하지 않더라도 중요한 인사이트를 얻을 수 있는 방법이다. 데이터 샘플링은 데이터의 대표성을 유지하면서 분석의 효율성을 높인다.

(3) 데이터 분할

하나의 데이터 파일이 500MB를 초과하는 경우 데이터를 여러 개의 파일로 분할 해 업로드할 수 있다. 예를 들어, 연도별로 데이터를 나누거나, 특정 기준에 따라 데이터를 분할해 업로드하면 된다. 이는 대용량 데이터를 효과적으로 관리하는 데 도움이 된다.

4) 프롬프트는 최대한 명료하게

챗GPT-4o를 활용해 데이터 분석을 수행할 때, 명료한 프롬프트는 정확한 결과를 얻는 데 중요하다. 프롬프트는 분석의 목적과 필요한 정보를 명확하게 전달해야 한다.

(1) 명확한 목표 설정

프롬프트는 분석의 목표를 명확히 전달해야 한다. 예를 들어, '지난 6개월 동안의 월별 매출 변화를 분석해 줘'와 같이 구체적으로 요구해야 한다. 명확한 목표 설정은 데이터 분석의 방향성을 제시하고 정확한 결과를 도출하는 데 도움을 준다.

(2) 필요한 데이터 명시

프롬프트에는 필요한 데이터와 분석 방법을 명확히 기재해야 한다. 예를 들어, '2023년 1월부터 6월까지의 매출 데이터를 사용해, 월별 매출 변동을 꺾은선 그래프로 시각화해 줘'와 같이 명확하게 지시한다. 이는 데이터 분석 과정에서 혼동을 줄이고, 효율성을 높인다.

(3) 구체적인 질문

프롬프트는 구체적이고 명확해야 하며, 모호한 표현은 피해야 한다. 예를 들어, '최근 매출 데이터를 분석해 줘'보다는 '2023년 1월부터 6월까지의 매출 데이터를 분석해 월별 성장률을 계산해 줘'와 같이 구체적으로 질문한다. 이는 데이터 분석 결과의 정확성을 높이는 데 중요한 역할을 한다.

챗GPT-4o를 통해 데이터를 효과적으로 취합하고, 분석하는 과정에서 이러한 원칙을 준수하면 보다 정확하고 유의미한 결과를 도출할 수 있다. 이를 통해 업무 생산성을 극대화하고, 데이터 기반의 의사결정을 내릴 수 있다.

5) 데이터 취합 실습

데이터 분석의 첫 단계는 데이터를 취합하는 것이다. 특히 일정한 형식의 칼럼이 있는 엑셀 파일로 실습하고자 한다. 주간 업무일지 파일들을 하나의 엑셀 파일로 통합하는 능력은 업무 효율성을 극대화하는 데 필수적이다. 이 책에서는 이러한 과정을 실습을 통해 자세히 설명하며 누구나 쉽게 따라 할 수 있도록 안내한다.

(1) 파일 업로드 및 취합 준비

먼저 주간 업무일지 파일들을 준비한다. 이 파일들은 엑셀 또는 CSV 형식일 수 있으며, 각 파일의 칼럼 명은 동일하게 유지돼야 한다. 다양한 형식의 데이터를 하나로 취합하는 과정은 처음에는 복잡해 보일 수 있지만, 이 책에서는 단계별로 쉽게 설명해 여러분이 빠르게 익힐 수 있도록 돕는다.

(2) 칼럼 명 유지 및 데이터 통합

각 파일의 첫 번째 행에는 칼럼 명이 포함돼 있다. 이 칼럼 명은 모든 파일에서 일관되게 유지돼야 하며 이를 통해 데이터의 의미를 명확하게 알 수 있다. 이 책에서는 칼럼 명을 통일하고 데이터를 하나의 시트로 통합하는 방법을 구체적인 예시와 함께 설명한다. 이를 통해 데이터의 일관성을 유지하면서도 쉽게 통합할 수 있는 방법을 배우게 된다.

(3) 셀 내 텍스트 줄 바꿈 유지

데이터의 가독성을 높이기 위해 각 셀 내 텍스트의 줄 바꿈을 유지하는 것이 중요하다. 엑셀의 텍스트 줄 바꿈 기능을 활용해 각 주간 업무일지의 내용을 그대로 보존하는 방법을 배울 수 있다. 이 책에서는 줄 바꿈을 유지하는 간단한 방법을 단계별로 설명해 실습을 통해 쉽게 따라 할 수 있도록 돕는다.

(4) 열 너비 및 텍스트 줄바꿈 설정

데이터를 보기 쉽게 하기 위해 열 너비와 텍스트 줄 바꿈을 적절히 설정하는 것이 중요하다. 이 책에서는 모든 열의 너비를 25로 설정하고, 텍스트 줄 바꿈(wrapping) 기능을 활용해 데이터를 정리하는 방법을 상세히 설명한다. 이를 통해 데이터가 한눈에 들어오고 가독성이 크게 향상된다.

(5) 최종 결과물 저장 및 다운로드 링크 제공

모든 데이터를 취합한 후, 엑셀 파일을 저장하고 이를 공유할 수 있는 방법을 배운다. 이 책에서는 저장된 파일을 다운로드할 수 있는 링크를 생성하는 방법까지 자세히 다뤄 실무에서 바로 적용할 수 있도록 돕는다.

1) QR코드로 구글 드라이브 접속
2) 주간 업무일지.xlsx 파일(5개)을 다운받아 데이터 취합 연습

[그림14] 챗GPT-4o 연습할 예시 파일 QR코드

(6) 주간 업무일지 취합 프롬프트

너는 업무관리자인데 주간 업무일지 파일들을 효율적으로 통합하고, 보기 쉽고 관리하기 쉬운 형태로 정리해야 해.

제공된 주간 업무일지 파일들을 하나의 엑셀 파일로 취합해 줘.

-각 파일의 칼럼 명은 그대로 유지해서 첫 번째 행에 써줘.

-모든 정보를 하나의 시트로 통합해 줘.

-각 셀 내 텍스트의 줄 바꿈은 그대로 유지해 줘.

-한 명당 같은 요일의 업무는 하나의 셀에 들어가도록 바꿔줘

-열 너비를 25로 설정하고, 텍스트 줄 바꿈을 wrapping으로 설정해 줘.

-최종 결과물을 다운로드할 수 있는 링크로 제공해 줘.

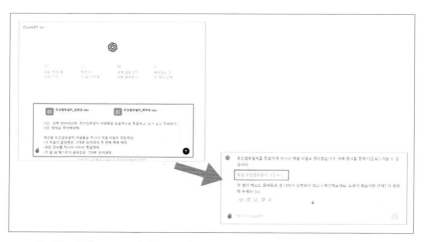

[그림15] 챗GPT-4o에서 주간 업무일지 취합(출처 : OpneAI의 ChatGPT)

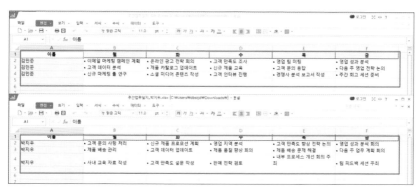

[그림16] 주간 업무일지 취합 전 개인별 주간 업무일지

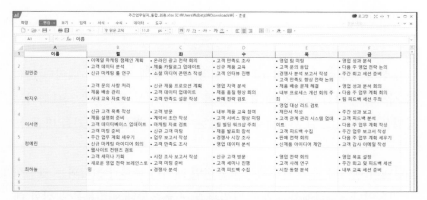

[그림17] 챗GPT-4o에서 취합한 주간 업무일지 통합 엑셀 파일

엑셀 함수에 대한 지식이 없어도 챗GPT를 통해 손쉽게 데이터를 취합할 수 있다. 챗GPT는 엑셀 파일의 데이터를 통합하고, 보기 쉽고 관리하기 쉬운 형태로 정리하는 작업을 도와준다. 여러 개의 엑셀 파일을 하나의 파일로 합치거나, 특정 형식에 맞춰 데이터를 재구성하는 등의 작업을 수행할 수 있다. 이는 사용자가 복잡한 엑셀 함수를 배우지 않아도 되며, 시간과 노력을 절약할 수 있는 효율적인 방법이다. 필요한 파일을 업로드하고 원하는 결과를 설명하면 챗GPT가 나머지 작업을 처리해 준다.

Epilogue

'생산성 향상을 위한 챗GPT-4o 활용법'을 통해 여러분이 데이터 분석과 시각화의 최신 도구인 챗GPT-4o를 활용해 업무 생산성을 극대화하는 방법을 이해하고, 실무에 적용할 수 있는 유용한 지식을 얻었기를 바란다.

현대의 데이터 중심 환경에서 효율적인 데이터 분석과 시각화는 필수적인 기술이다. 이 책에서 소개한 방법과 도구들을 통해 여러분은 복잡한 데이터 처리 작업을 보다 간편하게 수행할 수 있을 것이다. 특히 엑셀의 고급 함수 사용에 어려움을 겪는 분들에게 챗GPT-4o는 강력한 도구가 될 것이다.

책에서 다룬 다양한 실전 예제와 실습을 통해 실제 업무 상황에서의 데이터 분석 문제를 해결할 수 있는 능력을 배양했기를 바란다. 이제 여러분은 챗GPT-4o를 활용해 데이터 수집, 정리, 분석, 시각화의 전 과정을 체계적으로 수행할 수 있을 것이다.

이 책을 통해 얻은 지식을 바탕으로 여러분의 업무에서 생산성을 더욱 높이고 데이터의 가치를 최대한 활용해 전략적인 의사결정을 내리고, 효율성을 극대화하는 데 작은 도움이 됐길 바란다.

여러분의 성장을 응원하며 데이터 분석에 대한 이해를 높이고 업무에서의 생산성을 향상케 하는 데 관심을 가지기를 기대한다. 앞으로도 많은 성과와 발전이 있기를 바란다.

데이터 시각화
루커 스튜디오
(Looker Studio)

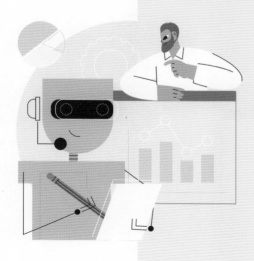

이 은 정

제3장
데이터 시각화 루커 스튜디오
(Looker Studio)

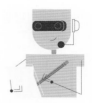

데이터가 넘쳐나는 현대 사회에서 데이터를 이해하고 활용하는 능력은 점점 더 중요해지고 있다. 우리는 일상생활부터 비즈니스 의사 결정에 이르기까지 데이터를 기반으로 판단을 내리고 있다. 그러나 데이터의 양이 방대하고 복잡할수록 이를 효과적으로 분석하고 시각화하는 일이 더욱 어려워진다. 이때 필요한 것이 바로 데이터 시각화 도구이다.

'루커 스튜디오(Looker Studio)'는 구글 클라우드에서 제공하는 강력한 데이터 시각화 및 비즈니스 인텔리전스 도구이다. 이 도구는 다양한 데이터 소스를 통합해 직관적이고 인터랙티브한 리포트와 대시보드를 생성할 수 있게 해준다. 데이터 분석가, 마케터, 비즈니스 사용자 등 누구나 쉽게 접근할 수 있도록 설계된 루커 스튜디오는 데이터를 시각적으로 표현해 더 깊이 있는 인사이트를 도출할 수 있게 한다.

데이터 시각화에 대해 알아보고, 루커 스튜디오를 소개하고 안내하는 기본적인 내용으로 구성했다. 이 책을 통해 데이터 시각화의 매력을 발견하고, 데이터를 기반으로 한 더 나은 의사 결정을 내리는 데 도움을 받기를 바란다.

1. 데이터 시각화

1) 데이터 시각화란?

'데이터 시각화(Data Visualization)'란, 문자와 숫자로 표현됐던 데이터를 차트를 사용해 표현하는 것이다. 시각화는 보이게만 만드는 것이 아니라 내용과 의미를 알기 쉽게, 이해하기 쉽게 만드는 것이라는 조금 더 높은 차원의 개념으로 사용된다.

이런 의미에서 데이터 시각화는 아트(Art)와 사이언스(Science)의 양면이 밀접하게 연결돼 있다. 그래픽 디자인, 시각 인지학, 컴퓨터 사이언스, 통계학이라는 다양한 분야가 관련된 깊이 있는 영역이다.

차트에는 그래프와 숫자, 표가 포함된다. 데이터 시각화의 목적은 '커뮤니케이션'이며 상대방에게 정보 전달 효율을 높이는 것에 있다. 데이터 리터러시(Data Literacy)란 데이터를 읽고 그 안에 숨겨진 의미를 파악하는 데이터 해독 능력을 말한다. 비즈니스에서 데이터를 활용해서 판단하고 이에 기반해 의사를 결정하는 시대, 곧 데이터 활용의 시대가 된 것이다. 데이터 리터러시의 요소인 '수치 정보에서 의미를 읽어내는 힘'은 바로 '비교력'이다. 수치 정보는 무언가와 비교할 때 비로소 의미가 있다.

2) 데이터 시각화의 목적

(1) 데이터 시각화의 목적

데이터 시각화의 목적은 커뮤니케이션(정보 전달, 대화)이다. 커뮤니케이션은 상대가 인지 즉, 이해하지 못했던 정보나 사실을 전달하고 상대의 판단과 행동을 촉진시키거나 변하게 하는 것이 본질적인 목적이다.

(2) 정보 전달의 효율성

정보 전달의 효율성도 데이터를 시각화할 때 중요하게 고려해야 한다. 여기서 '효율성'은 상대방에게 보다 많은 정보, 사실, 아이디어를 보다 적은 시간, 공간, 뇌의 노력으로 전달할 수 있는가 등이다.

데이터를 시각화하는 과정에서 원시 데이터는 그 형태와 모습이 변하게 된다. 거기에는 어떤 특정의 디자인이 함께 한다. 디자인에 의해 데이터가 갖고 있는 원래의 의미가 상대방에 있어서 보다 쉽게 전달되는 효과가 생겨난다. 또한 데이터가 갖고 있는 원래의 의미가 아닌 것이 상대방에게 전달되는 효과도 발생한다. 전자를 '시그널'이라고 지칭하고, 후자를 '노이즈'라고 지칭할 때, 시그널을 최대화하고, 노이즈를 최소화하는 데이터의 디자인을 추구하는 것이 데이터 시각화의 본래의 목적이 된다.

(3) 데이터 잉크 비율

데이터 시각화의 권위자인 에드워드 투플(Edwaed Tufle)이 제창한 '데이터 잉크 비율'이라는 개념이 있다. 차트를 표현할 때 데이터 자체를 나타내는 부분(막대그래프에서 막대 부분)을 데이터 잉크(Data-ink), 데이터 이외의 것을 나타내는 부분(막대그래프에서는 그래프의 테두리나 축의 눈금선 등)을 '논 데이터 잉크(Non-data-ink)'라고 부른다.

불필요한 장식을 없애 차트를 심플하게 만들수록 노이즈가 줄어들고 시그널이 높아져서 데이터 시각화에 최적의 디자인이 된다는 것이 기본적인 개념이다.(데이터 시각화 입문 26쪽)

3) 데이터 시각화의 효과

(1) 향상된 커뮤니케이션

데이터 시각화는 정보를 직관적으로 전달해 다양한 수준의 전문 지식을 가진 사람들이 데이터를 이해할 수 있게 한다. 이는 팀 또는 조직 내에서 데이터 중심의 대화를 촉진하고, 공유된 이해를 바탕으로 협력을 강화한다.

(2) 오류 감소

데이터를 시각적 형식으로 표현하면 이상치나 오류를 쉽게 식별할 수 있다. 이는 데이터 처리 과정에서 발생할 수 있는 실수를 줄이고 데이터의 정확성을 향상시키는 데 도움을 준다.

(3) 의사 결정 지원

시각화는 데이터에서 얻은 인사이트를 기반으로 합리적이고 근거 있는 결정을 내릴 수 있게 돕는다. 예를 들어, 시장 동향, 고객 행동, 운영 성능 등을 시각화해 경영진이 전략적 결정을 내리는 데 필요한 정보를 제공할 수 있다.

(4) 교육적 가치

데이터 시각화는 교육적 상황에서도 유용하게 사용된다. 복잡한 개념이나 데이터 세트를 시각적으로 나타내어 학생들이 쉽게 이해하고 학습할 수 있게 돕는다.

이와 같이 데이터 시각화는 정보의 접근성을 높이고 데이터로부터의 통찰을 극대화해 조직의 전반적인 효율성과 효과를 증진시키는 데 기여한다.

2. 루커 스튜디오 소개

1) 루커 스튜디오란 무엇인가?

'루커 스튜디오(Looker Studio)'는 구글 클라우드에서 제공하는 '데이터 시각화 및 비즈니스 인텔리전스(Business Intelligence, BI)' 도구이다. 이전에 구글 데이터 스튜디오로 알려졌던 이 도구는 사용자가 다양한 데이터 소스를 연결해 인터랙티브(Interactive)한 리포트와 대시보드를 만들 수 있도록 돕는다. 루커 스튜디오는 데이터 분석가, 마케터, 비즈니스 사용자 등 다양한 사람들이 데이터를 쉽게 이해하고 중요한 인사이트를 도출할 수 있게 해준다.

2) 왜 루커 스튜디오인가?

(1) 사용의 용이성

루커 스튜디오는 직관적인 인터페이스(Interface)를 제공해 사용자가 손쉽게 리포트와 대시보드를 생성할 수 있다. 복잡한 코딩 지식 없이도 데이터를 시각적으로 표현할 수 있다.

(2) 다양한 데이터 소스 통합

구글 시트(Google Sheets), 구글 애널리틱스(Google Analytics), 빅쿼리(BigQuery) 등 구글 서비스는 물론, MySQL, PostgreSQL 등 외부 데

이터베이스와도 쉽게 연결할 수 있다. 이를 통해 다양한 데이터 소스를 한 곳에서 분석할 수 있다.

(3) 실시간 데이터 업데이트

루커 스튜디오는 실시간 데이터 업데이트를 지원해 항상 최신 데이터를 반영한 리포트를 제공할 수 있다. 이는 빠르게 변화하는 비즈니스 환경에서 매우 중요한 기능이다.

(4) 인터랙티브(Interactive) 기능

필터(Filter), 슬라이더(Slider), 드롭다운(Dropdown) 메뉴 등의 인터랙티브(Interactive) 요소를 추가해 사용자들이 데이터를 직접 탐색하고 분석할 수 있게 한다. 이는 데이터의 이해도를 높이고 사용자 경험을 향상시킨다.

(5) 협업과 공유

루커 스튜디오는 팀원들과의 협업을 용이하게 한다. 리포트를 링크로 공유하거나 특정 사용자에게 편집 권한을 부여해 실시간으로 함께 작업할 수 있다.

3) 루커 스튜디오의 주요 기능
(1) 차트와 그래프

다양한 유형의 차트(막대 차트, 선 그래프, 파이 차트 등)와 그래프를 제공해 데이터를 다양한 방식으로 시각화할 수 있다.

(2) 데이터 블렌딩(Data Blending)

여러 데이터 소스를 결합해 복합적인 분석을 수행할 수 있다. 예를 들어, 판매 데이터와 웹사이트 트래픽 데이터(Traffic Data)를 결합해 마케팅 성과를 분석할 수 있다.

(3) 계산된 필드(Cal)

수식과 함수를 사용해 데이터 내 새로운 계산 필드를 만들 수 있다. 이를 통해 더 깊이 있는 분석이 가능하다.

(4) 조건부 서식(Conditional Formatting)

특정 조건에 따라 데이터의 색상이나 형식을 변경해 중요한 데이터를 강조할 수 있다.

(5) 지도 시각화

지리적 데이터를 시각화해 지역별 분석을 쉽게 할 수 있다.

4) 루커 스튜디오의 장점

루커 스튜디오는 데이터 시각화를 통해 복잡한 데이터를 쉽게 이해하고 중요한 비즈니스 결정을 내리는 데 필요한 인사이트를 제공한다. 이를 통해 데이터 중심의 의사 결정을 내리고 비즈니스 성과를 향상시킬 수 있다.

(1) 무료 사용 가능

구글 계정만 있으면 루커 스튜디오 대부분의 기능을 무료로 사용할 수 있다. 이는 소규모 기업이나 개인 사용자에게 큰 장점이다.

(2) 광범위한 커뮤니티와 지원

루커 스튜디오는 많은 사용자와 커뮤니티가 활발하게 활동하고 있어 다양한 학습 자료와 지원을 받을 수 있다.

(3) 구글 생태계와의 통합

구글 클라우드 플랫폼과의 긴밀한 통합을 통해 데이터 관리와 분석을 더 효율적으로 할 수 있다.

3. 루커 스튜디오 시작하기

1) 구글 계정으로 로그인

루커 스튜디오를 사용하려면 먼저 구글 계정이 필요하다. 구글 계정이 없다면 구글 계정을 만들어 사용하면 된다.

(1) 루커 스튜디오 홈페이지 방문

웹 브라우저를 열고, 루커 스튜디오 공식 웹사이트에 접속한다.
https://cloud.google.com/looker-studio?hl=ko

[그림1] Looker Studio 루커 스튜디오 검색

(2) 로그인하기

　화면 오른쪽 상단에 있는 '로그인' 버튼을 클릭한다. 구글 계정 정보를 입력해 로그인한다. 만약 구글 계정이 없다면, '계정 만들기'를 클릭해 계정을 생성한다.

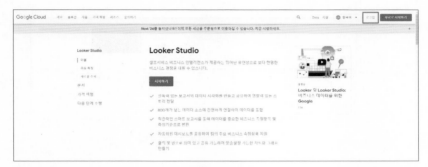

[그림2] 로그인하기

[그림3] 시작하기

2) 루커 스튜디오 대시보드 개요

로그인하면 루커 스튜디오의 기본 대시보드 화면이 나타난다. 이 대시
보드에서 다양한 리포트와 대시보드를 관리하고 생성할 수 있다.

[그림4] 루커 스튜디오 기본 화면

(1) 홈 화면

최근에 작업한 리포트와 즐겨찾기한 리포트를 확인할 수 있다. 좌측의
'+ 만들기' 버튼, 또는 '+ 빈 보고서'를 클릭해 새로운 보고서를 생성할 수
있다. '탐색기'를 클릭하면 나오는 '+ 새보고서 작성'을 눌러도 보고서 작
성 창이 열린다.

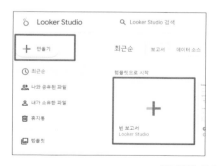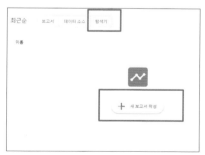

[그림5] 새 보고서 작성

(2) 탬플릿 갤러리

다양한 용도로 사용할 수 있는 기본 템플릿을 제공한다. 여기서 시작하면 리포트를 더 쉽게 만들 수 있다. 비즈니스, 마케팅, 판매 등 여러 카테고리의 템플릿이 제공된다.

(3) 보고서 목록

생성한 보고서들이 목록 형태로 표시된다. 여기서 보고서를 열거나, 편집하거나, 공유할 수 있다. 리포트 목록은 최근 수정일, 이름, 소유자 등으로 정렬할 수 있다.

3) 보고서 만들기

더하기 모양의 만들기, 또는 빈 보고서를 클릭한다.

(1) 데이터 소스 추가

리포트를 만들기 위해서는 먼저 데이터를 추가해야 한다. '데이터 추가' 버튼을 클릭한다. 다양한 데이터 소스 목록에서 원하는 데이터를 선택합니다. 예를 들어, 구글 시트를 데이터 소스로 사용할 수 있다. 구글 시트를 선택한 후, 데이터베이스에서 사용할 스프레드시트를 선택하고 연결한다.

[그림6] 구글 시트 URL 넣기

(2) 보고서의 제목 쓰기

새로운 보고서 창이 열리면, 화면 왼쪽 상단에 있는 '제목 없음 리포트' 부분을 클릭해 보고서의 이름을 지정한다.

[그림7] 제목 작성

(3) 기본 차트 추가

데이터 소스를 연결한 후 기본 차트나 그래프를 추가할 수 있다. 상단 메뉴에서 '차트'를 클릭하고, 원하는 차트 유형을 선택한다.

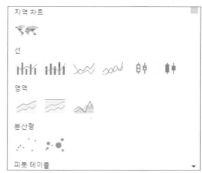

[그림8] 차트 추가

(4) 데이터 설정

차트를 선택한 상태에서 오른쪽 패널의 '데이터' 탭에서 차트에 사용할 데이터 필드를 설정한다. 차트에 표시할 차원(예: 월, 지역)과 측정 항목(예: 매출, 판매량)을 지정한다.

[그림9] 설정과 스타일

(5) 보고서 디자인

차트와 그래프를 추가하고 나면 리포트의 디자인을 꾸밀 수 있다. 텍스트, 이미지, 도형 등을 추가해 리포트를 풍성하게 만든다.

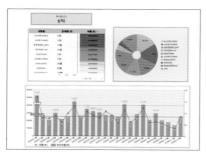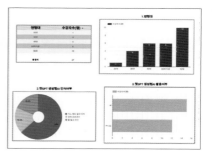

[그림10] 데이터 시각화 보고서 예시

(6) 보고서 저장 및 공유

리포트를 완료한 후, 화면 오른쪽 상단의 '공유' 버튼을 클릭해 리포트를 다른 사람과 공유할 수 있다. 링크를 생성하거나, 이메일로 리포트를 전송해 쉽게 공유할 수 있다.

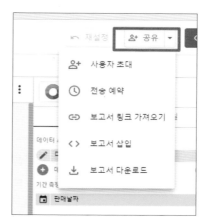

[그림11] 보고서 저장 및 공유

4. 데이터 소스 연결하기

　루커 스튜디오의 강력한 기능 중 하나는 다양한 데이터 소스를 쉽게 연결할 수 있다는 점이다. 이를 통해 여러 곳에 분산된 데이터를 한 곳에서 통합하고 분석할 수 있다.

1) 데이터 소스란 무엇인가?

　데이터 소스는 루커 스튜디오에서 보고서와 대시보드를 만들기 위해 사용하는 데이터의 출처를 의미한다. 데이터 소스는 다양한 형식과 위치에 존재할 수 있으며 이를 통해 필요한 데이터를 불러와 분석하고 시각화할 수 있다.

(1) 스프레드시트

　구글 시트와 같은 스프레드시트는 쉽게 데이터 소스로 활용할 수 있다.

(2) 데이터베이스

　MySQL, PostgreSQL, 구글 빅쿼리 등 다양한 데이터베이스를 연결할 수 있다.

(3) 애널리틱스 도구

　구글 애널리틱스, 구글애즈와 같은 도구에서 데이터를 가져올 수 있다.

(4) 기타

　CSV 파일, API, 타사 애플리케이션 등 다양한 데이터 소스를 연결할 수 있다.

2) 구글 시트 연결하기

구글 시트는 루커 스튜디오에서 가장 많이 사용되는 데이터 소스 중 하나이다.

(1) 구글 시트 준비

구글 드라이브에서 사용하고자 하는 구글 시트를 연다. 데이터가 잘 정리돼 있는지 확인하고 필요에 따라 데이터를 정리한다.

(2) 루커 스튜디오에서 데이터 소스 추가

루커 스튜디오 대시보드에서 '데이터 추가' 버튼을 클릭한다. 데이터 소스 목록에서 '구글 시트'를 선택한다.

(3) 구글 시트 연결

연결하고자 하는 구글 시트를 선택한다. 구글 계정으로 로그인한 후 필요한 권한을 부여한다. 사용할 워크시트를 선택하고 연결을 완료한다.

(4) 데이터 설정

연결된 구글 시트의 데이터를 확인하고, 필요한 경우 필드를 추가하거나 수정할 수 있다.

3) 구글 애널리틱스 연결하기

구글 애널리틱스는 웹사이트 트래픽 데이터를 분석하는 데 매우 유용한 도구이다.

(1) 구글 애널리틱스 계정 준비

구글 애널리틱스에 로그인해 필요한 데이터를 수집하고 있는지 확인한다.

(2) 루커 스튜디오에서 데이터 소스 추가

'데이터 추가' 버튼을 클릭하고, 데이터 소스 목록에서 '구글 애널리틱스'를 선택한다.

(3) 구글 애널리틱스 연결

구글 애널리틱스 계정을 선택하고, 연결하고자 하는 '속성(property)'과 '뷰(view)'를 선택한다. 필요한 권한을 부여하고 연결을 완료한다.

(4) 데이터 설정

구글 애널리틱스에서 가져온 데이터를 확인하고, 리포트에 사용할 필드를 선택한다.

4) 빅쿼리와 SQL 데이터베이스 연결하기

구글 빅쿼리와 같은 SQL 데이터베이스는 대용량 데이터를 처리하고 분석하는 데 매우 유용하다.

(1) 빅쿼리 프로젝트 준비

구글 클라우드 플랫폼에서 빅쿼리 프로젝트를 생성하고 데이터를 업로드한다.

(2) 루커 스튜디오에서 데이터 소스 추가

'데이터 추가' 버튼을 클릭하고, 데이터 소스 목록에서 '빅쿼리'를 선택한다.

(3) 빅쿼리 연결

'빅쿼리 프로젝트'와 '데이터셋(dataset)'을 선택한다. 사용할 테이블을 선택하고 연결을 완료한다.

(4) 데이터 설정

빅쿼리에서 가져온 데이터를 확인하고, 필요한 필드를 추가하거나 수정한다.

(5) SQL 데이터베이스 연결

MySQL, PostgreSQL 등의 SQL 데이터베이스를 연결할 경우, '데이터 추가' 버튼을 클릭하고 해당 데이터베이스를 선택한다. 데이터베이스의 호스트, 포트, 사용자 이름, 비밀번호를 입력해 연결을 설정한다.

5) 외부 데이터 소스 연결하기

루커 스튜디오는 다양한 외부 데이터 소스를 연결할 수 있다.

(1) CSV 파일 업로드

'데이터 추가' 버튼을 클릭하고, '파일 업로드'를 선택한다. CSV 파일을 업로드하고 데이터를 확인한다.

(2) API 연결

특정 API를 통해 데이터를 가져올 수 있다. 이 경우, API키와 엔드포인트 정보를 입력해 데이터를 가져온다. 데이터를 정리하고 루커 스튜디오에 연결한다.

루커 스튜디오에서 다양한 데이터 소스를 연결하면 한 곳에서 데이터를 통합하고 분석할 수 있다. 이를 통해 더 풍부한 인사이트를 얻고 데이터를 효과적으로 시각화할 수 있다.

5. 데이터 준비 및 전처리

데이터 시각화의 첫걸음은 데이터를 적절하게 준비하고 전처리하는 것이다. 데이터를 정리하고 전처리하는 과정은 데이터의 품질을 높이고 시각화를 통해 더 유용한 인사이트를 얻기 위해 필수적이다.

1) 데이터 정리와 전처리의 중요성

데이터 정리와 전처리는 데이터 분석과 시각화의 기반이 된다. 깨끗하고 구조화된 데이터는 더 정확한 분석과 명확한 시각화를 가능하게 한다. 데이터가 정리되지 않거나 결함이 있다면, 시각화 과정에서 잘못된 결론을 도출할 위험이 있다. 데이터 정리와 전처리의 주요 목적은 다음과 같다.

(1) 데이터 품질 개선

오류, 중복, 결측값을 제거해 데이터의 정확성을 높인다.

(2) 일관성 유지

데이터의 형식을 통일해 일관성을 유지하고 분석과 시각화를 쉽게 한다.

(3) 분석 가능성 증대

데이터를 구조화해 다양한 분석 방법을 적용할 수 있게 한다.

2) 구글 시트에서 데이터 준비하기

구글 시트는 데이터를 정리하고 전처리하는 데 매우 유용한 도구이다.

(1) 데이터 입력 및 가져오기

구글 시트에 데이터를 직접 입력하거나 CSV 파일, 엑셀 파일 등 외부 파일에서 데이터를 가져온다. '파일' 메뉴에서 '가져오기'를 선택해 데이터를 불러올 수 있다.

(2) 데이터 정리

① 중복 데이터 제거

중복된 행을 찾아 제거한다. '데이터' 메뉴에서 '중복 항목 제거' 기능을 사용할 수 있다.

② 결측값 처리

결측값(NaN)이 있는 셀을 찾아 적절히 처리한다. 예를 들어, 평균값으로 대체하거나 해당 행을 제거할 수 있다.

③ 데이터 형식 통일

날짜, 숫자, 텍스트 등의 형식을 통일한다. 예를 들어, 날짜 형식을 통일해 분석에 용이하게 한다.

(3) 기초 통계 확인

① 기초 통계 계산

평균, 중앙값, 표준편차 등의 기초 통계를 계산해 데이터의 분포를 파악한다.

② 피벗 테이블 사용

피벗 테이블을 만들어 데이터를 요약하고 주요 지표를 계산한다. '데이터' 메뉴에서 '피벗 테이블'을 선택해 생성할 수 있다.

3) 루커 스튜디오에서 데이터 전처리하기

루커 스튜디오는 데이터를 시각화하기 전에 간단한 전처리 작업을 수행할 수 있는 기능을 제공한다.

(1) 데이터 소스 편집

데이터 소스를 추가한 후, '편집' 버튼을 클릭해 데이터 소스 편집 화면으로 이동한다. 여기서 필드 이름을 변경하거나 데이터 형식을 수정할 수 있다.

(2) 계산된 필드 추가

계산된 필드는 기존 데이터를 기반으로 새로운 필드를 생성할 수 있게 한다. 예를 들어, 판매량과 단가를 곱해 총매출을 계산할 수 있다. 데이터 소스 편집 화면에서 '계산된 필드 추가' 버튼을 클릭하고 필요한 수식을 입력합니다.

(3) 필터 적용

필터를 적용해 필요한 데이터만을 선택할 수 있다. 예를 들어, 특정 기간의 데이터나 특정 조건을 만족하는 데이터만을 시각화할 수 있다. 리포트 화면에서 '필터 추가' 버튼을 클릭해 필터 조건을 설정한다.

(4) 데이터 블렌딩

데이터 블렌딩 기능을 사용하면 여러 데이터 소스를 결합해 하나의 시각화에 사용할 수 있다. 예를 들어, 판매 데이터와 고객 데이터를 결합해 고객 세그먼트별 매출을 분석할 수 있다. 데이터 블렌딩을 설정하려면 리포트 화면에서 '데이터 추가' 버튼을 클릭하고, 여러 데이터 소스를 선택해 블렌딩 조건을 설정한다.

4) 데이터 시각화를 위한 최종 준비

데이터 정리와 전처리가 완료되면 시각화를 위한 최종 준비 단계로 넘어간다. 이 단계에서는 시각화에 사용할 데이터 필드를 선택하고 필요한 경우 추가적인 전처리를 수행한다.

(1) 필드 선택 및 정리

시각화에 사용할 주요 필드를 선택하고 불필요한 필드는 제외한다. 필드 이름을 이해하기 쉽게 변경하고 데이터 형식을 최종적으로 확인한다.

(2) 시각화 목표 설정

시각화의 목표를 명확히 설정한다. 예를 들어, 매출 추이를 시각화하거나, 고객 세그먼트별 매출 기여도를 분석하는 것이 목표일 수 있다. 시각화 목표에 따라 필요한 데이터를 선택하고 시각화 방법을 계획한다.

데이터 시각화의 핵심은 데이터를 명확하고 직관적으로 전달하는 것이다. 루커 스튜디오를 사용하면 다양한 차트와 그래프를 통해 데이터를 시각적으로 표현할 수 있다. 여기서는 루커 스튜디오에서 기본적인 시각화를 만드는 방법을 알아본다.

1) 막대 차트와 히스토그램

(1) 막대 차트 (Bar Chart)

① 용도

카테고리별 데이터를 비교할 때 사용된다. 예를 들어, 제품별 매출, 월별 판매량 등을 시각화할 수 있다.

② 특징

데이터의 각 카테고리를 막대로 나타내며 막대의 길이는 해당 카테고리의 값을 나타낸다.

③ 생성 방법

루커 스튜디오 리포트에서 '차트 추가' 버튼을 클릭한다. '막대 차트'를 선택하고, 리포트 캔버스에 드래그한다. 데이터 패널에서 x축과 y축에 사용할 필드를 선택한다. 예를 들어, x축에 '월', y축에 '판매량'을 설정한다.

(2) 히스토그램 (Histogram)

① 용도

연속적인 데이터의 분포를 보여준다. 예를 들어, 시험 점수 분포, 제품 가격 분포 등을 시각화할 수 있다.

② 특징

데이터의 값들을 구간으로 나눠 각 구간의 빈도를 막대로 나타낸다.

③ 생성 방법

'차트 추가" 버튼을 클릭하고, '히스토그램'을 선택한다. 히스토그램을 리포트 캔버스에 드래그한다. 데이터 패널에서 분포를 나타낼 필드를 선택한다. 예를 들어, '점수' 필드를 설정한다.

2) 선 그래프와 영역 그래프

(1) 선 그래프 (Line Chart)

① 용도

시간에 따른 데이터의 변화를 나타낼 때 사용된다. 예를 들어, 주간 매출 추이, 월별 사용자 수 변화 등을 시각화할 수 있다.

② 특징

데이터 포인트를 선으로 연결해 시간의 흐름에 따른 변화를 쉽게 파악할 수 있다.

③ 생성 방법

'차트 추가' 버튼을 클릭하고, '선 그래프'를 선택한다. 선 그래프를 리포트 캔버스에 드래한다. 데이터 패널에서 x축에 시간 필드(예: '날짜'), y축에 값을 나타낼 필드(예: '매출액')를 설정한다.

(2) 영역 그래프 (Area Chart)

시간에 따른 누적 데이터를 시각화할 때 유용하다. 예를 들어, 월별 누적 매출, 연간 누적 수익 등을 시각화할 수 있다.

① 특징

선 그래프와 유사하지만 선 아래의 영역을 색으로 채워 누적된 값을 강조한다.

② 생성 방법

'차트 추가' 버튼을 클릭하고 '영역 그래프'를 선택합니다. 영역 그래프를 리포트 캔버스에 드래그한다. 데이터 패널에서 x축에 시간 필드, y축에 누적값을 나타낼 필드를 설정한다.

3) 파이 차트와 도넛 차트

(1) 파이 차트(Pie Chart)

① 용도

전체에 대한 각 부분의 비율을 시각화할 때 사용한다. 예를 들어, 시장 점유율, 예산 분포 등을 시각화할 수 있다.

② 특징

원형 그래프로 각 부분이 전체에서 차지하는 비율을 나타낸다.

③ 생성 방법

'차트 추가' 버튼을 클릭하고, '파이 차트'를 선택한다. 파이 차트를 리포트 캔버스에 드래그한다. 데이터 패널에서 카테고리 필드(예: '제품')와 값을 나타낼 필드(예: '매출액')를 설정한다.

(2) 도넛 차트(Donut Chart)

① 용도

파이 차트와 유사하지만 가운데가 비어 있어 여러 데이터 집합을 중첩해 비교할 때 유용하다.

② 특징

파이 차트의 변형으로 가운데가 비어 있어 추가 정보를 표시할 수 있다.

③ 생성 방법

'차트 추가' 버튼을 클릭하고, '도넛 차트'를 선택한다. 도넛 차트를 리포트 캔버스에 드래그한다. 데이터 패널에서 카테고리 필드와 값을 나타낼 필드를 설정한다.

4) 산점도와 거품 차트

(1) 산점도(Scatter Plot)

① 용도

두 변수 간의 관계를 시각화할 때 사용된다. 예를 들어, 키와 몸무게의 관계, 광고비와 매출의 상관관계 등을 시각화할 수 있다.

② 특징

각 데이터 포인트를 x축과 y축의 좌표로 표시해 변수 간의 상관관계를 파악한다.

③ 생성 방법

'차트 추가' 버튼을 클릭하고, '산점도'를 선택한다. 산점도를 리포트 캔버스에 드래그한다. 데이터 패널에서 x축과 y축에 사용할 필드를 설정한다. 예를 들어, x축에 '광고비', y축에 '매출'을 설정한다.

(2) 거품 차트(Bubble Chart)

① 용도
세 개의 변수 간의 관계를 시각화할 때 사용된다. 예를 들어, 제품의 가격, 판매량, 시장 점유율을 동시에 나타낼 수 있다.

② 특징
산점도와 유사하지만 각 점의 크기로 세 번째 변수를 나타낸다.

③ 생성 방법
'차트 추가' 버튼을 클릭하고, '거품 차트'를 선택한다. 거품 차트를 리포트 캔버스에 드래그한다. 데이터 패널에서 x축, y축, 그리고 버블 크기를 나타낼 필드를 설정한다. 예를 들어, x축에 '가격', y축에 '판매량', 버블의 크기에 '시장 점유율'을 설정한다.

5) 히트맵과 트리맵

(1) 히트맵(Heatmap)

① 용도
데이터의 밀도나 강도를 색상으로 표현한다. 예를 들어, 웹사이트 클릭맵, 온도 분포도 등을 시각화할 수 있다.

② 특징
색상의 농도로 데이터의 값을 시각적으로 나타내어 패턴을 쉽게 식별할 수 있다.

③ 생성 방법

'차트 추가' 버튼을 클릭하고, '히트맵'을 선택한다. 히트맵을 리포트 캔버스에 드래그한다. 데이터 패널에서 행과 열, 값을 나타낼 필드를 설정한다. 예를 들어, 행에 '날짜', 열에 '시간', 값에 '방문자 수'를 설정한다.

(2) 트리맵(Treemap)

① 용도

계층적 데이터의 비율을 시각화한다. 예를 들어, 예산 분포, 파일 시스템 용량 사용 등을 시각화할 수 있다.

② 특징

데이터의 계층 구조를 직사각형 영역으로 나누어 각 영역의 크기로 비율을 나타낸다.

③ 생성 방법

'차트 추가' 버튼을 클릭하고, '트리맵'을 선택한다. 트리맵을 리포트 캔버스에 드래그한다. 데이터 패널에서 계층 구조를 나타낼 필드를 설정한다. 예를 들어, '카테고리'와 '서브카테고리', 값을 나타낼 필드로 '매출액'을 설정한다.

이러한 기본 시각화 기법을 통해 데이터를 효과적으로 표현하고, 중요한 인사이트를 도출할 수 있다.

루커 스튜디오는 기본적인 시각화 외에도 다양한 고급 기능을 제공해 복잡한 데이터를 더 깊이 있게 분석하고 시각화할 수 있게 한다.

1) 데이터 블렌딩

데이터 블렌딩은 여러 데이터 소스를 결합해 하나의 시각화에 사용할 수 있는 기능이다. 이를 통해 서로 다른 데이터 소스 간의 관계를 분석하고, 통합된 인사이트를 얻을 수 있다.

(1) 예시

판매 데이터와 웹사이트 트래픽 데이터를 결합해 마케팅 캠페인의 효과를 분석할 수 있다.

(2) 블렌딩 설정 방법

① 데이터 추가

데이터 추가 리포트에서 '데이터 추가' 버튼을 클릭하고, 블렌딩할 두 개이상의 데이터 소스를 선택한다.

② 공통 필드 설정

블렌딩 할 데이터 소스 간의 공통 필드를 선택한다. 예를 들어, 날짜 필드나 제품 ID 필드를 공통 필드로 설정할 수 있다.

③ 블렌딩 필드 설정

각 데이터 소스에서 사용할 필드를 선택하고, 블렌딩 된 데이터 소스를 생성한다.

④ 시각화 적용

블렌딩 된 데이터를 사용해 차트나 그래프를 생성하고, 통합된 데이터를 시각화한다.

2) 계산된 필드와 매개 변수

계산된 필드와 매개 변수를 사용하면 기존 데이터에서 새로운 값을 생성하거나 사용자 입력에 따라 동적으로 데이터를 변경할 수 있다.

(1) 계산된 필드 생성 방법
① 계산된 필드 추가

데이터 소스 편집 화면에서 '계산된 필드 추가' 버튼을 클릭한다.

② 수식 입력

원하는 수식을 입력해 새로운 필드를 생성한다. 예를 들어, '총 매출=판매량×단가'와 같은 수식을 입력할 수 있다.

③ 필드 사용

생성된 계산된 필드를 차트나 그래프에서 사용할 수 있다.

(2) 매개 변수 설정 방법
① 매개 변수 추가

데이터 소스 편집 화면에서 '매개 변수 추가' 버튼을 클릭한다.

② 매개 변수 정의

매개 변수 이름, 데이터 유형, 기본값 등을 설정한다.

③ 매개 변수 사용

생성된 매개 변수를 필터나 계산된 필드에서 사용할 수 있다. 예를 들어, 사용자 입력에 따라 데이터를 동적으로 필터링할 수 있다.

3) 필터와 컨트롤 추가

필터와 컨트롤을 추가하면 사용자가 리포트를 직접 탐색하고 관심 있는 데이터를 선택해 분석할 수 있다.

(1) 필터 추가 방법

① 필터 추가

리포트에서 '필터 추가' 버튼을 클릭한다.

② 필터 설정

필터 조건을 설정한다. 예를 들어, 특정 기간의 데이터를 필터링하거나 특정 제품군의 데이터를 선택할 수 있다.

③ 필터 적용

필터를 적용해 리포트의 데이터를 동적으로 변경할 수 있다.

(2) 컨트롤 추가 방법

① 컨트롤 추가

리포트에서 '컨트롤 추가' 버튼을 클릭한다.

② 컨트롤 유형 선택

드롭다운 메뉴, 슬라이더, 날짜 선택기 등의 컨트롤 유형을 선택한다.

③ 컨트롤 설정

컨트롤의 동작 방식을 설정하고, 데이터를 동적으로 필터링할 수 있도록 구성한다.

4) 조건부 서식 적용하기

조건부 서식을 사용하면 특정 조건에 따라 데이터의 색상이나 형식을 변경해 중요한 정보를 강조할 수 있다.

(1) 조건부 서식 설정 방법

① 조건부 서식 추가

차트나 테이블을 선택한 후, 데이터 패널에서 '조건부 서식' 옵션을 선택한다.

② 조건 설정

데이터 필드와 조건을 설정한다. 예를 들어, 매출이 일정 값 이상일 때 색상을 변경할 수 있다.

③ 서식 지정

조건에 맞는 데이터의 색상, 글꼴, 배경 등을 설정한다.

5) 지도 시각화

지도 시각화는 지리적 데이터를 시각적으로 표현할 때 유용하다. 루커 스튜디오는 다양한 유형의 지도 차트를 제공해 지역별 데이터를 효과적으로 시각화할 수 있다.

(1) 지도 시각화 생성 방법

① 지도 차트 추가

'차트 추가' 버튼을 클릭하고, '지도 차트'를 선택한다.

② 지도 차트 설정

지도 차트를 리포트 캔버스에 드래그한다.

③ 데이터 설정

위치 데이터를 포함한 필드를 설정한다. 예를 들어, '지역' 필드를 위치 데이터로 설정하고, '매출액' 필드를 값으로 설정할 수 있다.

④ 지도 유형 선택

필요한 경우, 점 지도, 히트맵 등 다양한 지도 유형 중에서 선택할 수 있다.

고급 시각화 기술을 사용하면 데이터를 더 깊이 분석하고 복잡한 데이터 관계를 명확하게 시각화할 수 있다. 이러한 기술을 활용해 데이터에서 더 많은 인사이트를 도출하고 효과적으로 전달할 수 있다.

8. 대시보드 레이아웃 최적화

대시보드 레이아웃을 최적화하면 사용자가 데이터를 쉽게 탐색하고 분석할 수 있다.

1) 일관된 디자인 유지

색상, 글꼴, 배경 등을 일관되게 사용해 대시보드의 가독성을 높인다. 주요 데이터를 강조하기 위해 대비를 활용한다.

2) 논리적인 데이터 배치

관련 있는 데이터를 가까이 배치해 사용자가 데이터를 쉽게 비교할 수 있게 한다. 예를 들어, 매출 데이터와 비용 데이터를 나란히 배치해 손익 분석을 쉽게 할 수 있게 한다.

3) 화면 공간 효율적 사용

불필요한 여백을 최소화하고 데이터를 최대한 활용할 수 있도록 화면 공간을 효율적으로 사용한다. 차트와 그래프의 크기를 적절히 조정해 가독성을 높인다.

4) 실시간 데이터 업데이트 설정

실시간 데이터 업데이트를 통해 항상 최신 데이터를 반영하는 대시보드를 제공할 수 있다. 이는 빠르게 변화하는 비즈니스 환경에서 매우 유용하다.

• 실시간 데이터 업데이트 설정 방법

① 데이터 소스 설정

데이터 소스를 실시간으로 업데이트되는 소스로 설정한다. 예를 들어, 구글 애널리틱스나 빅쿼리와 같은 실시간 데이터를 제공하는 소스를 사용한다.

② 자동 새로 고침 설정

리포트 설정에서 데이터 새로 고침 주기를 설정한다. 예를 들어, 15분마다 데이터를 자동으로 새로 고침하도록 설정할 수 있다.

③ 실시간 대시보드 디자인

실시간 데이터 업데이트가 원활하게 이뤄지도록 대시보드를 설계한다. 실시간 데이터를 시각화하는 차트나 그래프를 추가하고 데이터 업데이트 상태를 표시할 수 있다. 인터랙티브 대시보드는 사용자 경험을 향상시키고, 데이터를 더 효과적으로 분석할 수 있게 한다.

9. 리포트 공유와 협업

루커 스튜디오의 강력한 기능 중 하나는 리포트를 쉽게 공유하고 협업할 수 있다는 점이다. 이를 통해 팀원들과 실시간으로 데이터를 분석하고 중요한 인사이트를 공유할 수 있다.

루커 스튜디오에서는 리포트를 여러 가지 방법으로 공유할 수 있다. 리포트를 공유하면 팀원들이 데이터를 확인하고 분석할 수 있으며 필요한 경우 피드백을 제공할 수 있다.

[그림12] 링크 복사

1) 이메일 공유

① 공유 버튼 클릭

② 이메일 주소 입력

'이메일로 공유' 옵션을 선택하고, 공유할 사람의 이메일 주소를 입력한다.

③ 권한 설정

이메일 주소를 입력한 후, 수신자에게 부여할 권한(보기 또는 편집)을 선택한다.

④ 공유

'보내기' 버튼을 클릭해 이메일로 리포트를 공유한다.

2) PDF 및 다른 형식으로 내보내기

① 파일 메뉴

리포트 화면의 왼쪽 상단에서 '파일' 메뉴를 클릭한다.

② 다운로드 옵션

'다운로드' 옵션을 선택해 리포트를 PDF, Excel, CSV 등 다양한 형식으로 내보낼 수 있다.

③ 내보내기

파일 형식을 선택하고, 다운로드를 시작합니다. 다운로드된 파일을 이메일 등으로 공유할 수 있다.

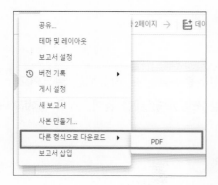

[그림13] 다운로드

10. 루커 스튜디오 기본적인 용어

루커 스튜디오를 효과적으로 사용하려면 기본적인 용어와 개념을 이해하는 것이 중요하다. 다음은 루커 스튜디오에서 자주 사용하는 용어와 그 뜻을 설명한 목록이다.

1) 데이터 소스(Data Source)

데이터 소스는 루커 스튜디오에서 리포트와 대시보드를 생성할 때 사용하는 데이터의 출처이다. 구글 시트, 구글 애널리틱스, SQL 데이터베이스, CSV 파일 등 다양한 데이터 소스를 연결할 수 있다.

2) 필드(Field)

필드는 데이터베이스의 열(Column)에 해당하는 개념으로, 데이터 소스의 각 항목을 나타낸다. 예를 들어, 판매 데이터 소스에서 '제품명, 판매량, 매출액' 등이 필드에 해당한다.

3) 측정 기준(Dimension)

측정 기준은 데이터를 그룹화하거나 분류하는 데 사용되는 필드이다. 보통 텍스트 데이터나 날짜 데이터를 포함한다. 예를 들어, '제품 카테고리, 지역, 날짜' 등이 차원에 해당한다.

4) 측정 항목(Metric)

측정항목은 수치 데이터를 포함하는 필드로, 계산 및 집계에 사용된다. 예를 들어, '매출액, 판매량, 방문자 수' 등이 측정 항목에 해당한다.

5) 계산된 필드(Calculated Field)

계산된 필드는 기존 데이터 필드를 기반으로 수식이나 함수를 사용해 생성한 새로운 필드이다. 예를 들어, '총 매출=판매량×단가'와 같은 계산식을 사용할 수 있다.

6) 블렌딩(Blending)

블렌딩은 여러 데이터 소스를 결합해 하나의 시각화에 사용할 수 있는 기능이다. 이를 통해 서로 다른 데이터 소스 간의 관계를 분석하고, 통합된 인사이트를 얻을 수 있다.

7) 차트(Chart)

차트는 데이터를 시각적으로 표현하는 도구이다. 막대 차트, 선 그래프, 파이 차트, 히스토그램 등 다양한 차트 유형이 있다.

8) 대시보드 (Dashboard)

대시보드는 여러 개의 차트와 그래프를 한 화면에 모아놓은 인터페이스로, 특정 주제나 목적에 맞게 데이터를 종합적으로 시각화한 것이다. 비즈니스 성과, 웹사이트 트래픽, 재무 상태 등을 모니터링하는 데 사용한다.

9) 컨트롤(Control)

컨트롤은 사용자 인터페이스 요소로, 필터, 슬라이더, 드롭다운 메뉴 등을 포함한다. 사용자가 데이터를 동적으로 필터링하고 탐색할 수 있게 도와준다.

10) 필터(Filter)

필터는 특정 조건에 따라 데이터를 선택적으로 표시하는 기능이다. 예를 들어, 특정 기간의 데이터나 특정 지역의 데이터를 필터링해 분석할 수 있다.

11) 조건부 서식(Conditional Formatting)

조건부 서식은 특정 조건에 따라 데이터의 형식을 변경해 중요한 정보를 강조하는 기능이다. 예를 들어, 매출이 일정 값 이상일 때 해당 값을 굵게 표시하거나 색상을 변경할 수 있다.

12) 카드(Card)

카드는 단일 값을 강조해 표시하는 시각화 요소이다. 주요 지표(예: 총매출, 순이익 등)를 한눈에 볼 수 있도록 도와준다.

13) 실시간 데이터 업데이트(Real-Time Data Refresh)

실시간 데이터 업데이트는 데이터 소스가 업데이트될 때 리포트와 대시보드도 자동으로 최신 상태로 유지되도록 하는 기능이다. 이를 통해 항상 최신 데이터를 기반으로 분석할 수 있다.

14) PDF 및 내보내기(PDF and Export)

PDF 및 내보내기는 리포트를 PDF, Excel, CSV 등 다양한 형식으로 다운로드하거나 인쇄할 수 있는 기능이다. 이를 통해 오프라인에서 리포트를 공유하거나 보관할 수 있다.

15) 권한 관리(Permission Management)

권한 관리는 리포트와 데이터 소스에 대한 접근 권한을 설정하는 기능이다. 사용자가 리포트를 보기만 할 수 있도록 하거나 편집할 수 있도록 권한을 부여할 수 있다.

이러한 용어들을 미리 이해하면 루커 스튜디오를 사용해 데이터를 시각화하고 분석할 때 훨씬 더 효율적으로 작업할 수 있다. 이를 통해 데이터 기반의 의사 결정을 내리는 데 큰 도움이 될 것이다.

11. 루커 스튜디오의 활용 방법

1) 루커 스튜디오의 업무 향상 활용 방법

(1) 자동화된 리포팅

루커 스튜디오를 사용해 일일, 주간, 월간 보고서를 자동으로 생성할 수 있다. 이를 통해 수동으로 데이터를 집계하고 보고서를 만드는 시간을 줄일 수 있다.

(2) 실시간 데이터 대시보드

실시간으로 데이터를 모니터링하고 분석할 수 있는 대시보드를 구축해, 최신 정보에 기반한 신속한 의사 결정을 지원한다. 이는 특히 변동성이 큰 시장이나 긴급한 상황에서 매우 유용하다.

(3) 팀 협업 강화

루커 스튜디오의 공유 기능을 활용해 팀원들과 리포트와 대시보드를 공유함으로써 정보의 투명성을 보장하고, 팀 내 커뮤니케이션을 강화할 수 있다. 이는 모든 팀원이 같은 페이지에서 작업을 진행하게 해 협업을 촉진한다.

(4) 맞춤형 인사이트 제공

다양한 필터와 세그먼트를 적용해 조직에 특화된 맞춤형 인사이트를 제공한다. 이를 통해 조직의 특정 요구에 맞는 데이터 분석을 수행할 수 있으며, 보다 정밀한 전략 수립을 돕는다.

(5) 효율적인 리소스 관리

다양한 데이터 소스를 통합해 한 눈에 볼 수 있는 대시보드를 구성함으로써, 리소스 관리의 효율성을 높일 수 있다. 예산, 인력, 프로젝트 진행 상황 등의 관리가 용이해진다.

루커 스튜디오의 이러한 활용은 조직의 데이터 관리를 개선하고, 의사 결정 과정을 신속하게 하며, 전반적인 업무 효율성을 높이는 데 기여한다.

2) 루커 스튜디오의 교육적, 실용적 활용 방법

루커 스튜디오는 데이터 시각화를 처음 접하는 일반인들과 학생들에게도 매우 유용한 도구이다. 사용자 친화적인 인터페이스와 다양한 템플릿을 제공함으로써 복잡한 코딩 지식 없이도 데이터를 시각화하고 분석할 수 있는 방법을 제공한다. 이를 교육적으로 활용하는 몇 가지 방안은 다음과 같다.

(1) 기본 데이터 이해 및 시각화 교육

루커 스튜디오를 사용해 데이터 시각화의 기초를 가르칠 수 있다. 간단한 데이터 세트를 사용해 차트와 그래프를 만드는 방법을 배우게 함으로써 학생들과 일반인들이 데이터를 시각적으로 해석하고 이해하는 기술을 개발할 수 있다.

(2) 실생활 데이터 적용

일상생활에서 접할 수 있는 데이터, 예를 들어 날씨 정보, 스포츠 통계, 개인 건강 데이터 등을 활용해 루커 스튜디오에서 시각화 프로젝트를 만들어 볼 수 있다. 이런 활동은 데이터와의 친숙도를 높이고 데이터의 실용성을 이해하는 데 도움을 준다.

(3) 교과 연계 프로젝트

학교 과정에서 수학, 과학, 사회 과목 등의 데이터를 활용해 루커 스튜디오를 통해 시각화할 수 있다. 예를 들어, 수학 수업에서는 통계적 데이터를 분석하고, 과학 수업에서는 실험 결과를 시각화할 수 있다. 이를 통해 학습 내용을 실질적으로 적용해 보는 경험을 제공한다.

(4) 대화형 보고서 작성

루커 스튜디오의 대화형 대시보드 기능을 활용해 학생들이나 일반인들이 자신의 데이터를 바탕으로 대화형 보고서를 만들어 보도록 한다. 이 과정에서 데이터 선택, 시각화 유형 결정, 설계 레이아웃 등의 단계를 직접 수행하게 함으로써 분석적 사고력을 향상시킬 수 있다.

이러한 접근 방식은 데이터 시각화의 기초부터 실제적인 적용까지 폭넓게 다루며 사용자가 데이터 분석과 시각화에 대한 자신감을 키울 수 있도록 돕는다. 루커 스튜디오의 직관적인 도구와 기능은 데이터 시각화를 모르는 사람들도 쉽게 접근하고 활용할 수 있게 한다.

12. 루커 스튜디오와 데이터 시각화의 미래

루커 스튜디오는 데이터 시각화 도구로서 다양한 장점을 제공한다. 사용자 친화적인 인터페이스는 비전문가도 쉽게 데이터를 시각화하고 분석할 수 있게 해주며 실시간 데이터 연결을 통해 최신 데이터를 기반으로 한 시각화를 제공한다. 인터랙티브 대시보드는 사용자가 데이터를 쉽게 탐색하고 분석할 수 있도록 도와주고 사용자 맞춤형 커스터마이징 기능은 필요한 정보를 효율적으로 제공해 맞춤형 데이터 시각화를 지원한다. 또한 협업 기능을 통해 팀원들과 데이터를 공유하고 협업해 효과적인 의사 결정을 지원한다.

데이터 시각화는 앞으로 더욱 발전할 것이다. 인공지능(AI)과 머신러닝(ML) 기술이 통합됨으로써 자동화된 인사이트 도출과 예측 분석이 가능해질 것이며 이는 사용자에게 더 빠르고 정확한 의사 결정을 지원한다. 가상 현실(VR)과 증강 현실(AR) 기술을 활용한 데이터 시각화는 데이터를 더 직관적으로 이해할 수 있게 하고 몰입감 있는 경험을 제공한다. 특히 교육 및 프레젠테이션 분야에서 혁신적인 방법이 될 것이다.

인터랙티브 시각화의 확대는 데이터와 사용자 간의 상호작용을 가능하게 해 더 많은 인사이트를 제공하고 사용자 경험을 향상시킬 것이다. 데이터 스토리텔링의 중요성이 증가함에 따라 데이터를 이야기 형태로 전달해 데이터를 더 쉽게 이해하고 공감할 수 있게 하며, 데이터의 가치를 극대화하는 중요한 기술로 자리 잡을 것이다. 마지막으로 개인화된 데이터 시각화는 각 사용자의 필요와 선호에 맞춘 정보를 제공해 효율적이고 효과적인 데이터 활용을 가능하게 한다.

이와 같은 발전 방향을 통해 데이터 시각화는 더욱 강력한 도구로 자리 잡을 것이며 다양한 분야에서 혁신적인 변화를 이끌어낼 것이다. 루커 스튜디오는 이러한 트렌드를 반영해 사용자에게 최적의 데이터 시각화 솔루션을 제공하는 유용한 도구이다.

Epilogue

이 책을 마무리하며 데이터 시각화의 중요성과 그 가능성을 다시 한번 강조하고자 한다. 데이터를 단순한 숫자나 텍스트로만 보는 것이 아니라, 시각적으로 표현함으로써 얻을 수 있는 인사이트는 무궁무진하다. 우리는 데이터를 통해 과거를 돌아보고 현재를 이해하며 미래를 예측할 수 있다. 루커 스튜디오는 이러한 데이터 시각화를 가능하게 해주는 강력한 도구이다.

여러분이 이 책을 통해 루커 스튜디오의 다양한 기능과 활용법을 익히고 데이터를 시각적으로 분석하는 능력을 키우셨기를 바란다. 이제 여러분은 데이터를 단순히 보는 것을 넘어 데이터를 통해 이야기를 하고 중요한 결정을 내릴 준비가 됐다.

데이터 시각화는 단순한 기술이 아니라 데이터의 숨은 가치를 발견하고 이를 효과적으로 전달하는 예술이다. 창의적인 접근과 끊임없는 연습을 통해 여러분의 데이터 시각화 능력을 계속해서 발전시켜 나가길 바란다. 또한 최신 기술과 트렌드를 따라가며 데이터를 활용하는 능력을 더욱 향상시키길 바란다.

이 책이 여러분의 데이터 시각화 여정에 작은 등불이 됐기를 바란다. 데이터의 힘을 믿고 이를 통해 더 나은 미래를 만들어 나가시길 응원한다. 데이터 시각화의 세계에 첫발을 디딘 모든 독자 여러분께 감사드리며 앞으로의 성공을 기원한다.

[참고 자료]
Looker Studio 홈페이지
후지 토시쿠니, 와타나베 료이치, 데이터 시각화 입문, 로드북, 2020

생성형 AI 활용한 업무 효율 높이는 보고서 작성

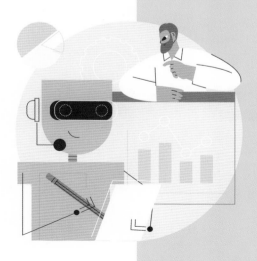

윤은숙

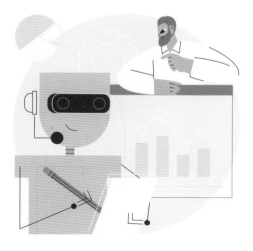

제4장
생성형 AI 활용한 업무 효율 높이는 보고서 작성

Prologue

　디지털 혁명과 AI 기술의 발전은 현대 사회에 큰 변화를 가져왔다. 특히 생성형 AI는 보고서 작성과 같은 정보 전달 분야에서 혁신을 이끌고 있다. 생성형 AI는 데이터 생성, 문서 작성, 창의적 작업 등 다양한 영역에서 활용되며 인간의 언어를 이해하고 생성할 수 있는 능력을 가진 알고리즘으로 자연어 처리(NLP) 기술을 바탕으로 한다. 대표적인 예로 OpenAI의 GPT 시리즈가 있으며 이는 비즈니스, 교육, 연구 등에서 보고서 작성의 효율성을 크게 향상시키고 있다.

　보고서는 특정 주제나 문제에 대해 체계적으로 수집된 정보를 분석하고 평가해 작성된 문서로, 정보 전달, 문제 해결, 의사 결정 지원, 성과 평가, 커뮤니케이션 도구 등 다양한 목적으로 사용된다. 보고서 작성의 목적은 명확한 정보 전달, 문제 해결을 위한 분석, 의사 결정 지원, 성과 평가, 효과적인 커뮤니케이션을 통해 조직의 목표 달성을 지원하는 것이다. 보고서는 경영 보고서, 연구 보고서, 프로젝트 보고서 등 여러 종류로 구분할 수 있으며 각 목적에 맞는 구조와 내용을 갖춰야 한다.

효과적인 보고서를 작성하기 위해서는 명확한 목적과 범위를 설정하고 논리적이고 일관된 구조를 유지해야 한다. 신뢰성 있는 데이터와 명확한 분석을 기반으로 작성해야 하며 시각적 자료를 활용해 정보를 쉽게 전달하고 중요한 부분을 강조해야 한다. 보고서 작성 과정은 주제 선정, 자료 수집 및 분석, 보고서 구성, 작성 및 검토의 단계를 거친다.

챗GPT와 같은 생성형 AI는 보고서 작성 과정에서 혁신적인 도구로 활용될 수 있다. AI 도구는 데이터 수집, 분석, 요약, 작성 등 다양한 단계를 자동화하거나 지원해 업무 효율성을 높인다. NLP 기술을 활용한 AI는 대량의 텍스트 데이터를 빠르게 분석하고 중요한 정보를 추출해 요약할 수 있다. 기계 학습 알고리즘은 데이터 패턴을 인식하고 예측 모델을 생성해 더 정확한 분석 결과를 제공한다. AI 기술의 도입은 보고서 작성의 정확성과 신속성을 높이며 작성자는 더 중요한 분석과 의사 결정에 집중할 수 있도록 돕는다.

이번 글에서는 생성형 AI와 보고서 작성의 접점을 탐구하고 이러한 기술이 보고서 작성 과정에서 어떻게 활용될 수 있는지 심층적으로 다룰 것이다. AI 기술의 발전과 함께 보고서 작성 방법도 진화하고 있으며 챗GPT와 같은 생성형 AI는 그 변화를 가속화하고 있다. 새로운 기술을 효과적으로 활용해 더 나은 보고서를 작성하는 것은 현대 보고서 작성자의 중요한 과제이다. 독자들은 AI를 활용한 보고서 작성의 이점과 방법을 명확히 이해하고 이를 실무에 적용할 수 있는 구체적인 방법을 습득하게 될 것이다.

1. 보고서의 정의와 목적

1) 보고서의 정의

보고서는 특정 주제나 사건에 대한 사실과 정보를 체계적으로 정리하고 분석한 문서이다. 보고서는 일반적으로 정보 제공, 문제 해결, 의사 결정 지원, 성과 평가 등의 목적을 위해 작성된다. 보고서는 학술, 비즈니스, 정부 기관 등 다양한 분야에서 사용되며 그 형태와 내용은 목적과 대상 독자에 따라 다를 수 있다.

보고서는 다음과 같은 주요 요소를 포함한다. 첫째, 제목은 보고서의 주제를 명확하게 나타낸다. 이는 독자가 보고서의 내용을 한눈에 파악할 수 있도록 도와준다. 둘째, 요약은 보고서의 핵심 내용을 간략히 정리한 부분으로 바쁜 독자가 보고서 전체를 읽지 않고도 주요 내용을 이해할 수 있게 한다. 셋째, 서론은 보고서의 목적, 배경, 중요성을 설명하며 보고서의 구조와 흐름을 소개한다.

본문은 보고서의 핵심 내용을 담고 있는 부분으로 논리적인 흐름에 따라 정보와 데이터를 제시하고 분석한다. 본문은 여러 장(章)으로 나뉘며 각 장은 주제를 명확히 하고 관련된 데이터를 체계적으로 제시한다. 예를 들어, 연구 보고서의 본문은 문헌 검토, 연구 방법, 결과, 논의 등의 장으로 구성될 수 있다.

결론은 보고서의 주요 발견과 결과를 요약하고 이를 기반으로 한 제안이나 권고 사항을 제시한다. 결론 부분에서는 보고서의 목적이 어떻게 달성됐는지 어떤 추가 연구나 조치가 필요한지를 언급한다. 참고 문헌은 보고서 작성에 참조된 모든 자료를 나열하는 부분으로 독자가 보고서의 근거 자료를 확인하고 추가 정보를 얻을 수 있도록 한다.

2) 보고서의 목적

보고서는 다양한 목적을 위해 작성되며, 각 목적은 보고서의 형식과 내용에 큰 영향을 미친다. 다음은 보고서의 주요 목적과 그에 대한 상세 설명이다.

(1) 정보 제공(Information Sharing)

정보 제공은 보고서 작성의 가장 기본적이고 중요한 목적 중 하나이다. 이는 특정 주제나 사건에 대한 사실과 데이터를 독자에게 전달하는 것을 목표로 한다. 정보 제공형 보고서는 다음과 같은 특성을 지닌다.

- 객관성: 정보는 객관적이고 신뢰할 수 있어야 하며, 주관적인 의견은 최소화해야 한다.
- 구체성: 구체적인 사실과 데이터를 포함해 독자가 명확하게 이해할 수 있도록 한다.
- 체계성: 정보는 논리적이고 체계적인 방식으로 정리돼야 하며, 쉽게 접근하고 이해할 수 있어야 한다.
  - 예시: 연간 금융 보고서, 연구 결과 보고서, 기술 사양서

(2) 문제 해결(Problem Solving)

문제 해결을 목적으로 하는 보고서는 특정 문제를 정의하고 이를 해결하기 위한 분석과 제안을 포함한다. 이러한 보고서는 다음과 같은 요소를 포함한다.

- 문제 정의: 문제의 원인과 영향을 명확히 설명한다.
- 분석: 문제를 다양한 각도에서 분석하고, 데이터를 통해 근본 원인을 파악한다.
- 해결책 제시: 여러 해결 방안을 제시하고, 각 방안의 장단점을 비교한다.
- 예시: 경영 문제 해결 보고서, 품질 개선 보고서, IT 시스템 문제 분석 보고서

(3) 의사 결정 지원(Decision Support)

의사 결정 지원 보고서는 경영진이나 정책 결정자들이 최적의 결정을 내릴 수 있도록 필요한 정보를 제공한다. 이 보고서는 다음과 같은 특징을 가진다.

- 데이터 기반 분석: 객관적인 데이터를 기반으로 결정을 내리는 데 필요한 분석을 제공한다.
- 시나리오 제시: 다양한 시나리오와 그에 따른 결과를 예측해 제시한다.
- 추천 사항: 가장 적절한 행동 방안을 추천하고, 그 근거를 명확히 설명한다.
- 예시: 시장 분석 보고서, 투자 제안 보고서, 정책 제안서

(4) 성과 평가(Performance Evaluation)

성과 평가 보고서는 특정 기간 동안 활동이나 프로젝트의 성과를 평가하는 데 사용된다. 이 보고서는 다음과 같은 요소를 포함한다.

- 목표 대비 성과: 설정된 목표와 실제 성과를 비교한다.
- 주요성과 지표 (KPI): 성과를 측정할 수 있는 구체적인 지표를 사용해 평가한다.

- 향후 개선점: 성과 평가 결과를 바탕으로 향후 개선해야 할 부분을 제안한다.
  - 예시: 분기별 성과 보고서, 프로젝트 완료 보고서, 직원 평가 보고서

(5) 커뮤니케이션 도구(Communication Tool)

보고서는 조직 내외부의 이해관계자들과의 효과적인 커뮤니케이션을 위한 도구로 사용될 수 있다. 이러한 보고서는 다음과 같은 특징을 갖는다.

- 명확한 메시지 전달: 복잡한 정보를 명확하고 간결하게 전달한다.
- 시각적 자료 활용: 그래프, 표, 다이어그램 등을 사용해 정보를 시각적으로 표현한다.
- 정기적 업데이트: 정기적으로 업데이트돼 최신 정보를 제공하고, 지속적인 커뮤니케이션을 지원한다.
  - 예시: 회의 보고서, 뉴스레터, 연차 보고서

목적	설명	특성	예시
정보 제공 (Information Sharing)	특정 주제나 사건에 대한 사실과 데이터를 전달한다.	객관성, 구체성, 체계성	연간 금융 보고서, 연구 결과 보고서, 기술 사양서
문제 해결 (Problem Solving)	특정 문제를 정의하고 해결책을 제시한다.	문제 정의, 분석, 해결책 제시	경영 문제 해결 보고서, 품질 개선 보고서, IT 시스템 문제 분석 보고서
의사 결정 지원 (Decision Support)	최적의 결정을 내릴 수 있도록 정보를 제공한다.	데이터 기반 분석, 시나리오 제시, 추천 사항	시장 분석 보고서, 투자 제안 보고서, 정책 제안서
성과 평가 (Performance Evaluation)	활동이나 프로젝트의 성과를 평가한다.	목표 대비 성과, 주요 성과 지표 (KPI), 향후 개선점	분기별 성과 보고서, 프로젝트 완료 보고서, 직원 평가 보고서
커뮤니케이션 도구 (Communication Tool)	이해관계자들과의 효과적인 커뮤니케이션을 위한 도구로 사용된다.	명확한 메시지 전달, 시각적 자료 활용, 정기적 업데이트	회의 보고서, 뉴스레터, 연차 보고서

[그림1] 보고서의 목적

이와같이 보고서는 정보 제공, 문제 해결, 의사 결정 지원, 성과 평가, 커뮤니케이션 도구 등 다양한 목적을 위해 작성된다. 각 목적에 맞게 보고서를 작성하면 독자가 필요로 하는 정보를 효과적으로 전달하고 문제 해결과 의사 결정을 지원할 수 있다.

2. 보고서의 종류

보고서는 다양한 목적과 상황에 따라 여러 종류로 분류될 수 있다. 각 보고서는 그 목적에 맞게 내용과 형식이 달라지며, 이에 따라 사용하는 데이터와 분석 방법도 달라진다. 다음은 주요 보고서의 종류와 그 특징에 대한 자세한 설명이다.

1) 연구 보고서(Research Report)

연구 보고서는 특정 연구 주제에 대한 조사, 실험, 분석 결과를 상세히 기술한 문서이다. 주로 학술 연구나 과학적 탐구를 위한 목적으로 작성된다.

〈특징〉
- 문헌 검토: 기존의 연구를 분석하고 해당 연구의 필요성과 배경을 설명한다. 이는 연구 주제가 기존 연구들과 어떻게 연관되는지를 보여준다.
- 연구 방법: 연구의 설계, 자료 수집 방법, 분석 방법 등을 자세히 설명한다. 이는 연구의 타당성과 신뢰성을 확보하기 위해 중요하다.
- 결과: 연구 결과를 표, 그래프 등으로 시각화해 제시한다. 데이터를 명확하게 전달하기 위해 필수적인 요소이다.
- 논의: 연구 결과의 의미를 해석하고, 그 중요성을 논의한다. 결과가 기존 이론이나 연구와 어떻게 일치하거나 다른지를 설명한다.

- 결론: 연구의 주요 발견을 요약하고, 향후 연구 방향을 제시한다. 연구의 한계와 추가 연구의 필요성을 언급한다.
  - 예시: 과학 논문, 학술지 논문, 대학원 학위 논문

2) 사업 보고서(Business Report)

사업 보고서는 기업의 경영 활동, 재무 상태, 시장 분석 등을 다룬 문서이다. 기업 내외부의 이해관계자에게 기업의 상태를 알리고 전략적 결정을 지원한다.

〈특징〉
- 경영 활동 보고: 회사의 주요 활동과 성과를 기록한다. 사업 운영의 전반적인 현황을 파악할 수 있다.
- 재무 보고: 재무 상태, 수익, 비용, 이익 등을 분석해 제시한다. 이는 기업의 경제적 건강 상태를 평가하는 데 중요하다.
- 시장 분석: 시장 상황, 경쟁사 분석, 소비자 동향 등을 포함한다. 시장에서의 위치와 경쟁력을 평가하는 데 필요하다.
- 전략 제안: 향후 사업 전략과 계획을 제안한다. 이는 기업의 성장을 위한 미래 방향을 설정한다.
  - 예시: 연차 보고서, 분기 보고서, 마케팅 분석 보고서

3) 기술 보고서(Technical Report)

기술 보고서는 특정 기술적 문제나 주제에 대한 분석과 해결 방안을 제시하는 문서이다. 주로 엔지니어링, IT, 과학 분야에서 사용된다.

〈특징〉

- 기술 설명: 관련 기술의 개요와 원리를 설명한다. 독자가 기술적 배경을 이해할 수 있도록 도와준다.
- 문제 정의: 해결해야 할 기술적 문제를 명확히 한다. 문제가 발생한 원인과 영향을 설명한다.
- 해결 방안: 문제 해결을 위한 구체적인 방법과 절차를 제시한다. 다양한 해결책을 비교하고 최선의 방안을 제안한다.
- 결과 분석: 해결 방안의 결과와 그 효과를 분석한다. 문제 해결 후의 결과를 평가한다.
- 예시: 엔지니어링 보고서, IT 시스템 보고서, 연구 개발 보고서

4) 환경 보고서(Environmental Report)

환경 보고서는 환경에 미치는 영향을 평가하고 관련 데이터를 분석한 문서이다. 주로 환경 보호, 지속 가능성, 규제 준수를 목적으로 작성된다.

〈특징〉

- 환경 영향 평가: 특정 활동이나 프로젝트가 환경에 미치는 영향을 평가한다. 환경 보호를 위한 조치를 제안한다.
- 지속 가능성 분석: 자원의 사용, 에너지 소비, 폐기물 관리 등을 분석한다. 환경 보호와 자원 효율성을 높이기 위해 중요하다.
- 환경 정책 제안: 환경 보호를 위한 정책과 계획을 제안한다. 규제 준수와 지속 가능한 발전을 목표로 한다.
- 데이터 제시: 환경 관련 데이터를 수집하고 분석해 시각화한다. 데이터 기반의 결정을 지원한다.
- 예시: 환경 영향 평가서, 지속 가능성 보고서, 기후 변화 보고서

5) 프로젝트 보고서(Project Report)

프로젝트 보고서는 특정 프로젝트의 진행 상황과 결과를 기록한 문서이다. 프로젝트 관리와 성과 평가를 위해 사용된다.

〈특징〉

- 프로젝트 개요: 프로젝트의 목표, 범위, 일정 등을 설명한다. 프로젝트의 기본 정보를 제공한다.
- 진행 상황: 프로젝트의 현재 진행 상태와 주요 활동을 기록한다. 일정 준수 여부와 진행 상황을 파악한다.
- 성과 평가: 프로젝트의 성과를 평가하고, 목표 대비 성과를 분석한다. 프로젝트가 목표를 얼마나 달성했는지 평가한다.
- 향후 계획: 프로젝트의 다음 단계와 향후 계획을 제시한다. 남은 과제와 향후 일정을 계획한다.
  - 예시: 프로젝트 진행 보고서, 프로젝트 완료 보고서, 상태 보고서

6) 회의 보고서(Meeting Report)

회의 보고서는 회의의 주요 논의 내용과 결정을 기록한 문서이다. 회의 후의 커뮤니케이션과 추후 작업을 위해 사용된다.

〈특징〉

- 회의 개요: 회의의 목적, 참석자, 일시 등을 기록한다. 회의의 기본 정보를 제공한다.
- 논의 내용: 주요 논의 사항과 발언 내용을 요약해 기록한다. 회의에서 다룬 주요 주제를 파악할 수 있다.
- 결정 사항: 회의에서 결정된 사항과 행동 계획을 명확히 제시한다. 결정된 사항을 추적할 수 있다.

- 추후 조치: 후속 조치와 책임자를 지정해 기록한다. 후속 작업의 책임
  을 명확히 한다.
- 예시: 회의록, 회의 결과 보고서, 워크숍 보고서

7) 평가 보고서(Evaluation Report)

평가 보고서는 특정 활동이나 프로그램의 성과를 평가한 문서이다. 프로그램의 효과성과 효율성을 평가하기 위해 사용된다.

〈특징〉

- 평가 목적: 평가의 목적과 평가 기준을 명확히 설명한다. 평가의 기본
  방향을 설정한다.
- 데이터 수집: 평가를 위해 수집된 데이터를 제시하고 분석한다. 객관
  적인 평가를 위한 기초 자료를 제공한다.
- 성과 분석: 성과를 분석하고 평가 기준에 따라 평가한다. 프로그램의
  효과성을 평가한다.
- 개선 제안: 평가 결과를 바탕으로 향후 개선 방안을 제안한다. 프로그
  램의 개선 방향을 제시한다.
- 예시: 프로그램 평가 보고서, 교육 평가 보고서, 정책 평가 보고서

보고서는 그 목적과 상황에 따라 다양한 형태로 작성될 수 있다. 각 보고서는 독자의 필요에 맞게 정보를 제공하고 문제 해결을 지원하며 의사결정을 돕는 중요한 도구이다. 보고서를 작성할 때는 그 목적에 맞게 명확하고 체계적으로 작성하는 것이 중요하다. 보고서의 종류와 목적을 명확히 이해하고 적절한 형식과 내용을 선택해 작성하면 보다 효과적인 커뮤니케이션과 성과를 달성할 수 있다.

3. 보고서 종류별 요구 사항

보고서별로 요구 사항이 필요한 이유는 보고서의 목적과 독자가 다르기 때문이다. 연구 보고서는 학술 연구나 과학적 탐구를 목적으로 하며 신뢰성과 재현성을 확보하기 위해 철저한 문헌 검토와 구체적인 연구 방법 설명이 필요하다. 사업 보고서는 기업의 경영 상태와 전략적 결정을 지원하기 위해 작성되며 재무 상태, 시장 분석 등 정확한 데이터를 포함해야 한다. 기술 보고서는 특정 기술적 문제를 해결하기 위한 것이므로 기술 설명과 문제 정의, 해결 방안을 구체적으로 제시해야 한다.

환경 보고서는 환경 영향 평가와 지속 가능성을 목표로 하므로, 환경 관련 데이터와 정책 제안을 명확히 해야 한다. 프로젝트 보고서는 프로젝트 진행 상황과 성과를 평가하고 계획을 제시하기 위해 작성되며 프로젝트 개요와 진행 상황, 성과 평가가 중요하다. 회의 보고서는 회의의 주요 논의 내용과 결정을 기록해 후속 작업을 지원하므로, 회의 개요와 논의 내용, 결정 사항을 명확히 해야 한다. 평가 보고서는 프로그램이나 활동의 성과를 평가해 개선 방안을 제시하기 위해 작성되므로, 평가 목적과 데이터 수집, 성과 분석이 필요하다. 각 보고서는 목적에 맞게 명확하고 체계적으로 작성돼야 하며, 이를 위해 구체적인 요구 사항이 필요하다. 각 보고서별 요구 사항은 다음과 같다.

1) 연구 보고서

연구 보고서는 특정 연구 주제에 대한 조사, 실험, 분석 결과를 상세히 기술하는 문서이다. 이를 작성하는 데에는 기존 연구에 대한 철저한 검토가 필요하며 이를 통해 연구의 배경과 필요성을 명확히 한다. 또한 연구의 설계, 자료 수집 방법, 분석 방법 등을 상세히 기술하며 실험 설계나 조사 방법은 재현이 가능하도록 구체적으로 설명한다. 수집된 데이터를 정밀하게 분석하고, 통계적 방법을 사용해 결과를 도출한다. 표와 그래프로 데이터를 시각화해 명확하게 제시한다. 연구 결과를 기존 이론과 비교하고 결과의 의미를 해석한다. 연구의 한계와 결과의 적용 범위를 명확히 설명한다. 마지막으로 사용된 모든 자료와 참고 문헌을 정확히 기재한다.

2) 사업 보고서

사업 보고서는 기업의 경영 활동, 재무 상태, 시장 분석 등을 다루는 문서이다. 이를 작성하는 데에는 회사의 주요 활동과 성과를 상세히 기록하며 주요 사건, 프로젝트, 성과 등을 명확하게 설명한다. 재무 상태, 수익, 비용, 이익 등을 정확하게 분석하고 제시하며, 재무제표와 같은 구체적인 자료를 포함한다. 시장 상황, 경쟁사 분석, 소비자 동향 등을 포함하며 데이터 기반의 시장 예측과 분석을 통해 전략적 인사이트를 제공한다. 향후 사업 전략과 계획을 제안하며 전략적 목표, 실행 계획, 기대 효과 등을 명확히 설명한다. 마지막으로 명확하고 간결한 형식으로 작성하며, 시각적 자료(그래프, 차트 등)를 활용해 이해를 돕는다.

3) 기술 보고서

기술 보고서는 특정 기술적 문제나 주제에 대한 분석과 해결 방안을 제시하는 문서이다. 이를 작성하는 데에는 관련 기술의 배경과 원리를 상세히 설명하며 독자가 기술적 배경을 이해할 수 있도록 돕는다. 해결해야 할 기술적 문제를 명확히 정의하며 문제의 원인과 영향을 구체적으로 설명한다. 다양한 해결 방안을 제시하고 각 방안의 장단점을 비교한다. 구체적인 해결 절차와 방법을 제시한다. 문제 해결 후의 결과를 분석하고 그 효과를 평가한다. 데이터를 통해 결과를 명확하게 제시한다. 마지막으로 기술 도면, 시방서, 기술 규격서 등 구체적인 기술 자료를 포함한다.

4) 환경 보고서

환경 보고서는 환경에 미치는 영향을 평가하고 관련 데이터를 분석하는 문서이다. 이를 작성하는 데에는 특정 활동이나 프로젝트가 환경에 미치는 영향을 철저히 평가하며 환경 보호를 위한 조치를 구체적으로 제시한다. 자원의 사용, 에너지 소비, 폐기물 관리 등을 분석해 지속 가능성을 평가한다. 장기적인 환경 영향을 고려한다. 환경 보호를 위한 정책과 계획을 제안하며 규제 준수와 지속 가능한 발전을 목표로 한다. 환경 관련 데이터를 수집하고 분석해 시각적으로 제시한다. 데이터의 출처와 신뢰성을 명확히 한다. 마지막으로 서론, 본론, 결론의 구조를 명확히 하고 각 부분의 내용을 체계적으로 구성한다.

5) 프로젝트 보고서

프로젝트 보고서는 특정 프로젝트의 진행 상황과 결과를 기록하는 문서이다. 이를 작성하는 데에는 프로젝트의 목적, 범위, 일정을 명확히 설명하며 프로젝트의 배경과 목표를 이해할 수 있도록 한다. 프로젝트의 현재 진행 상태와 주요 활동을 기록하며 일정 준수 여부와 진행 상황을 명확히 제시한다. 프로젝트의 성과를 평가하고 목표 대비 성과를 분석한다. 프로젝트가 얼마나 목표를 달성했는지 평가한다. 프로젝트의 다음 단계와 향후 계획을 구체적으로 제시한다. 남은 과제와 향후 일정을 명확히 한다. 마지막으로 모든 프로젝트 관련 문서를 체계적으로 정리해 포함한다.

6) 회의 보고서

회의 보고서는 회의의 주요 논의 내용과 결정을 기록하는 문서이다. 이를 작성하는 데에는 회의의 목적, 참석자, 일시 등을 상세히 기록하며, 회의의 기본 정보를 명확히 한다. 주요 논의 사항과 발언 내용을 요약해 기록하며 회의에서 다룬 주요 주제를 명확히 파악할 수 있도록 작성한다. 회의에서 결정된 사항과 행동 계획을 명확히 제시하며 결정된 사항을 추적하고 실행할 수 있도록 한다. 후속 조치와 책임자를 지정해 기록하며 후속 작업의 책임을 명확히 한다. 마지막으로 회의록은 명확하고 간결하게 작성돼야 하며 이해관계자들이 쉽게 이해할 수 있도록 해야 한다.

7) 평가 보고서

평가 보고서는 특정 활동이나 프로그램의 성과를 평가하는 문서로 평가의 목적과 평가 기준을 명확히 설명해 평가의 기본 방향을 설정한다. 평가를 위해 수집된 데이터를 제시하고 분석해 객관적인 평가를 위한 기초 자료를 제공한다. 성과를 분석하고 평가 기준에 따라 평가해 프로그램의 효과성을 평가한다. 평가 결과를 바탕으로 향후 개선 방안을 제안해 프로그램의 개선 방향을 제시한다. 마지막으로 평가 보고서는 체계적인 구조로 작성돼야 하며 각 부분의 내용이 명확히 구분돼야 한다.

보고서는 그 목적과 상황에 따라 다양한 형태로 작성될 수 있다. 각 보고서는 독자의 필요에 맞게 정보를 제공하고 문제 해결을 지원하며 의사 결정을 돕는 중요한 도구이다. 보고서를 작성할 때는 그 목적에 맞게 명확하고 체계적으로 작성하는 것이 중요하다. 보고서의 종류와 목적을 명확히 이해하고 적절한 형식과 내용을 선택해 작성하면 보다 효과적인 커뮤니케이션과 성과를 달성할 수 있다.

보고서 종류	요구 사항
연구 보고서	문헌 검토, 연구 방법의 상세 기술, 데이터 분석, 결과 해석, 참고 문헌의 정확한 기재
사업 보고서	경영 활동 기록, 재무 보고, 시장 분석, 전략 제안, 명확하고 간결한 형식의 보고서 작성
기술 보고서	기술 설명, 문제 정의, 해결 방안, 결과 분석, 기술적 자료의 포함
환경 보고서	환경 영향 평가, 지속 가능성 분석, 정책 제안, 데이터 제시, 체계적인 구조의 보고서 작성
프로젝트 보고서	프로젝트 개요, 진행 상황, 성과 평가, 향후 계획, 문서화
회의 보고서	회의 개요, 논의 내용, 결정 사항, 추후 조치, 명확한 문서화
평가 보고서	평가 목적, 데이터 수집, 성과 분석, 개선 제안, 체계적인 구조의 보고서 작성

[그림2] 보고서의 요구 사항

4. 챗GPT를 활용한 보고서 작성법

챗GPT는 보고서 작성의 여러 단계에서 큰 도움을 줄 수 있는 도구이다. 다음은 챗GPT를 활용해 보고서를 작성하는 방법을 단계별로 자세히 설명한 것이다.

[그림3] 챗GPT를 활용해 보고서를 작성하는 여러 단계를 보여 주는 이미지

(출처 : DALL-E)

1) 주제 선정

- 챗GPT 활용 방법: 주제 아이디어를 얻기 위해 챗GPT에게 다양한 분
  야의 최신 트렌드나 이슈를 물어본다.
- 예시 질문: '현재 가장 주목받는 기술 트렌드는 무엇인가?' 또는
  '2024년 경제 전망에 대해 알려줘.'

2) 자료 수집

- 챗GPT 활용 방법: 특정 주제와 관련된 정보를 찾기 위해 챗GPT에게
  자료를 요청한다. 이를 통해 기초 자료를 수집한다.
- 예시 질문: '재생 에너지의 최근 발전 현황에 대해 설명해 줘.' 또는
  '인공지능이 의료 분야에 미치는 영향에 대해 알려줘.'

3) 구조 설계

- 챗GPT 활용 방법: 보고서의 구조를 잡기 위해 챗GPT에게 보고서의 일반적인 목차를 물어본다. 이를 기반으로 보고서의 큰 틀을 잡는다.
- 예시 질문: '효과적인 사업 보고서의 목차는 어떻게 구성되나요?' 또는 '연구 보고서의 기본적인 구조를 알려줘.'

4) 초안 작성

- 챗GPT 활용 방법: 각 섹션의 초안을 작성하기 위해 챗GPT에게 도움을 요청한다. 예를 들어, 서론이나 결론 부분을 작성할 때 챗GPT의 도움을 받을 수 있다.
- 예시 질문: 'AI가 교육에 미치는 영향을 주제로 서론을 작성해 줘.' 또는 '연구 결과를 요약하는 결론을 어떻게 작성해야 할까?'

5) 내용 보완

- 챗GPT 활용 방법: 초안 작성 후 내용을 보완하고 추가 정보를 얻기 위해 챗GPT에게 구체적인 질문을 한다.
- 예시 질문: '기술 보고서에서 데이터 분석 결과를 시각화하는 방법을 알려줘.' 또는 '환경 보고서에 포함할 정책 제안에 대해 아이디어를 줘.'

6) 언어 교정 및 최적화

- 챗GPT 활용 방법: 작성된 문서의 문법과 표현을 교정하기 위해 챗GPT에게 교정 작업을 요청한다. 문장의 가독성을 높이기 위한 제안을 받는다.
- 예시 질문: '다음 문장을 더 간결하게 바꿔줘.' 또는 '이 단락의 문법 오류를 찾아 수정해 줘.'

7) 참고 문헌 정리

- 챗GPT 활용 방법: 보고서에서 인용한 자료의 참고 문헌을 정리하기 위해 챗GPT에게 인용 형식과 참고 문헌 작성법을 물어본다.
- 예시 질문: 'APA 형식으로 참고 문헌을 작성하는 방법을 알려 줘.' 또는 '다음 자료를 MLA 형식으로 인용해 줘.'

8) 최종 검토 및 편집

- 챗GPT 활용 방법: 최종 검토를 위해 챗GPT에게 보고서의 주요 내용을 요약해달라고 해 빠진 부분이나 보완할 점을 확인한다.
- 예시 질문: '다음 보고서의 주요 내용을 요약해 줘.' 또는 '이 보고서에서 빠진 부분이 있는지 점검해 줘.'

이와 같이 챗GPT를 활용하면 보고서 작성의 각 단계에서 효율성과 정확성을 높일 수 있다. 챗GPT는 정보 수집, 내용 작성, 언어 교정 등 다양한 작업을 지원하며 이를 통해 고품질의 보고서를 작성할 수 있다.

5. 챗GPT의 보고서 작성을 위한 프롬프트 작성 방법

챗GPT를 사용해 보고서를 작성할 때는 프롬프트의 정확성이 중요하다. 다음은 프롬프트의 구성요소를 설명한 것이다.

1) 프롬프트의 구성요소

(1) 업무(Task)

업무(Task)는 사용자가 AI에게 지시하거나 질문하는 작업이나 질문을 말한다. 이는 프롬프트의 필수 요소로, AI가 수행해야 할 특정 작업을 명확히 정의한다. 예시로는 '강의 커리큘럼을 작성해 줘', '마케팅 전략을 추천해 줘', '연구 보고서를 요약해 줘' 등이 있다. 업무를 명확하게 지시하면, AI는 특정한 작업을 수행하는 데 집중할 수 있어 보다 정확한 답변을 제공할 수 있다.

(2) 맥락(Context)

맥락(Context)은 업무를 수행하는 데 필요한 배경 정보나 상황을 제공하는 요소이다. AI가 주어진 상황을 이해하고 적절한 답변을 할 수 있도록 돕는다. 예시로는 '스타트업이 초기 단계에서 사용할 수 있는', '초등학생을 대상으로 한', '코로나19 팬데믹 동안의' 등이 있다. 충분한 맥락을 제공하면, AI는 답변을 더 구체적이고 관련성 있게 만들 수 있다. 맥락은 AI가 상황을 이해하고 적절한 정보를 제공하는 데 중요한 역할을 한다.

(3) 예시(Example)

예시(Example)는 사용자가 기대하는 결과나 형식을 보여 주는 예시를 제공하는 요소이다. AI가 어떤 형태로 답변을 제공해야 하는지 구체적으로 이해할 수 있게 한다. 예시로는 '사례와 예시를 포함해', '다음과 같은 형식으로 작성해 줘', '구체적인 예를 들어 설명해 줘' 등이 있다. 예시를 제공하면 AI는 사용자가 원하는 답변의 스타일과 내용을 더 잘 이해할 수 있다. 이는 답변의 품질과 관련성을 높이는 데 도움이 된다.

(4) 페르소나(Persona)

페르소나(Persona)는 AI가 답변할 때의 역할이나 성격을 정의하는 요소이다. 이는 답변의 관점과 스타일을 결정하는 데 중요한 역할을 한다. 예시로는 '강사의 역할을 해줘', '마케터의 입장에서 설명해 줘', '교수처럼 답변해 줘' 등이 있다. 페르소나를 설정하면 AI는 특정 역할에 맞는 어조와 시각으로 답변을 제공할 수 있어 보다 일관되고 설득력 있는 답변을 할 수 있다.

(5) 형식(Format)

형식(Format)은 답변의 형태나 구조를 지정하는 요소이다. AI가 답변을 제공하는 데 필요한 구체적인 형식을 정의한다. 예시로는 'Bullet 형식으로 알려줘', '표 형식으로 작성해 줘', '목록으로 나열해 줘' 등이 있다. 형식을 지정하면 AI는 사용자가 원하는 방식으로 정보를 조직하고 제시할 수 있어 답변의 가독성과 사용 편의성을 높일 수 있다.

(6) 어조(Tone)

어조(Tone)는 답변의 스타일이나 분위기를 정의하는 요소이다. 답변이 전달되는 방식을 결정하며, 특정 청중에게 더 효과적으로 전달될 수 있도록 돕는다. 예시로는 '친근한 어조로 설명해 줘', '전문적인 어조로 작성해 줘', '초등학생이 이해할 수 있게 쉽게 써줘' 등이 있다. 어조를 설정하면 AI는 답변을 더 적절하고 공감 가게 만들 수 있다. 이는 특정 청중을 대상으로 하는 경우 특히 중요하다.

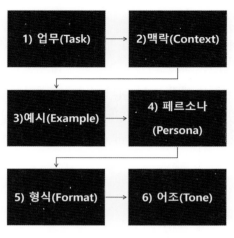

[그림4] 프롬프트 구성요소

2) 프롬프트 작성 예시

(1) 구성요소

① 업무(Task)

사용자가 AI에게 지시하거나 질문하는 작업이나 질문. 이는 프롬프트의 필수 요소이다.

- 예시: 작성, 요약, 추천, 알려줘 등
- 예시 프롬프트: '강의 커리큘럼을 작성해 줘' 또는 '마케팅 전략을 추천해 줘'

② 맥락(Context)

업무를 수행하는 데 필요한 배경 정보나 상황을 제공.

- 예시: 특정 상황 제시, 배경 설명, 6하원칙(누가, 언제, 어디서, 무엇을, 어떻게, 왜)

- 예시 프롬프트: '스타트업이 초기 단계에서 사용할 수 있는' 또는 '초 등학생을 대상으로 한'

③ 예시(Example)

사용자가 기대하는 결과나 형식을 보여 주는 예시.
- 예시: 작가 풍 스타일, 특정 인물명, 책명 제시 등
- 예시 프롬프트: '사례와 예시를 포함해'

④ 페르소나(Persona)

AI가 답변할 때의 역할이나 성격.
- 예시: 강사, 교수, 선생님, 마케터, 소설가, 시인, 기획가, 카피라이터 등
- 예시 프롬프트: '강사의 역할을 해줘'

⑤ 형식(Format)

답변의 형태나 구조를 지정.
- 예시: 표(엑셀), 마크다운, Bullet/List 형식 등
- 예시 프롬프트: 'Bullet 형식으로 알려줘' 또는 '표 형식으로 작성해 줘'

⑥ 어조(Tone)

답변의 스타일이나 분위기.
- 예시: 친근하게, 전문적으로, 돈앤매너(친근하게/전문적으로)
- 예시 프롬프트: '친근한 어조로 설명해 줘' 또는 '전문적인 어조로 작 성해 줘'

주의 사항은 모든 요소가 반드시 포함될 필요는 없다. 가장 중요한 순서 로는 업무(Task), 맥락(Context), 형식(Format), 페르소나(Persona), 예

시(Example), 어조(Tone)이다. 또한 개인정보 및 보안 등 민감한 정보를 입력하지 않도록 유의해야 한다.

(2) 예시 프롬프트 작성

① 프롬프트 작성 예시 1
- 업무(Task): 마케팅 전략을 추천해 줘
- 맥락(Context): 스타트업이 초기 단계에서 사용할 수 있는
- 예시(Example): 사례/예시 포함
- 페르소나(Persona): 마케터 역할을 해줘
- 형식(Format): Bullet 형식으로 알려줘
- 어조(Tone): 전문적으로
- 최종 프롬프트: '스타트업이 초기 단계에서 사용할 수 있는 마케팅 전략을 Bullet 형식으로 전문적인 어조로 추천해 줘.' '사례와 예시를 포함해 마케터 역할을 해줘.'

(3) 프롬프트 작성 예시 2

- 업무(Task): 강의 커리큘럼을 작성해 줘
- 맥락(Context): 데이터 과학 입문 강의를 위한
- 예시(Example): 주별 세부 주제와 과제를 포함해서
- 페르소나(Persona): 교수 역할을 해줘
- 형식(Format): 표 형식으로 알려줘
- 어조(Tone): 친근하게
- 최종 프롬프트: '세부 주제와 과제를 포함해 교수 역할을 해줘.'

이와 같이, 챗GPT를 효과적으로 활용하기 위해서는 질문을 구체적이고 명확하게 작성하는 것이 중요하다. 업무, 맥락, 예시, 페르소나, 형식, 어

조를 명확히 구성해 프롬프트를 작성하면 보다 정확하고 유용한 답변을 얻을 수 있다. 이를 통해 보고서 작성, 자료 수집, 전략 수립 등 다양한 작업에서 챗GPT의 도움을 최대한 활용할 수 있다.

6. 나만의 GPTs로 보고서 작성하기

나만의 GPTs를 만들어 보고서를 작성하는 데는 여러 가지 이유와 장점이 있다. 이러한 장점은 보고서 작성 과정에서의 효율성과 품질을 크게 향상시킨다.

1) 효율성 증가

나만의 GPTs를 사용하면 보고서 작성 과정이 훨씬 빨라진다. 복잡한 주제나 방대한 자료를 다루는 데 있어, GPTs는 필요한 정보를 신속하게 제공하고 작성 시간을 단축시킬 수 있다. 이로 인해 더 많은 작업을 짧은 시간 내에 수행할 수 있다.

2) 일관성 유지

나만의 GPTs는 일관된 스타일과 형식을 유지하는 데 도움이 된다. 여러 보고서를 작성할 때 동일한 구조와 어조를 유지함으로써 독자에게 일관된 메시지를 전달할 수 있다. 이는 특히 팀 작업이나 장기 프로젝트에서 중요한 장점이다.

3) 맞춤형 결과

나만의 GPTs를 통해 개인의 필요와 선호에 맞춘 결과를 얻을 수 있다. 특정 분야나 산업에 맞는 전문적인 내용, 어조, 형식을 설정할 수 있어 보고서의 품질과 관련성을 높일 수 있다. 이는 보고서를 읽는 독자의 기대에 부응하는 데 매우 유용하다.

4) 자료의 체계적 정리

GPTs는 방대한 자료를 체계적으로 정리하고 중요한 정보를 요약해 제공할 수 있다. 이는 자료 수집과 분석 과정에서 발생할 수 있는 혼란을 줄이고 중요한 데이터를 쉽게 파악할 수 있도록 도와준다.

5) 언어 및 표현 향상

나만의 GPTs는 문법적으로 정확하고 읽기 쉬운 문장을 작성하는 데 도움이 된다. 복잡한 내용을 명확하게 표현하고 독자가 쉽게 이해할 수 있는 형태로 제공할 수 있어 보고서의 가독성과 전달력을 높일 수 있다.

6) 지속적 학습과 개선

GPTs는 지속적으로 학습하고 개선될 수 있다. 사용자의 피드백을 반영해 더 나은 결과를 제공하도록 조정할 수 있다. 이는 시간이 지남에 따라 보고서 작성 능력을 꾸준히 향상시키는 데 도움이 된다.

7) 다양한 분야 적용 가능

나만의 GPTs는 다양한 분야와 주제에 적용 가능하다. 비즈니스, 학술, 기술, 환경 등 여러 분야에서 맞춤형 보고서를 작성할 수 있어, 다양한 요구에 유연하게 대응할 수 있다.

8) 창의적 아이디어 제공

GPTs는 새로운 아이디어와 관점을 제시해 창의적인 보고서를 작성하는 데 기여할 수 있다. 이는 보고서의 내용이 더 풍부하고 흥미롭게 만들어 주는 요소로 작용한다.

나만의 GPTs를 활용해 보고서를 작성하는 것은 효율성, 일관성, 맞춤형 결과, 자료의 체계적 정리, 언어 및 표현 향상, 지속적 학습과 개선, 다양한 분야 적용 가능, 창의적 아이디어 제공 등의 장점을 지닌다. 이러한 장점들은 보고서 작성 과정을 보다 효율적이고 효과적으로 만들어, 고품질의 보고서를 작성하는 데 큰 도움이 된다.

9) 나만의 GPTs 만들기

GPTs를 만드는 방법은 여러 가지이지만 초보자도 쉽게 만드는 방법은 프롬프트 생성 GPTs를 사용해 만드는 방법이 있다.

오픈 AI (https://openai.com/index/gpt-4/)에 접속해 챗GPT 4o에서 [그림5]처럼 'GPTs 탐색'을 클릭해 들어가면 많은 GPTs 중에서 프롬프트 생성에 관한 GPTs를 찾는다.

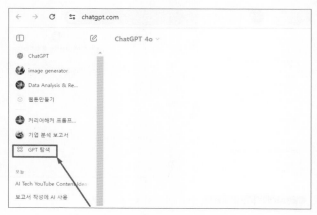

[그림5] 챗GPT 4o에서 GPTs 탐색을 클릭하기

필자는 [그림6]처럼 '커리어해커 프롬프트 생성기'를 찾아서 클릭했다.

[그림6] 커리어해커 프롬프트 생성기

　[그림7]처럼 하단의 '채팅시작'을 클릭한다. 그리고 [그림8]처럼 '당신은 전문 보고서 작성 코치입니다. 종합적이고 완성도 높은 보고서를 작성하는 데 특화돼 있습니다. 완벽한 보고서 작성을 위한 단계별 지침을 제공해 주세요. 그리고 보고서 작성에 사용된 내용의 출처를 밝혀주세요.'를 입력한다.

[그림7] 커리어해커 프롬프트 생성기 시작

[그림8] 명령문 입력

내용이 마음에 안 들면 다시 작성해서 [그림9]처럼 '보내기'하고 영문을 사용해도 되지만 [그림10]처럼 '한글로 번역해 줘'를 눌러 요청한다.

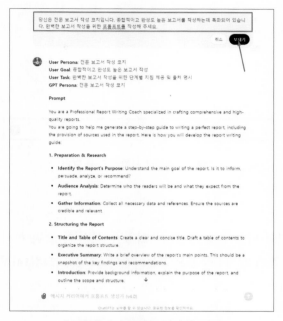

[그림9] 다시 명령문 입력 후 생성

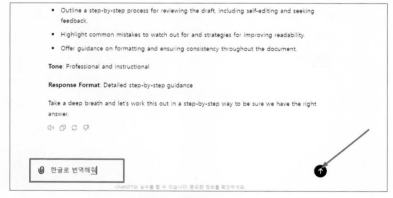

[그림10] 한글로 번역 요청

빠진 내용이 있으면 [그림11]처럼 다시 요청해 답변을 생성한다.

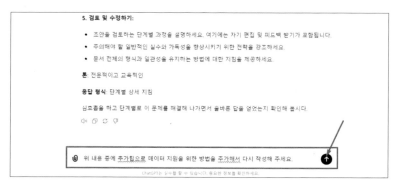

[그림11] 부족한 사항을 다시 요청

이제 답변이 마음에 들면 [그림12]처럼 '복사'를 눌러 복사한 후 다시 [그림13]와 같이 'GPTs 탐색'으로 돌아간다. 그리고 [그림14]처럼 '만들기'를 클릭한다.

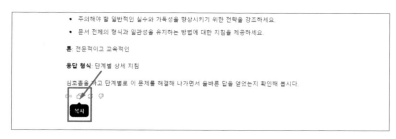

[그림12] 생성 후 문서 아래 복사 클릭

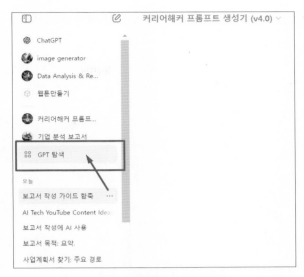

[그림13] GPTs로 다시 들어가기

[그림14] 만들기 클릭

[그림15]와 같은 창이 나타나면 '지침'에 복사한 프롬프트를 붙여넣기 한다.

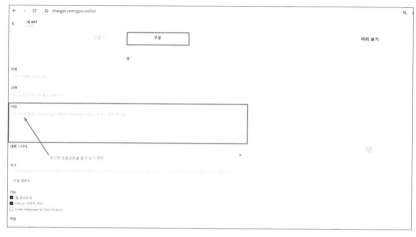

[그림15] 구성의 '지침' 안에 복사한 프롬프트 입력

[그림16]과 [그림17]과 같이 GPTs의 '이름'과 '설명'을 각각 넣어준다.

[그림16] 이름 작성

[그림17] 설명 작성

[그림18]의 '+'를 누르면 '사진 업로드'하거나, 'DALL‐E'를 사용해 나만의 GPTs의 아이콘을 만들 수 있다.

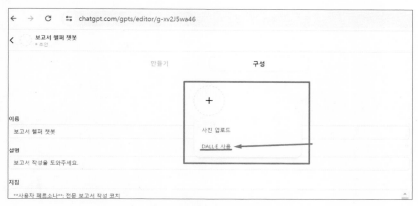

[그림18] 아이콘 만들기

[그림19]는 DALL‐E가 만든 아이콘이다. 만약 마음에 들지 않으면 다시 눌러서 생성한다.

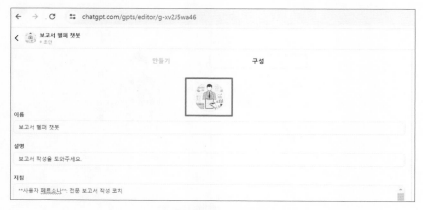

[그림19] 아이콘 생성

미리보기에서 '사업보고서 프롬프트'를 잘 생성해 주는지 테스트해 본다.

[그림20] 입력문 넣어 테스트하기

미리보기에서 결과를 보고 빠진 부분은 다시 보충해 완성하면 [그림21]의 오른쪽 위 '만들기' 아이콘을 클릭한다.

[그림21] 테스트 결과물 보고 만들기 클릭

이 GPTs를 나만 볼지, 링크가 있는 모든 사람에게 공유할지 선택한다. 그리고 [그림22]와 같이 '저장'을 누르면 [그림23]과 같이 챗GPT 왼쪽에 생성된 나만의 GPTs '보고서 헬퍼 챗봇' 아이콘이 생성된다.

[그림22] GPTs 저장

[그림23] 만들어진 GPTs '보고서 헬퍼 챗봇' 아이콘 생성

10) 나만의 GPTs에서 보고서를 만들기

그럼 6가지 조건에 맞는 프롬프트를 입력해 나만의 GPTs에서 보고서를 만들어 보겠다.

〈프롬프트〉

'당신은 능력 있는 마케터입니다. 데이터 관련 스타트업이 초기 단계에서 사용할 수 있는 마케팅 전략을 추천해 주고. 사례와 예시를 포함하고 전문적인 어조로 Bullet 형식으로 작성된 보고서를 작성해 주세요.'

다음은 이렇게 입력한 내용의 결과물이다.

〈데이터 관련 스타트업을 위한 초기 단계 마케팅 전략 보고서〉

목차
1.목표 및 범위 설정
2.브랜드 인지도 구축
2.1 브랜드 스토리 개발
2.2 로고 및 시각적 아이덴티티
3. 온라인 마케팅

1. 목표 및 범위 설정

- 목표: 데이터 관련 스타트업의 인지도를 높이고 초기 고객을 확보해 시장에서의 입지를 다진다.
- 범위: 온/오프라인 마케팅 전략, 고객 타겟팅, 브랜드 포지셔닝, 네트워킹 및 파트너십 형성.

2. 브랜드 인지도 구축

2.1 브랜드 스토리 개발

- 창업 배경, 해결하려는 문제, 비전 및 미션을 중심으로 브랜드 스토리를 개발.
- 예시: "ABC 데이터 스타트업은 데이터 접근성을 개선해 중소기업이 데이터 기반 의사 결정을 내릴 수 있도록 돕기 위해 설립됐습니다."

2.2 로고 및 시각적 아이덴티티

- 일관된 시각적 브랜드 요소(로고, 색상, 폰트 등) 개발.
- 사례: 유명 디자인 회사와 협업해 전문적인 브랜드 이미지를 구축.

3. 온라인 마케팅

3.1 웹사이트 및 블로그

- SEO 최적화된 웹사이트와 블로그를 운영해 데이터 분석, 활용 사례, 업계 트렌드 등을 공유.
- 예시: "How Data Analytics is Transforming Small Businesses"와 같은 블로그 포스트 작성.

3.2 소셜 미디어 마케팅

- LinkedIn, Twitter, Facebook 등 주요 소셜 미디어 플랫폼에서 활동.
- 데이터 분석 인사이트, 고객 성공 사례, 업계 뉴스 등을 정기적으로 게시.
- 사례: "LinkedIn에서 매달 10개의 인사이트 포스트를 통해 500명의 팔로워를 확보한 XYZ 스타트업."

4. 콘텐츠 마케팅

4.1 백서 및 보고서 작성

- 데이터 활용 방안, 산업별 데이터 분석 사례 등을 담은 백서 및 보고서를 작성하고 배포.
- 예시: "The Future of Big Data in Healthcare" 백서를 통해 의료 산업에 진출.

4.2 웨비나 및 온라인 세미나

- 데이터 분석 및 활용에 관한 웨비나를 개최해 전문 지식을 공유하고 잠재고객을 유치.
- 사례: "데이터 시각화 기법" 웨비나를 통해 200명의 참석자를 유치한 DEF 스타트업.

5. 네트워킹 및 파트너십

5.1 업계 이벤트 참석

- 데이터 관련 컨퍼런스, 박람회 등에 참석해 네트워킹을 강화하고 인지도를 높임.
- 예시: "Data Science Conference 2024"에 참석해 50개의 새로운 비즈

니스 연결을 형성.

5.2 파트너십 및 협업

- 관련 업계의 기업, 기관과의 협력을 통해 공동 마케팅 및 프로젝트 추진.
- 사례: 대형 클라우드 서비스 제공업체와의 파트너십을 통해 시장 진출을 가속화한 GHI 스타트업.

6. 고객 피드백 및 개선

6.1 초기 고객 피드백 수집

- 초기 고객의 피드백을 적극 수집하고 이를 바탕으로 서비스 및 제품을 개선.
- 예시: "베타 테스트 프로그램"을 통해 얻은 피드백으로 제품 UI/UX를 개선한 JKL 스타트업.

6.2 고객 성공 사례 홍보

- 성공적인 고객 사례를 스토리텔링 형식으로 공유해 신뢰성을 높임.
- 사례: "고객 인터뷰 비디오 시리즈"를 제작해 1000회의 조회수를 기록한 MNO 스타트업.

7. 결론 및 권장 사항

- 결론: 데이터 관련 스타트업은 초기 단계에서 브랜드 인지도 구축, 온라인 마케팅, 콘텐츠 마케팅, 네트워킹 및 파트너십 강화, 고객 피드백 수집을 통해 시장에서의 입지를 다질 수 있다.
- 권장 사항:
  지속적인 시장 분석을 통해 최신 트렌드와 고객 요구를 반영한 마케팅 전략을 수립.
  마케팅 성과를 정기적으로 평가하고 필요한 경우 전략을 조정.
  고객 중심의 접근을 통해 신뢰를 쌓고 장기적인 성장을 도모.

이 보고서는 초기 단계 데이터 관련 스타트업이 효과적인 마케팅 전략을 수립하고 실행하는 데 필요한 가이드라인을 제공합니다. 각 전략은 실질적인 사례와 예시를 통해 이해를 돕고 있습니다.

직접 만든 GPTs '보고서 헬프 챗봇' 결과물은 챗GPT4o보다 예시나 내용이 좀 더 구체적이었다. 이런 GPTs를 만들어 활용하면 더욱 완성도 높은 보고서를 쉽게 작성할 수 있을 것이다.

7. 챗GPT를 활용한 보고서 작성 시 유의 사항

챗GPT를 활용해 보고서를 작성할 때 보다 효과적이고 정확한 결과를 얻기 위해 몇 가지 유의 사항을 고려하는 것이 중요하다.

1) 명확하고 구체적인 프롬프트 작성

AI에게 명확하고 구체적인 지시를 내리는 것이 중요하다. 포괄적이거나 모호한 질문은 명확하지 않은 답변을 초래할 수 있다.

- 예시: '데이터 분석의 최신 트렌드를 설명해 줘' 대신 '2023년 데이터 분석 분야의 주요 트렌드를 3가지 설명해 줘'라고 질문하는 것이 더 효과적이다.

2) 맥락 제공

AI가 적절한 답변을 제공하기 위해 필요한 배경 정보나 상황을 설명해야 한다.

- 예시: '초기 단계의 데이터 스타트업을 위한 마케팅 전략을 추천해 줘'라고 질문해 AI가 특정 맥락에 맞는 답변을 제공할 수 있도록 한다.

3) 적절한 페르소나 설정

AI가 특정 역할이나 시각에서 답변을 제공하도록 지시하는 것이 유용하다.

- 예시: '마케터의 관점에서 데이터 분석 스타트업을 위한 마케팅 전략을 제안해 줘'와 같이 지시하면 더 일관되고 전문적인 답변을 받을 수 있다.

4) 형식과 어조 지정

답변의 형식과 어조를 명확히 지정하면 AI가 더 일관된 답변을 제공할 수 있다.

- 예시: 'Bullet 형식으로 작성해 줘' 또는 '전문적인 어조로 설명해 줘'와 같이 구체적으로 지시한다.

5) 참고 자료와 예시 활용

AI에게 특정 예시나 참고 자료를 제공해 답변의 정확성과 관련성을 높일 수 있다.

- 예시: '다음 문헌을 참고해 요약해 줘' 또는 '유명한 데이터 분석 사례를 포함해 설명해 줘'라고 요청한다.

6) 피드백과 반복

AI의 초기 응답을 검토하고 필요한 경우 피드백을 제공해 답변을 수정하거나 개선할 수 있도록 반복하는 것이 중요하다.

- 예시: '이 부분을 좀 더 자세히 설명해 줘' 또는 '다른 관점에서 다시 작성해 줘'와 같은 피드백을 제공한다.

7) 문법과 스타일 검토

AI의 응답은 문법적으로 올바르지만 항상 적합한 스타일이나 흐름을 갖추지는 않을 수 있으므로 검토가 필요하다.

- 예시: '문법적으로 맞는지 검토해 줘' 또는 '적합한 스타일로 바꿔줘'라고 요청하고 AI의 응답을 편집해 더 자연스럽고 읽기 쉬운 형태로 다듬는다.

8) 데이터와 사실 검증

AI가 제공하는 정보는 항상 최신 또는 정확하지 않을 수 있으므로 중요한 데이터와 사실은 추가로 검증하는 것이 필요하다.

- 예시: '제시한 정보가 최신 정보인지 확인해 줘' 또는 '제시된 통계나 인용한 연구의 정보가 정확한지 실제 사례와 비교해 검토해 줘'라고 요청해 제시된 통계나 인용된 연구를 실제 출처와 비교해 검증한다.

9) 윤리적 고려 사항

AI가 생성한 콘텐츠가 윤리적이고 법적으로 문제가 없는지 확인하는 것이 중요하다.

- 예시: '내용이 윤리적이나 법적으로 문제가 없는지 검토해 줘'라고 요청함으로써 AI가 생성한 내용이 저작권을 침해하지 않는지, 허위 정보를 포함하지 않는지 검토한다.

10) 지속적인 학습과 개선

AI 활용 경험을 통해 지속적으로 학습하고, 더 나은 프롬프트 작성과 활용 방법을 찾아가는 것이 중요하다.

- 예시: '다른 결과가 나올 수 있도록 다시 검토해 줘' 등의 질문으로 이전의 AI 활용 경험을 바탕으로 더 나은 질문과 지시를 통해 점점 더 정확하고 유용한 답변을 도출한다.

Epilogue

생성형 AI는 데이터에서 패턴을 학습해 새로운 콘텐츠를 생성하는 혁신적인 기술이다. 이 기술은 보고서 작성 등 다양한 분야에서 큰 변화를 가져오고 있다. 보고서는 특정 주제에 대한 사실과 정보를 체계적으로 정리하고 분석한 문서로 정보 제공, 문제 해결, 의사 결정 지원 등 다양한 목적을 가진다.

보고서는 연구 보고서, 사업 보고서, 기술 보고서, 환경 보고서 등 여러 종류로 나뉘며, 종류마다 고유한 요구 사항이 있다.

챗GPT와 같은 생성형 AI를 활용하면 보고서 작성이 더욱 효율적이고 정확하게 이루어질 수 있다. 이를 위해 명확하고 구체적인 프롬프트 작성이 필요하며 업무(Task), 맥락(Context), 예시(Example), 페르소나(Persona), 형식(Format), 어조(Tone) 등 여러 요소를 고려해야 한다.

나만의 GPTs를 통해 맞춤형 보고서를 작성하면 일관성 있는 스타일과 구조를 유지하면서도 개별 요구에 맞춘 결과를 얻을 수 있다. 그러나 챗GPT를 활용할 때는 명확한 지시와 충분한 맥락 제공과 적절한 페르소나 설정과 형식 지정이 중요하다.

또한 AI의 응답을 검토하고 필요한 경우 피드백을 제공하며 문법과 스타일을 점검하고 데이터와 사실을 검증하는 과정도 필요하다. 윤리적 고려 사항도 잊지 말아야 한다. 이러한 유의 사항을 준수함으로써 AI를 최대한 활용해 고품질의 보고서를 작성할 수 있다.

이 책에서 제시한 내용을 통해 생성형 AI를 효과적으로 활용해 다양한 종류의 보고서를 작성하는 방법을 익히고 나만의 GPTs를 활용해 맞춤형 보고서를 작성하는 노하우를 습득할 수 있을 것이다. 이는 보고서 작성의 효율성과 정확성을 높이며 창의적이고 혁신적인 접근을 가능하게 할 것이다.

5

업무 효율을 높이는
MS Copilot 활용법

강 혜 정

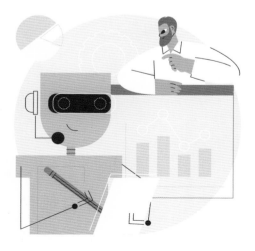

제5장
업무 효율을 높이는
MS Copilot 활용법

오늘날 우리 사회는 디지털 기술 혁신의 가속화와 함께 빠르게 변화하고 있다. 특히 인공지능(AI)은 단순한 기술적 도약을 넘어, 우리의 일상생활과 업무 방식을 근본적으로 변화시키고 있다. 그중에서도 생성형 AI는 텍스트, 이미지, 음악 등 다양한 형태의 콘텐츠를 자동으로 생성하는 능력을 통해 업무 효율성을 극대화하는 필수 도구로 자리매김하고 있다. 이러한 생성형 AI의 전략적 활용은 생산성을 향상시키는 핵심 요소로 자리 잡고 있다.

MS Copilot은 일상적인 업무를 더 효율적으로 처리할 수 있도록 돕는 강력한 도구로 주목을 받고 있다. MS Copilot은 마이크로소프트가 개발한 인공지능 기반의 생산성 향상 도구이다. Microsoft 365의 다양한 애플리케이션과 통합되어 작동한다. MS Copilot은 사용자의 업무 패턴을 분석하고 사용자가 필요로 하는 정보를 제공하며 반복적인 업무를 자동화함으로써 업무 효율성을 높인다. 또한 실시간으로 유용한 인사이트를 제공하며 의사 결정 과정을 지원한다. 단순히 작업을 빠르게 수행하는 것을 넘어서 더 나은 품질의 결과물을 도출할 수 있도록 한다. AI와 업무의 융합을 통해 우리는 보다 창의적이고 전략적인 접근을 할 수 있게 된다.

MS Copilot은 GPT4 버전과 이미지 생성 툴인 DALL-E3를 무료로 사용할 수 있는 장점이 있다. MS Copilot은 문서를 작성하고 이미지를 분석할 수 있다. 또한 이메일 초안을 작성하고 PDF 파일 문서를 요약하고 인사이트를 제공해 준다. MS Copilot의 다양한 기능과 활용법을 구체적인 예시와 함께 소개하려고 한다.

MS Copilot이 제공하는 다양한 도구와 기능을 살펴보면서 생산성을 한 단계 끌어올릴 수 있을 것이다. 이 책이 MS Copilot을 활용하여 업무 효율성을 높이고자 하는 분들께 유익한 안내서가 되기를 바란다.

1. MS Copilot 시작하기

MS Copilot은 Windows 및 Microsoft Edge 브라우저, Chrome 브라우저에서 사용할 수 있고, 모바일 앱에서도 사용 가능하다.

1) PC에서 Copilot 시작하는 방법
(1) Microsoft Edge 브라우저 접속하기

Microsoft Edge 브라우저로 시작하는 방법을 소개하겠다. Edge 브라우저로 접속하고, 검색창에 있는 코파일럿 아이콘을 클릭하면 코파일럿이 전체 화면으로 열린다.

(2) 사이드바 Copilot 실행하기

Microsoft Edge 브라우저로 접속하고, 오른쪽 상단의 코파일럿 아이콘 클릭하면 오른쪽 사이드바에 코파일럿 창이 열린다.

[그림1] Microsoft Copilot 실행하기(출처: Microsoft)

(3) 인터넷 접속 없이 코파일럿 실행하기

PC 작업표시줄에 있는 코파일럿 아이콘을 클릭하면 사이드에 코파일럿 창이 열린다. 인터넷 접속 없이 필요시에 바로 코파일럿을 실행할 수 있다.

2) Copilot 로그인하기

MS Copilot은 Microsoft 계정으로 로그인하고 사용할 수 있다.

(1) Copilot 사이트 접속하기

다음의 사이트 주소로 들어가 접속한다. https://copilot.microsoft.com

(2) 로그인하기

로그인 버튼 클릭하고 로그인한다.

[그림2] Microsoft Copilot 로그인 화면(출처: Microsoft Copilot)

(3) 계정 만들기

Microsoft 계정이 없는 경우는 계정을 새롭게 만든다.

[그림3] Microsoft 계정 만들기1

(4) 개인정보 입력하기

순서대로 개인정보를 입력하고 Microsoft 계정을 만든다.

[그림4] Microsoft 계정 만들기2

[그림5] Microsoft 계정 만들기3

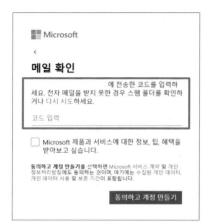

[그림6] Microsoft 계정 만들기4

(5) 로그인하기

상단의 로그인을 클릭하고 Microsoft 계정으로 로그인한다.

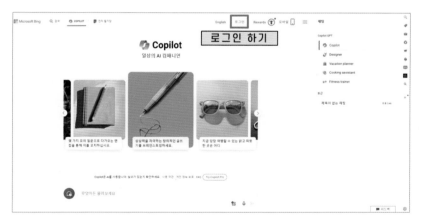

[그림7] Copilot 로그인하기

3) 메인 화면 알아보기

(1) 무엇이든 물어보세요

프롬프트는 인공 지능에게 하는 질문, 지시 사항을 말한다. 프롬프트는 명확하고 구체적으로 작성해주는 것이 좋다. 컴퓨터 과학에서 사용하는 'Garbage in garbage out'이라는 말이 있다. 좋은 답변을 얻기 위해서는 좋은 프롬프트를 사용해야 한다.

(2) 새 토픽

AI는 대화의 맥락을 기억하기 때문에 주제가 바뀔 때는 새 토픽을 클릭하고 새롭게 시작한다.

(3) 음성으로 대화 나누기

마이크 사용 허용을 하면 음성으로 대화를 주고받을 수 있다.

(4) 이미지 분석

이미지를 업로드하면 해당 이미지를 분석하고 추가 정보를 제공해 준다.

[그림8] Copilot 메인 화면

2. MS Copilot 기본 사용법

1) 채팅 탭 활용하기(Copilot GPT)

(1) Copilot

일상의 AI 컴패니언으로 기본적인 Copilot 활용 방법이다. 필요한 사항을 질문하면 Copilot이 답변해 준다. 프롬프트를 적절하게 사용하면 좋은 답변을 얻을 수 있다.

(2) Designer

DALL-E3 기반으로 AI 이미지를 만들 수 있다.

(3) Vacation planner

새로운 장소를 발견하고, 여행 일정을 짜고, 여행 예약을 도와준다.

(4) Cooking assistant

레시피를 찾고, 식사 계획을 세우고, 요리 팁을 얻을 수 있다.

(5) Fitness trainer

운동 프로그램을 설계하고 영양, 건강 및 웰빙에 대해서 도움을 준다.

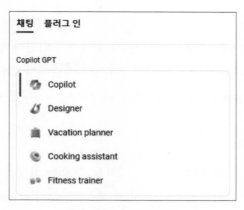

[그림9] Copilot 채팅 탭

2) 플러그인 활용하기

'플러그인(Plug in)'은 일반적으로 컴퓨터에서 다른 장치나 소프트웨어에 연결하여 작동하게 하는 것을 말한다. 인공지능에서 사용되는 플러그인은 AI 시스템의 기능을 확장하거나 특정 작업을 수행하는 데 도움을 준다.

Copilot에서 대화용 플러그인은 최대 3개까지 선택할 수 있다. 대화를 시작한 후에는 새 토픽을 선택한 후에 플러그인을 변경할 수 있다. 검색 플러그인을 비활성화시키면 모든 활성 플러그인이 비활성화되니 주의해야 한다.

현재 연결돼 있는 플러그인에는 가게, 전화, Instacart, Kayak, OpenTable, Suno 등이 있다. 상황에 맞게 적절한 플러그인을 활성화시키고 사용하면 좋은 답변을 받을 수 있다.

(1) Kayak

'Kayak'은 항공편, 호텔 및 렌터카를 검색하고 연결해 주는 툴이다. 해외여행이나 해외 출장 계획이 있는 경우 코파일럿에서 Kayak 플러그인을 활성화시키고 항공편, 숙박, 렌터카를 검색할 때 사용하면 편리하다.

(2) Opentable

'Opentable'은 해외 레스토랑을 예약할 수 있는 플랫폼이다. 해외여행이나 해외 출장 계획이 있는 경우 멋진 레스토랑에서 식사를 하고 싶을 때 Opentable 플러그인을 활성화하고 사용하면 레스토랑 추천을 받고 예약을 할 수 있다.

(3) Suno

'Suno' 플러그인을 활성화하면 Suno 사이트와 연계되고 Copilot에서도 노래를 만들 수 있다.

[그림10] Copilot 플러그인

1) 강의 계획서 쓰기

(1) 강의 내용 작성

강의 주제, 시간, 교육 대상을 포함해서 내용을 작성한다.

- 프롬프트 예시: 당신은 AI 활용 교육전문가입니다. 'AI와 미래 교육'을 주
  제로 강의 계획서를 작성해 주세요. 강의 시간은 1시간이고, 교육 대상은
  초등학생 학부모 100명입니다.

[그림11] 강의 계획서 쓰기(Copilot 채팅 탭)

(2) 강의 계획서 작성

강의 목표, 강의 내용, 강의 방법이 포함된 강의 계획서를 작성해 준다.

(3) 자세한 정보 제공

자세한 정보를 제공하고 있어서 출처를 확인하고, 세부적인 내용도 확인할 수 있다.

(4) 추가 질문 예시 제공

추가 질문 예시도 제공하고 있어서 연관된 정보를 파악하는 데 도움이 된다.

[그림12] Copilot이 작성해 준 강의 계획서

(5) 작성된 강의 계획서 저장하기

강의 계획서를 복사할 수도 있고, PC에 저장할 수도 있다. 내보내기 아이콘을 클릭하면 Word, PDF, 텍스트 형식으로 내보내기 할 수 있어서 편리하고 효율성이 높다.

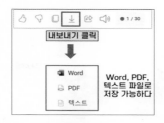

[그림13] 파일 내보내기

2) AI 이미지 생성하기(DALL-E3 기반)

(1) 이미지 생성

MS Copilot에서는 DALL-E3를 무료로 사용해서 AI 이미지를 생성할 수 있다. 한 번에 이미지 4장이 생성되고, 생성된 이미지를 수정해서 재생성도 가능하다.

- 프롬프트 예시 : 푸우바오 판다의 디지털 아트를 그려주세요. 대나무 싹에 둘러싸인 장난스러운 포즈를 취하고, 판다의 사랑스러운 표정과 자연의 아름다움을 표현해 주세요.

[그림14] AI 이미지 생성하기(DALL-E3 기반)

[그림15] 푸우바오 판다 이미지 생성

(2) 이미지 다운로드

생성된 이미지를 클릭하면 새 창에서 확대된 이미지로 확인할 수 있고, PC에 다운로드할 수 있다.

[그림16] 생성된 AI 이미지 다운로드하기

3) 노래 작사, 작곡하기(Suno 플러그인)

(1) 새 토픽 클릭

플러그인은 새 토픽을 시작하고 변경할 수 있다.

(2) Suno 플러그인 활성화

플러그인 탭에서 Suno 플러그인을 활성화하면 Suno 사이트와 연계되고 노래를 만들 수 있다.

[그림17] Suno 플러그인 활성화

(3) 노래 주제, 스타일 입력

프롬프트 입력란에 생성하고 싶은 노래 주제, 스타일을 입력한다.

- 프롬프트 예시 : 따스한 봄날에 행복한 가족들을 주제로 한 노래를 만들어 주세요. K-POP 스타일로 만들어 주세요.

[그림18] Suno 연계 노래 생성하기

(4) 노래 다운로드

생성된 노래를 재생하고, PC에 다운로드 할 수 있다.

[그림19] 생성된 노래 다운로드 하기

4. 사이드바 Copilot 활용, 생산성 향상

많은 작업을 수행할 수 있도록 도와주는 AI 기반 기능이 내장되어 있다. 사이드바 Copilot의 다양한 기능들은 업무 효율화에 도움이 된다.

1) 사이드바 Copilot 실행하기

(1) 코파일럿 아이콘 클릭

오른쪽 상단 Copilot 아이콘을 클릭한다.

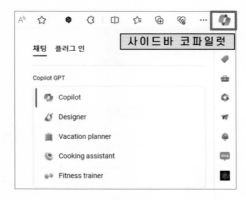

[그림20] 사이드바 Copilot 아이콘

(2) 사이드바 Copilot 실행 화면

사이드바 Copilot은 Copilot과 대화를 나누면서 최적의 답변을 받는 채팅 탭과 글을 작성해 주는 작성 탭으로 이뤄져 있다. 사이드바 Copilot 왼쪽 하단에 '새 토픽' 아이콘이 있고, 이미지를 업로드해서 분석 요청을 할 수 있다. 모니터 화면 왼쪽 창에 웹사이트를 열어 놓고 사이드바 Copilot

과 대화를 나누는 도중에 '스크린샷' 아이콘을 클릭하고 화면을 캡처할 수 있어서 편리하다. MS Copilot은 이미지 분석 기능이 있기 때문에 캡처된 이미지를 분석하고 요약을 해준다.

사이드바 Copilot 기능 중 '웹사이트 요약 생성', '동영상 하이라이트 생성', 'PDF 문서 요약 생성'은 요약된 내용을 기반으로 보고서 작성이나 강의 계획서 작성 등 새로운 결과물을 생성할 수 있어서 업무 효율성이 뛰어나다.

[그림21] 사이드바 Copilot

2) 스크린샷 이미지 분석하기

(1) 사이드바 코파일럿 실행

뉴스 기사나 관심 있는 웹사이트를 열어 놓은 상태에서 오른쪽 상단 사이드바 코파일럿 아이콘을 클릭한다.

(2) 스크린샷 아이콘 클릭(Add a screenshot)

사이드바 코파일럿 화면 프롬프트 입력 박스에 있는 스크린샷 아이콘을 클릭한다.

[그림22] 사이드바 코파일럿 스크린샷 활용하기(출처 : 동아일보 기사)

(3) 스크린샷 완료

웹사이트에서 스크린샷 할 부분을 드래그하고, 스크린샷 완료를 체크한다.

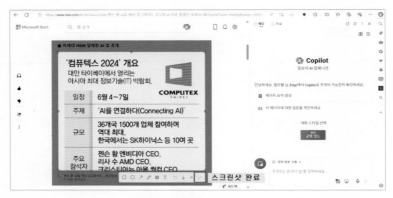

[그림23] 사이드바 코파일럿 스크린샷 완료(출처 : 동아일보 기사)

(4) 스크린샷 이미지 추가

스크린샷한 이미지가 자동으로 프롬프트 입력 박스에 업로드된다.

(5) 이미지 분석

이미지를 요약하거나 분석을 요청한다.

(6) 자세한 정보 제공

자세한 정보를 제공하고 있어서 세부적인 내용도 확인할 수 있다.

(7) 추가 질문 예시 제공

추가 질문 예시도 제공하고 있어서 연관된 정보를 파악하는 데 도움이
된다.

[그림24] 사이드바 코파일럿 스크린샷 이미지 분석

3) 웹페이지 요약하기

(1) 사이드바 코파일럿 실행

뉴스 기사나 관심 있는 웹사이트를 열어 놓은 상태에서 오른쪽 상단 사이드바 코파일럿 아이콘을 클릭한다.

(2) 페이지 요약 생성 클릭

사이드바 코파일럿 화면에 보이는 '페이지 요약 생성'을 클릭한다.

[그림25] 사이드바 코파일럿 페이지 요약 생성(출처 : 조선일보 기사)

(3) 웹페이지 내용 요약

Copilot이 웹페이지 내용을 요약하고 정리해 준다.

(4) 참고 자료 제공

참고 자료와 출처를 밝히고 있어서 세부적인 내용을 확인할 수 있다.

(5) 추가 질문 예시 제공

추가 질문 예시도 제공하고 있어서 연관된 정보를 파악하는 데 도움이
된다.

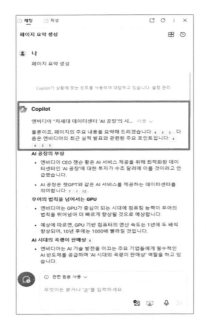

[그림26] 웹페이지 요약

4) 동영상 하이라이트 생성

(1) 사이드바 코파일럿 실행

유튜브 영상을 열어 놓은 상태에서 오른쪽 상단 사이드바 코파일럿 아
이콘을 클릭한다.

(2) 동영상 하이라이트 생성하기 클릭

사이드바 코파일럿 화면에 보이는 '동영상 하이라이트 생성하기'를 클릭한다.

[그림27] 사이드바 코파일럿 동영상 하이라이트 생성하기(출처 : YouTube TED)

(3) 동영상 내용 요약

Copilot이 유튜브 동영상 내용을 요약하고 하이라이트 타임라인을 생성해 준다.

(4) 자동 번역 기능

TED 영어 영상을 재생시켰는데, 자동으로 한글로 번역해서 요약하고 정리해 준다.

(5) 타임라인 재생

타임라인을 클릭하면 영상에서 해당 부분이 자동 재생된다.

(6) 추가 질문 예시 제공

추가 질문 예시도 제공하고 있어서 연관된 정보를 파악하는 데 도움이 된다.

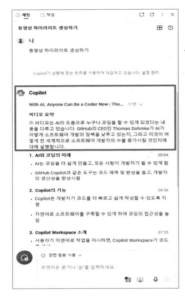
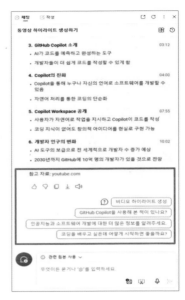

[그림28] 동영상 하이라이트 생성하기

5) PDF 파일 요약

(1) PDF 파일 불러오기

① 첫 번째 방법은 PDF 파일을 Edge 브라우저로 드래그하면 PDF 파일이 실행된다.

② 두 번째 방법은 PDF 파일 아이콘에서 마우스 오른쪽 버튼 클릭하고 연결 프로그램으로 Microsoft Edge를 클릭하면 PDF 파일이 Edge 브라우저에서 실행된다.

(2) 문서 요약 생성 클릭

사이드바 Copilot 화면에 보이는 '문서 요약 생성'을 클릭한다.

[그림29] 사이드바 코파일럿 문서 요약 생성(AI와 미래 교육. pdf)

(3) PDF 파일 요약

Copilot이 PDF 파일 내용을 요약하고 정리해 준다.

(4) 추가 질문 예시 제공

추가 질문 예시도 제공하고 있어서 연관된 정보를 파악하는 데 도움이
된다.

(5) 주요 인사이트 생성

사이드바 Copilot 화면에 보이는 '이 문서에서 주요 인사이트 생성'을
클릭하면 PDF 파일의 인사이트도 제공해 준다.

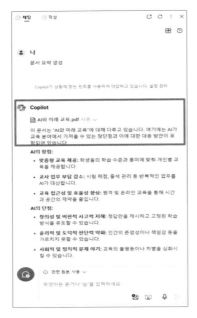
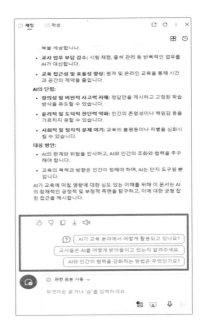

[그림30] PDF 파일 요약 생성

(6) 보고서, 계획서 작성하기

PDF 문서 요약된 내용을 기반으로 보고서, 업무 계획서를 작성하거나 신문 기사글도 쓸 수 있다.

- 프롬프트 예시 : 문서 요약된 내용을 기반으로 'AI와 미래교육의 관계'를 다루는 심도 있는 신문 기사를 작성해 주세요. 기사 형식은 서론, 본론, 결론 구조로 작성하고, 명확하고 풍부한 정보를 포함한 기사를 써주세요. 간결한 문체를 사용하고, 전문적이면서도 쉽게 이해할 수 있는 스타일로 써주세요.

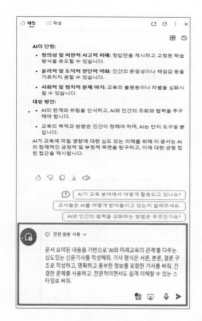
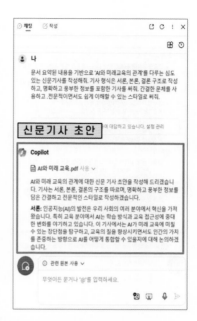

[그림31] PDF 파일 요약 내용 기반으로 신문 기사 초안 작성1

(7) 신문 기사 초안 작성하기

신문 기사 초안을 서론, 본론, 결론 구조로 작성해 준다. 추가 질문 예시
중 '대신 웹에서 응답'을 클릭하면 웹사이트에서 검색한 내용을 기반으로
신문 기사 초안을 작성해 준다.

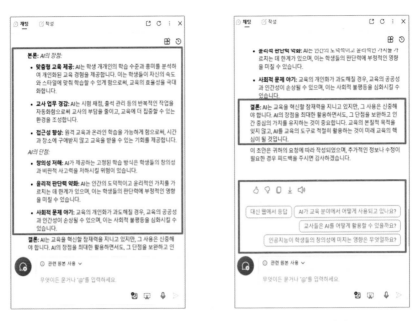

본론: AI의 장점:

- **맞춤형 교육 제공**: AI는 학생 개개인의 학습 수준과 흥미를 분석하여 개인화된 교육 경험을 제공합니다. 이는 학생들이 자신의 속도와 스타일에 맞춰 학습할 수 있게 함으로써, 교육의 효율성을 극대화합니다.
- **교사 업무 경감**: AI는 시험 채점, 출석 관리 등의 반복적인 작업을 자동화함으로써 교사의 부담을 줄이고, 교육에 더 집중할 수 있는 환경을 조성합니다.
- **접근성 향상**: 원격 교육과 온라인 학습을 가능하게 함으로써, 시간과 장소에 구애받지 않고 교육을 받을 수 있는 기회를 제공합니다.

AI의 단점:

- **창의성 저해**: AI가 제공하는 고정된 학습 방식은 학생들의 창의성과 비판적 사고력을 저하시킬 위험이 있습니다.
- **윤리적 판단력 약화**: AI는 인간의 도덕적이고 윤리적인 가치를 가르치는 데 한계가 있으며, 이는 학생들의 판단력에 부정적인 영향을 미칠 수 있습니다.
- **사회적 문제 야기**: 교육의 개인화가 과도해질 경우, 교육의 공공성과 인간성이 손상될 수 있으며, 이는 사회적 불평등을 심화시킬 수 있습니다.

결론: AI는 교육을 혁신할 잠재력을 지니고 있지만, 그 사용은 신중해야 합니다. AI의 장점을 최대한 활용하면서도, 그 단점을 보완하고 인

- **윤리적 판단력 약화**: AI는 인간의 도덕적이고 윤리적인 가치를 가르치는 데 한계가 있으며, 이는 학생들의 판단력에 부정적인 영향을 미칠 수 있습니다.
- **사회적 문제 야기**: 교육의 개인화가 과도해질 경우, 교육의 공공성과 인간성이 손상될 수 있으며, 이는 사회적 불평등을 심화시킬 수 있습니다.

결론: AI는 교육을 혁신할 잠재력을 지니고 있지만, 그 사용은 신중해야 합니다. AI의 장점을 최대한 활용하면서도, 그 단점을 보완하고 인간 중심의 가치를 유지하는 것이 중요합니다. 교육의 본질적 목적을 잊지 않고, AI를 교육의 도구로 적절히 활용하는 것이 미래 교육의 핵심이 될 것입니다.

이 초안은 귀하의 요청에 따라 작성되었으며, 추가적인 정보나 수정이 필요한 경우 피드백을 주시면 감사하겠습니다.

대신 웹에서 응답 | AI가 교육 분야에서 어떻게 사용되고 있나요?

교사들은 AI를 어떻게 활용할 수 있을까요?

인공지능이 학생들의 창의성에 미치는 영향은 무엇일까요?

[그림32] PDF 파일 요약 내용 기반으로 신문 기사 초안 작성2

6) 작성 탭

전자메일, 아이디어, 블로그 게시물을 작성해 준다. 톤, 형식, 길이를 설정할 수 있어서 프롬프트를 구체적으로 입력하지 않고, 글의 주제만 입력하면 된다.

[그림33] 사이드바 코파일럿 작성 탭

(1) 주제

글의 주제를 입력한다.

(2) 스타일

글의 스타일에 맞게 톤을 선택한다 '전문가, 캐주얼, 열정적, 콘텐츠형, 재미' 스타일이 제시되어 있고, 원하는 톤을 직접 추가할 수도 있다.

(3) 형식

형식을 선택한다. '단락, 전자메일, 아이디어, 블로그 게시물' 중에서 작성하고 싶은 글의 형식을 선택한다.

(4) 길이

길이를 선택한다 '짧게, 보통, 길게' 중에서 선택할 수 있다.

(5) 초안 생성

초안 생성을 클릭하면 주제에 맞는 글이 완성된다.

(6) 추가 질문 예시 제공

추가 질문 예시도 제공하고 있어서 연관된 정보를 파악하는 데 도움이
된다.

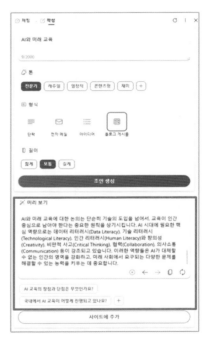

[그림34] 사이드바 코파일럿 작성 탭 블로그 게시물 작성

5. Microsoft Copilot 모바일 앱

모바일 앱을 활용하면 언제 어디서든 쉽고 편리하게 MS Copilot을 실행할 수 있다. 스마트폰에서도 다양한 형식의 문서 작성을 할 수 있고 이미지 분석과 이미지 생성이 가능하고 Suno 플러그인을 활성화해서 노래를 만들 수 있다. 마이크를 클릭하고 음성으로 대화를 나누면서 정보 탐색을 할 수 있어서 접근성이 좋다.

1) Microsoft Copilot 앱 설치

Play 스토어나 App 스토어에서 '코파일럿'를 검색하고 Copilot 앱을 설치한다. 스마트폰에 설치가 되면 Copilot 아이콘을 클릭하고 실행한다.

[그림35] MS Copilot 모바일 앱 설치하고 실행하기

2) 로그인하기

계속을 클릭하고 서비스 약관에 동의한다. 왼쪽 상단 '로그인하여'를 클릭하고 Microsoft 계정으로 로그인한다. 회사 또는 학교 계정으로 로그인할 수도 있다.

[그림36] MS Copilot 모바일 앱 로그인하기

3) GPT-4 사용하기

'GPT-4 사용하기'를 활성화한다. MS Copilot에서는 GPT-4를 무료로 사용할 수 있다.

4) AI 이미지 생성하기(DALL-E3 기반)

(1) 이미지 생성

MS Copilot 모바일 앱에서도 DALL-E3를 무료로 사용해서 AI 이미지를 생성할 수 있다. 한 번에 이미지 4장이 생성되고 생성된 이미지를 수정해서 재생성도 가능하다.

- 프롬프트 예시 : 파리의 거리 풍경을 수채화풍으로 그려주세요. 배경에는 에펠탑이 있고, 야외 좌석이 있는 카페, 자갈길이 함께 있습니다. 걸어가는 사람, 커피를 마시는 사람, 그림을 그리는 거리 화가의 모습을 담아서 그려주세요.

[그림37] MS Copilot 모바일 앱에서 AI 이미지 생성하기

(2) 이미지 다운로드

생성된 이미지를 클릭하면 새 창에서 확대된 이미지로 확인할 수 있고, 스마트폰 갤러리에 다운로드할 수 있다.

[그림38] 생성된 이미지 다운로드하기

5) 노래 작사, 작곡하기(Suno 플러그인)

스마트폰에서도 Suno 플러그인을 활성화하고 노래를 만들 수 있다.

(1) 새 주제 클릭

오른쪽 상단 점 3개를 클릭하고 새 주제를 클릭한다.

(2) Suno 플러그인 활성화

오른쪽 상단 점 3개를 클릭하고 플러그인에서 Suno 플러그인을 활성화한다.

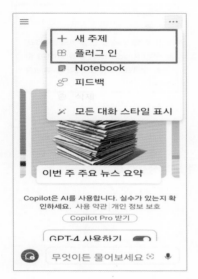

[그림39] Suno 플러그인 활성화

(3) 노래 주제, 스타일 입력

프롬프트 입력란에 생성하고 싶은 노래 주제, 스타일을 입력한다.

- 프롬프트 예시 : 사랑하는 나의 동생 혜연이의 생일을 축하하는 노래를 K-pop 스타일로 만들어 주세요.

[그림40] Suno 연계 노래 생성하기

(4) 노래 듣기

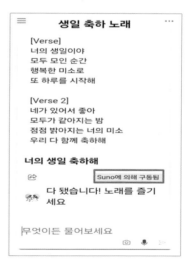

[그림41] 생일 축하 노래 듣기

6) 블로그 게시글 작성하기

(1) 음성으로 입력하기

스마트폰에서 마이크 기능을 활성화하고 키패드 입력 대신 음성으로 프롬프트를 입력하면 Copilot을 좀 더 쉽고 간편하게 사용할 수 있다.

- 프롬프트 예시 : 당신은 AI 활용 교육전문가입니다. 'AI와 미래 교육'을 주제로 블로그 포스팅을 하려고 합니다. 블로그 게시글을 SEO 최적화에 맞춰서 쓰고 해시태그도 써주세요. 글의 분량은 1,000자 이내입니다.

[그림42] 스마트폰에서 블로그 게시글 작성하기

(2) 블로그 게시글 작성

프롬프트 입력한 내용대로 전문가 스타일로 블로그 게시글을 작성해 준다.

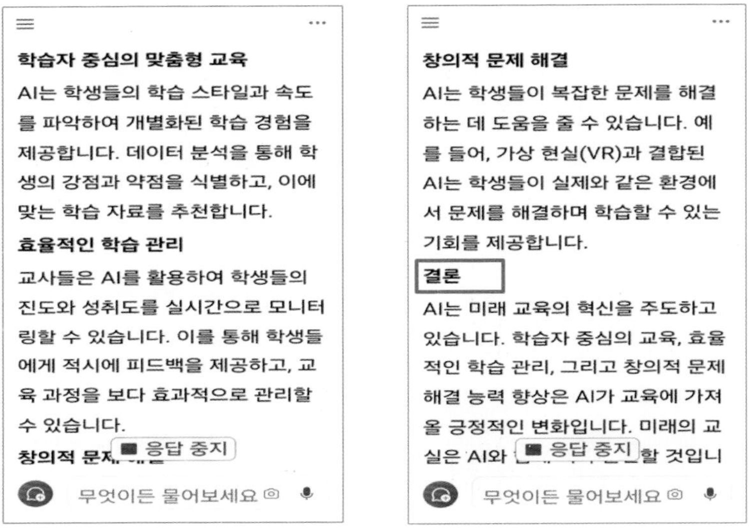

[그림43] 전문가 스타일로 작성된 블로그 게시글

(3) 해시태그 작성

SEO 최적화에 맞춰서 게시글을 작성해 주고, 해시태그도 작성해 준다.

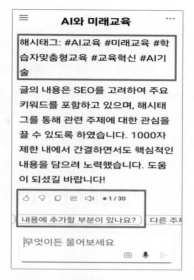

[그림44] SEO 최적화에 맞춘 블로그 게시글

(4) 블로그 포스팅

Copilot이 작성해준 블로그 게시글을 메모장에 붙여넣기하고, 글을 수
정한 후 네이버 블로그에서 마무리 작업을 한다.

이 책을 통해서 MS Copilot의 다양한 기능과 그것을 활용하는 방법들을 살펴보았다. 처음 로그인하는 단계부터 시작해서 채팅 탭의 기본 사용 방법과 플러그인 활용하는 방법 등 기본적인 기능을 살펴보았다. 그리고 사이드바 Copilot을 활용해 이미지 분석, 웹사이트 요약, 동영상 하이라이트 생성, PDF 파일 요약, 그리고 작성 탭에서 문서 작성까지 MS Copilot의 다양한 기능과 이를 활용해서 업무 효율을 높이는 방법을 상세하게 설명했다.

오늘날 생성형 AI를 활용한 업무 효율성 극대화는 필수적인 요건이다. 생성형 AI를 적극적으로 활용하여 업무 효율성을 극대화하는 방안을 모색해야 할 것이다. AI 기술의 발전은 창의적이고 전략적인 업무에 더 많은 시간을 투자할 수 있는 기회를 제공하고 이는 업무 만족도를 높이는 중요한 요소가 된다.

앞으로도 기술은 계속 발전할 것이며, MS Copilot 역시 지속적으로 업데이트되어 더 많은 기능과 향상된 성능을 제공할 것이다. 따라서 꾸준한 학습과 최신 기능에 대한 이해를 통해 MS Copilot의 잠재력을 최대한 활용하는 것이 중요하다.

AI 시대의 성공은 새로운 기술을 얼마나 효과적으로 활용하느냐에 달려 있다. MS Copilot은 단순한 AI 도구 이상의 가치가 있으며 이를 제대로 활용하는 것이 경쟁력을 갖추는 핵심 요소가 될 것이다. 이 책에서 제시한 다양한 활용 방법을 참고해서 MS Copilot을 완벽하게 활용하고 업무 효율성을 극대화하기를 바란다.

코파일럿(Copilot)을
활용한 블로그 글쓰기

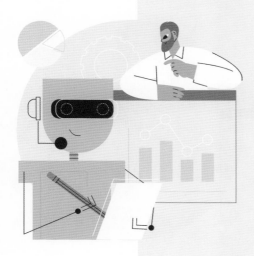

박 성 우

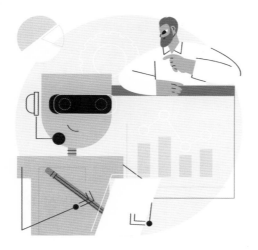

제6장
코파일럿(Copilot)을
활용한 블로그 글쓰기

블로그는 현대 디지털 시대에서 자신을 표현하고 지식을 공유하며 새로운 인맥을 만드는 강력한 도구이다. 이러한 블로그를 작성하는 과정은 창의적이고 보람차지만, 때로는 어렵고 복잡할 수 있다. 이 책은 여러분이 블로그 작성을 보다 쉽고 효과적으로 할 수 있도록 도와줄 것이다. 특히 인공지능 기반의 코파일럿(Copilot)를 활용해 블로그를 작성하고 관리하는 방법을 중점적으로 다룬다.

코파일럿은 여러분의 글쓰기 여정을 단순히 도와주는 도구를 넘어 글의 질을 향상시키고, 창의적인 아이디어를 촉진하며, 시간과 노력을 절약할 수 있도록 설계된 혁신적인 플랫폼이다. 코파일럿를 사용하면 복잡한 글쓰기 과정을 간소화하고, 인공지능의 도움을 받아 더욱 매력적이고 전문적인 블로그 포스트를 작성할 수 있다.

이 책의 첫 장에서는 코파일럿이 무엇인지, 어떻게 가입하고 사용하는지 그리고 다양한 기능을 최대한 활용하는 방법에 대해 자세히 설명한다.

코파일럿의 기본적인 사용법부터 시작해 블로그를 성공적으로 운영하기 위한 다양한 팁과 트릭을 소개한다.

두 번째 장에서는 코파일럿를 이용해 실제로 블로그를 시작하는 방법을 다룬다. 블로그 개설, 디자인 설정, 카테고리 생성 등 블로그의 기본적인 설정 방법을 단계별로 안내한다. 또한 이웃 블로그와의 소통 방법과 글을 작성하기 전에 확인해야 할 중요한 사항들에 관해서도 소개할 것이다.

세 번째 장에서는 블로그 포스트를 작성하는 구체적인 방법을 소개한다. 음식점 리뷰, 여행기, 제품 리뷰, 온라인 강의 후기, 자기 계발, IT 정보, 육아 경험담 등 다양한 주제의 블로그 포스트를 작성하는 방법을 상세히 다룬다. 주제별로 효과적인 글쓰기 전략과 유용한 팁을 제공해, 여러분이 각기 다른 독자의 관심을 끌 수 있도록 도와준다.

마지막 장에서는 코파일럿를 통해 블로그를 작성하면서 얻은 경험과 느낀 점을 공유한다. 블로그 작성이 단순한 글쓰기 작업을 넘어 자신을 표현하고 지식을 나누며 새로운 기회를 창출하는 의미 있는 활동이 될 수 있음을 강조한다. 또한 코파일럿이 블로그 운영에 어떻게 도움을 줄 수 있었는지 그리고 앞으로의 블로깅 목표를 설정하는 방법에 관해서도 이야기한다.

이 책을 통해 여러분은 코파일럿를 효과적으로 활용해 블로그를 시작하고 성장시킬 수 있는 능력을 갖추게 될 것이다. 코파일럿은 여러분의 블로깅 여정에 있어 강력한 동반자가 돼 줄 것이다. 이 책이 여러분의 블로깅 여정을 보다 풍부하고 성공적으로 만들어 주기를 기대한다. 함께 코파일럿과 함께 블로깅의 세계로 떠나보자.

1. 코파일럿(Copilot)이란 무엇인가?

1) 코파일럿의 기본 개념

핵심 개념은 사용자의 글쓰기 과정에서 인공지능을 활용해 도움을 주는 것이다. 이는 단순히 맞춤법이나 문법을 교정해 주는 것 이상을 의미한다. Copilot은 사용자가 작성하고자 하는 내용에 대해 적절한 문구를 제안하거나, 글의 흐름을 자연스럽게 이어 나갈 수 있도록 도와준다. 이를 통해 사용자는 글쓰기의 부담을 덜고 보다 창의적이고 효과적인 글을 작성할 수 있게 된다.

2) 코파일럿의 장점

첫째로 글쓰기 과정에서 많은 시간을 절약할 수 있다. 문구 제안 및 자동 완성 기능을 통해 글을 빠르게 작성할 수 있으며, 문법 및 스타일 교정 기능을 통해 후속 수정 작업의 부담을 줄일 수 있다.

둘째로 코파일럿의 교정 및 제안 기능을 통해 더 나은 품질의 글을 작성할 수 있다. 이는 독자의 만족도를 높이고 블로그의 신뢰성을 높여준다.

셋째로 코파일럿은 새로운 아이디어를 제공함으로써 사용자의 창의성을 촉진한다. 다양한 콘텐츠 아이디어를 통해 블로그 주제를 확장하고 지속적으로 새로운 콘텐츠를 제공할 수 있다.

넷째로 SEO 최적화 및 분석 도구를 통해 블로그의 전문성을 강화할 수 있다. 검색 엔진에서의 노출을 높이고 블로그의 성장에 기여한다.

1) MS 엣지 다운로드

검색창에 마이크로소프트 엣지를 검색한 후 다운로드 설치한다.

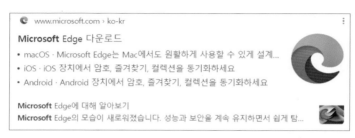

[그림1] 마이크로소프트 엣지 검색

2) 회원 가입하고 로그인하기

첫 가입자라면 계정을 만들어야 한다. 개인정보 수집과 이용한다는 내용에 동의 한 다음 이름과 이메일 주소, 비밀번호 등을 입력하고 다음을 클릭한다. 본인에게 맞는 생년월일을 입력하고 확인을 누르면 가입을 쉽게 할 수 있다.

가입 후에는 프로필을 꾸며야 하는데 본인 사진이나 업무에 관련된 내용으로 업로드해야 한다. 추가로 블로그 주제나 관심사를 선택할 수 있으며 이런 내용들은 코파일럿이 사용자 맞춤형 서비스를 제공하는 데 있어 많은 도움을 준다.

코파일럿 시작 시에는 블로그 포스트 작성, 게시물 관리, 방문자 분석 등 다양한 기능을 탐색할 수 있고 사용자의 블로깅 경험을 향상시키기 위해 다양한 도구와 기능을 제공한다.

필요에 따라 도움말 센터나 고객 지원 서비스를 이용해 궁금한 점을 해결할 수 있다.

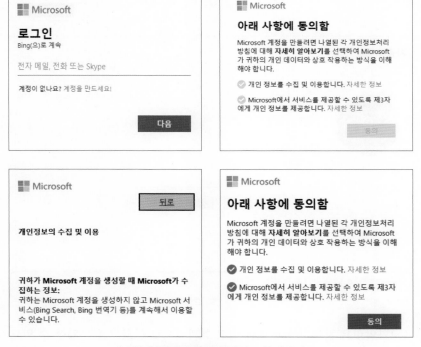

[그림2] 계정 만들고 개인정보 동의하기

[그림3] 사용자 정보 입력하기

3. 코파일럿 기능

코파일럿은 블로거들이 보다 쉽고 효과적으로 블로그를 운영할 수 있도록 다양한 기능을 제공한다. 이러한 기능들은 사용자가 콘텐츠를 작성하고 관리하는 데 필요한 모든 도구를 제공해 블로깅 경험을 향상시키고, 블로그의 성공을 도모한다. 여기서는 Copilot의 주요 기능들을 전문적으로 설명하겠다.

1) AI 기반 글쓰기 보조

코파일럿의 핵심 기능 중 하나는 인공지능(AI)을 활용한 글쓰기 보조이다. 이 기능은 사용자가 글을 작성할 때 문맥에 맞는 문구를 제안하고, 문장을 자동으로 완성해 준다. 이는 글쓰기 속도를 높이고, 글의 일관성을 유지하는 데 큰 도움을 준다. AI는 또한 사용자의 글쓰기 스타일을 학습해 맞춤형 제안을 제공하므로, 시간이 지남에 따라 더욱 효율적이고 개인화된 도움을 받을 수 있다.

[그림4] 코파일럿 시작하기

2) 문법 및 스타일 교정

코파일럿은 사용자가 작성한 글의 문법과 스타일을 자동으로 교정해 준다. 맞춤법 검사뿐만 아니라, 문장의 흐름과 가독성을 개선하는 제안도 함께 제공한다. 이를 통해 독자들이 읽기 쉽고, 전문적인 느낌의 글을 작성할 수 있다. 이러한 교정 기능은 특히 글쓰기에 익숙하지 않은 초보 블로거들에게 유용하다.

3) 콘텐츠 아이디어 제안

블로깅을 할 때 주제나 아이디어가 고갈될 때가 있다. 코파일럿은 사용자가 입력한 키워드나 주제를 기반으로 관련된 콘텐츠 아이디어를 제안해 새로운 글 주제를 쉽게 찾을 수 있도록 도와준다. 이는 블로그의 지속적인 업데이트와 독자의 관심을 유지하는 데 크게 기여한다.

4) SEO 최적화 도구

검색 엔진 최적화(SEO)는 블로그의 성공에 있어 매우 중요하다. 코파일럿은 SEO 도구를 통해 사용자가 작성한 글이 검색 엔진에 최적화될 수 있도록 지원한다. 키워드 제안, 메타 설명 작성, 제목 태그 최적화 등의 기능을 제공해 블로그가 검색 엔진 상위에 노출될 수 있도록 돕는다. 이를 통해 더 많은 방문자를 유도하고, 블로그의 가시성을 높일 수 있다.

5) 분석 및 통계

코파일럿은 블로그의 성과를 분석할 수 있는 다양한 통계 도구를 제공한다. 방문자 수, 페이지뷰, 평균 체류 시간, 인기 게시물 등의 데이터를 통해 블로그의 강점과 약점을 파악할 수 있다. 이러한 데이터를 기반으로 더 나은 콘텐츠 전략을 세우고 독자들의 관심을 끌 수 있는 주제를 선택할 수 있다.

6) 사용자 인터페이스

코파일럿의 사용자 인터페이스는 직관적이고 사용하기 쉽다. 대시보드를 통해 블로그의 전반적인 상태를 한눈에 확인할 수 있으며 각종 메뉴와 기능에 쉽게 접근할 수 있다. 또한 사용자 맞춤형 설정을 통해 개인의 필요에 맞게 인터페이스를 조정할 수 있습니다.

7) 협업 기능

코파일럿은 팀 블로깅을 위한 협업 기능도 제공한다. 여러 사용자가 동시에 블로그를 작성하고 편집할 수 있으며 각 팀원에게 특정 역할을 할당할 수 있다. 이를 통해 효율적인 협업이 가능하고, 더 풍부한 콘텐츠를 생성할 수 있다.

4. 코파일럿을 활용한 블로그 시작하기

[그림5] 네이버 블로그 공식화면

코파일럿은 블로그를 시작하는 데 필요한 모든 도구와 기능을 제공한다. 이 장에서는 코파일럿을 사용해 블로그를 개설하고, 블로그 정보를 입력하며, 디자인을 설정하고, 카테고리를 생성하고, 이웃과 소통하는 방법을 다루겠다. 또한 블로그를 작성하기 전에 체크해야 할 중요한 사항들에 대해 알아보겠다.

1) 블로그 가입하기

블로그를 시작하기 위해서는 네이버 가입이 필수이며 회원가입을 통해 블로그를 빠르게 개설할 수 있다.

2) 블로그 정보 입력하기

내 블로그를 한 문장으로 표현할 수 있는 매력적인 블로그 명과 별명이 좋다. 블로그의 취지와 운영자를 홍보할 수 있는 소개 글은 3~5줄 작성해야 한다. 블로그 프로필 이미지는 주제와 관련된 사진으로 변경을 추천한다.

[그림6] 블로그 기본 정보 관리

3) 블로그 꾸미기

블로그의 디자인은 독자에게 첫인상을 남기는 중요한 요소이다. 코파일럿은 사용자 친화적인 디자인 도구를 제공해 쉽게 블로그를 꾸밀 수 있도록 한다.

(1) 템플릿 선택

다양한 템플릿 중에서 블로그의 주제와 맞는 것을 선택한다. 템플릿은 블로그의 전체적인 레이아웃을 결정한다.

(2) 배너 이미지 설정

블로그의 배너 이미지를 업로드한다. 배너 이미지는 블로그의 대표 이미지로, 독자들에게 강렬한 첫인상을 줄 수 있다.

(3) 글꼴 및 색상 설정

블로그의 글꼴과 색상을 설정해 일관된 스타일을 유지한다. 글꼴과 색상은 블로그의 가독성과 분위기를 결정짓는 중요한 요소이다.

[그림7] 블로그 꾸미기

4) 카테고리 만들기

블로그 포스트를 체계적으로 관리하기 위해 카테고리를 생성한다. 카테고리는 블로그의 다양한 주제를 분류하는 데 사용된다.

(1) 카테고리 이름 설정

각 카테고리의 이름을 설정한다. 예를 들어, '여행', '음식', 'IT' 등으로 구분할 수 있다.

(2) 카테고리 설명 추가

각 카테고리에 대한 간략한 설명을 추가해 방문자들이 쉽게 이해할 수 있다.

(3) 카테고리 정렬

카테고리의 순서를 설정해 블로그의 메뉴를 체계적으로 정리한다.

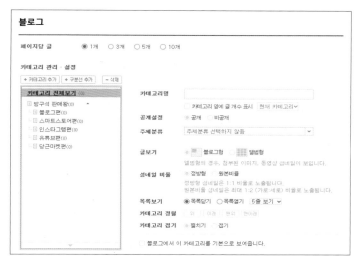

[그림8] 블로그 카테고리 설정하기

5) 이웃 신청 및 소통

블로깅의 중요한 부분은 다른 블로거들과의 소통이다. 관심 있는 블로그에 이웃 신청을 보내어 네트워크를 확장해야 하며 댓글이나 메시지를 보내 이웃 관리해야 한다.

6) 블로그 작성 전 확인해야 할 사항

(1) 주제 선정

작성할 글의 주제를 명확히 정합니다. 독자의 관심을 끌 수 있는 주제를 선택하는 것이 중요하다.

(2) 목표 설정

글의 목적을 설정한다. 정보 제공, 의견 공유, 리뷰 등 글의 목적을 명확히 함으로써 글의 방향성을 잡는다.

(3) 타겟 독자 분석

글을 읽을 독자의 연령, 관심사 등을 분석해 글의 톤과 스타일을 결정한다.

(4) 자료 조사

주제와 관련된 자료를 충분히 조사해 신뢰성 있는 글을 작성한다.

1) 맛집 블로그 포스팅하기

맛집 블로그는 많은 사람이 즐겨 찾는 콘텐츠 중 하나이다. 맛집 블로그를 작성할 때는 단순히 맛있다는 평가를 넘어서, 독자들이 해당 맛집에 대한 생생한 정보를 얻고, 실제로 방문하고 싶은 마음이 들도록 유도하는 것이 중요하다. 여기서는 맛집 블로그 글을 전문적으로 작성하는 방법에 대해 알아보겠다.

[그림9] 코파일럿을 활용한 맛집 이미지

(1) 서론 : 맛집 소개

맛집 블로그 글의 시작은 주목을 끌 수 있는 흥미로운 서론으로 시작해야 한다. 예를 들어, 맛집의 독특한 역사나, 특별한 요리, 또는 해당 맛집

이 위치한 지역의 특징 등을 간단히 소개한다. 이를 통해 독자들이 글에 대한 흥미를 느끼게 한다.

예시) 서울의 숨겨진 보석, 작은 골목에 위치한 [맛집 이름]은 지난 30년간 변함없는 맛으로 사랑을 받아온 곳입니다. 이곳의 대표 메뉴인 [대표 메뉴] 는 지역 주민들뿐만 아니라, 멀리서 찾아오는 미식가들 사이에서도 유명합니다.

(2) 위치 및 접근성

맛집의 위치와 접근 방법을 상세히 설명한다. 지하철이나 버스를 이용한 대중교통 정보, 주차 가능 여부, 도보로 접근할 수 있는지 등의 정보를 제공한다. 이는 독자들이 쉽게 찾아갈 수 있도록 도와준다.

예시) [맛집 이름]은 지하철 [역 이름]역에서 도보로 10분 거리에 위치해 있습니다. 대중교통을 이용할 경우 [버스 번호]번 버스를 타고 [정류장 이름]에서 내리면 바로 앞에 위치해 있습니다. 자가용을 이용하는 경우 근처에 있는 [주차장 이름]에 주차할 수 있습니다.

(3) 분위기 및 인테리어

맛집의 분위기와 인테리어에 대해 상세히 설명한다. 이는 독자들이 맛집의 전체적인 느낌을 상상할 수 있도록 도와준다. 사진과 함께 인테리어의 특징, 좌석 배치, 청결도 등을 언급하면 더욱 효과적이다.

예시) 이곳의 인테리어는 고풍스러운 한옥 스타일로, 따뜻하고 아늑한 분위기를 자아냅니다. 내부는 넓지 않지만 각 테이블 간의 간격이 넉넉해 프라이버시를 보장받을 수 있습니다. 특히 벽에 걸린 전통 그림들이 한국의 옛 정취를 느끼게 합니다.

(4) 메뉴 및 가격

맛집의 주요 메뉴와 가격을 상세히 설명한다. 메뉴 설명은 단순히 이름과 가격을 나열하는 것이 아니라, 각 요리의 맛, 재료, 조리 방법 등을 포함해 독자들이 실제로 맛을 상상할 수 있도록 작성한다. 인기 메뉴와 추천 메뉴도 함께 소개한다.

예시) [맛집 이름]의 대표 메뉴는 [대표 메뉴]로, 신선한 재료와 정성스러운 조리법이 특징입니다. 이 요리는 [재료]와 [조리 방법]으로 만들어져 풍부한 맛과 향을 자랑합니다. 가격은 [가격]으로 적절한 가격에 **훌륭한 맛**을 즐길 수 있습니다. 그 외에도 [추천 메뉴 1], [추천 메뉴 2] 등 다양한 메뉴가 준비돼 있습니다.

(5) 맛 평가

메뉴를 실제로 맛본 후의 평가를 구체적으로 작성한다. 단순히 '맛있다'는 표현보다는 음식의 맛, 향, 질감 등을 상세히 묘사한다. 또한 함께 먹기 좋은 반찬이나 음료, 추천하는 조합 등을 소개한다.

예시) [대표 메뉴]는 첫입에 느껴지는 진한 풍미가 인상적이었습니다. 신선한 [재료]가 어우러져 깊은 맛을 내며, 적당히 구워진 [특징]이 식감을 더욱 풍부하게 해줍니다. 특히 메뉴와 함께 제공하는 [반찬/소스]는 요리의 맛을 한층 더 끌어올려 줍니다.

(6) 서비스 및 청결도

맛집의 서비스와 청결도에 대해 평가합니다. 친절한 직원의 태도, 음식이 나오는 속도, 레스토랑의 청결 상태 등을 언급해 독자들이 맛집의 전반적인 수준을 이해할 수 있도록 한다.

예시) 이곳의 직원들은 매우 친절하고 세심한 서비스를 제공합니다. 주문 후 음식이 나오는 시간도 적절해 기다림의 불편함이 없었습니다. 또한 레스토랑 내부는 청결하게 관리되고 있어 기분 좋게 식사할 수 있었습니다.

(7) 결론 및 추천

글을 마무리하며 해당 맛집을 방문할 만한 이유를 정리한다. 특정 상황이나 특별한 날에 추천하는 이유 등을 포함하면 좋다. 마지막으로 방문 팁이나 예약 정보 등을 제공해 독자들이 실제로 방문할 때 참고할 수 있도록 한다.

예시) [맛집 이름]은 따뜻한 분위기와 훌륭한 음식, 그리고 세심한 서비스가 어우러진 곳입니다. 특별한 날, 소중한 사람과 함께 방문하기에 딱 좋은 장소로 강력히 추천합니다. 주말 저녁 시간대에는 사람이 많으므로 예약할 것을 권장합니다. 전화 예약은 [전화번호]로 가능합니다.

이와 같이 맛집 블로그 글쓰기는 독자들에게 유용한 정보를 제공하고, 그들이 실제로 방문하고 싶은 마음이 들도록 하는 것이 중요하다. 체계적이고 상세한 설명을 통해 독자들의 신뢰를 얻고, 블로그의 인기를 높일 수 있다.

2) 여행 블로그 포스팅하기

여행 블로그는 독자들에게 새로운 장소와 문화를 소개하고, 여행 경험을 공유하는 훌륭한 플랫폼이다. 전문적인 여행 블로그 글쓰기는 단순히 여행지를 소개하는 것을 넘어 독자들에게 영감을 주고, 실제로 그곳을 방문하고 싶게 만드는 데 초점을 맞춘다. 여기서는 전문적인 여행 블로그 글을 작성하는 방법에 대해 자세히 알아보겠다.

[그림10] 코파일럿을 활용한 여행 이미지

(1) 주제 선택과 기획

여행 블로그 글쓰기는 주제 선택에서 시작된다. 방문한 장소의 특정 측면, 예를 들어 음식, 명소, 문화, 또는 특별한 체험 등을 주제로 삼을 수 있다. 독자가 흥미를 느낄 만한 주제를 선택하고, 글의 전체적인 흐름을 계획합니다. 주제와 관련된 사진과 자료를 미리 준비해 두는 것도 중요하다.

예시) 주제로 '파리에서 꼭 가봐야 할 숨겨진 명소 5곳'을 선택합니다. 이 주제는 파리의 유명 관광지 외에도 독자들이 잘 모르는 특별한 장소를 소개해 흥미를 유발할 수 있습니다.

(2) 매력적인 제목과 서론

제목은 독자의 관심을 끄는 첫 번째 요소이다. 매력적이고 궁금증을 유발하는 제목을 정하고 서론에서는 글의 주요 내용을 간략하게 소개한다.

예시) 제목: '파리의 숨겨진 보석, 현지인이 추천하는 5곳'
서론: '파리는 에펠탑과 루브르 박물관 같은 유명한 관광지로 잘 알려져 있지만, 이 도시에는 잘 알려지지 않은 매력적인 명소들이 많이 있습니다. 이번 포스트에서는 파리 현지인이 추천하는 숨겨진 보석 같은 장소 5곳을 소개합니다.'

(3) 본문 구성

본문은 여행 경험을 상세히 설명하는 부분입니다. 다음 요소들을 포함하는 것이 좋다.

① 장소 소개

여행지의 기본적인 정보를 제공한다. 역사적 배경, 위치, 방문 시기 등을 설명한다. 이때 개인적인 경험과 감상을 포함해 독자와의 공감을 이끌어 낸다.

② 체험 및 활동

방문한 장소에서 경험한 활동을 구체적으로 설명한다. 예를 들어, 현지 음식 시식, 유명 관광지 방문, 특별한 이벤트 참여 등을 상세히 서술한다. 이때 감각적이고 생동감 있는 표현을 사용해 독자가 현장에 있는 듯한 느낌을 받을 수 있도록 한다.

③ 사진과 비디오

시각적인 콘텐츠는 여행 블로그의 핵심 요소이다. 글 중간중간에 고퀄리티의 사진과 비디오를 삽입해 글의 생동감을 더한다. 사진과 비디오는 글로 설명하기 어려운 부분을 보완하고, 독자의 이해를 돕는다.

④ 팁과 추천

독자가 실제로 해당 여행지를 방문할 때 도움이 될 만한 팁을 제공합니다. 예를 들어, 방문 시기, 교통편, 숙박 정보, 여행 경비 등을 포함한다. 이러한 정보는 독자에게 실질적인 도움을 줄 수 있다.

예시) 장소 소개: '르 마레 지역은 파리에서 가장 오래된 동네 중 하나로, 중세와 르네상스 시기의 건축물이 잘 보존돼 있습니다. 이곳은 예술 갤러리, 독특한 상점, 맛있는 베이커리로 유명합니다.'

체험 및 활동: '르 마레에서 가장 인상 깊었던 것은 골목길을 걷다가 우연히 발견한 작은 카페였습니다. 이곳에서 크루아상을 먹으며 현지인들과 어울려 보니, 정말 파리지앵이 된 듯한 기분이 들었습니다.'

사진과 비디오: '아래 사진은 르 마레의 골목길에서 찍은 것입니다. 고풍스러운 건물들과 자전거를 탄 현지인의 모습이 인상적이었어요.'

팁과 추천: '르 마레를 방문할 때는 오전 일찍 가는 것을 추천합니다. 관광객이 많지 않아 한적하게 둘러볼 수 있습니다. 또한 주변의 작은 상점들을 방문해 보세요. 독특한 기념품을 찾을 수 있을 것입니다.'

(4) SEO 최적화

전문적인 여행 블로그 글은 검색 엔진 최적화(SEO)를 고려해 작성해야 한다. 키워드 연구를 통해 글의 주제와 관련된 주요 키워드를 선정하고, 자연스럽게 본문에 포함한다. 제목, 서브타이틀, 본문, 메타 설명 등 다양한 부분에 키워드를 적절히 배치해 검색 엔진에서의 가시성을 높인다.

예시) 주요 키워드: '파리 숨겨진 명소', '르 마레', '파리 여행 팁'
SEO 최적화된 메타 설명: '파리의 숨겨진 명소를 찾아보세요. 현지인이 추천하는 르 마레 지역과 방문 팁을 제공합니다. 파리 여행의 새로운 매력을 발견해 보세요.'

(5) 독자와의 소통

블로그 글을 게시한 후에는 독자와의 소통이 중요하다. 댓글을 통해 독자의 질문에 답변하고 피드백을 반영해 다음 글에 개선점을 적용한다. 또한 소셜 미디어를 통해 글을 공유하고 더 많은 독자에게 다가갈 수 있도록 한다.

(6) 결론

전문적인 여행 블로그 글쓰기는 체계적인 기획과 생동감 있는 표현, 시각적인 콘텐츠의 조화가 필요하다. 주제 선정에서부터 글의 구성, SEO 최적화, 독자와의 소통까지 모든 요소를 신경 써서 작성하면 독자에게 영감을 주고 유익한 정보를 제공하는 여행 블로그 글을 완성할 수 있다. 코파일럿의 다양한 도구와 기능을 활용해 이러한 글쓰기 과정을 더욱 효율적으로 관리하고 성공적인 여행 블로거로 성장할 수 있다.

3) 리뷰 블로그 포스팅하기

리뷰 블로그는 제품, 서비스, 책, 영화 등 다양한 주제를 다루며 독자들에게 유용한 정보를 제공하는 블로그이다. 리뷰 블로그를 작성할 때는 객관적이고 신뢰성 있는 정보를 제공하는 것이 중요하다. 여기서는 리뷰 블로그 글쓰기의 핵심 요소와 예시를 포함해 전문가답게 작성하는 방법을 설명하겠다.

[그림11] 코파일럿을 활용한 리뷰 이미지

(1) 주제 선정 및 목표 설정

리뷰할 주제를 선정할 때는 독자들이 관심을 가질 만한 주제를 선택하는 것이 중요하다. 예를 들어, 최신 스마트폰, 인기 있는 책, 신작 영화 등이 좋은 주제가 될 수 있다. 리뷰의 목표는 독자들에게 제품이나 서비스의 장단점을 명확하게 전달하고, 구매 결정에 도움을 주는 것이다.

(2) 서론 작성

서론에서는 리뷰할 제품이나 서비스를 간략하게 소개하고 리뷰의 목적을 명확히 한다. 서론은 독자들의 관심을 끌기 위해 짧고 간결하게 작성하는 것이 좋다.

예시) 안녕하세요, 여러분. 오늘은 많은 분이 기다리던 최신 스마트폰인 XYZ 모델에 대해 리뷰를 하려고 합니다. XYZ 모델은 뛰어난 성능과 혁신적인 기능으로 많은 주목을 받고 있는데요, 과연 실제 사용해 본 느낌은 어떨지 자세히 알아보겠습니다.

(3) 본문 작성
① 디자인 예시

XYZ 모델의 디자인은 매우 세련되고 현대적입니다. 6.5인치 OLED 디스플레이는 색감이 생생하고, 베젤이 얇아 화면 몰입감을 높여줍니다. 후면은 유리 소재로 고급스러움을 더했으며, 카메라 모듈이 깔끔하게 배치돼 있습니다.

② 성능 예시

XYZ 모델은 최신 프로세서를 탑재해 매우 빠른 성능을 자랑합니다. 여러 앱을 동시에 실행해도 전혀 느려짐이 없었으며, 고사양 게임도 원활하게 구동되었습니다. 특히 AI 기능을 활용한 성능 최적화가 인상적이었습니다.

③ 카메라 예시

XYZ 모델의 카메라는 4개의 렌즈로 구성돼 있으며, 각각의 렌즈가 다양한 촬영 모드를 지원합니다. 특히 야간 모드는 저조도 환경에서도 뛰어난 사진 품질을 제공하며, 초광각 렌즈는 넓은 풍경을 담기에 좋습니다. 아래는 XYZ 모델로 촬영한 사진입니다.

④ 배터리 수명 예시

XYZ 모델의 배터리 수명은 하루 종일 사용해도 충분한 용량을 자랑합니다. 실제로, 하루 종일 다양한 앱을 사용하고, 동영상을 시청했음에도 불구하고 배터리는 여전히 절반 이상 남아 있었습니다. 또한 고속 충전 기능을 통해 짧은 시간 내에 배터리를 충전할 수 있어 매우 편리했습니다.

(4) 마무리 작성

결론에서는 제품이나 서비스의 전체적인 평가와 추천 여부를 요약한다. 결론은 독자들이 리뷰의 핵심 내용을 빠르게 이해할 수 있도록 간결하게 작성하는 것이 좋다.

예시) 종합적으로 XYZ 모델은 디자인, 성능, 카메라, 배터리 수명 등 모든 면에서 뛰어난 스마트폰입니다. 특히 최신 기술이 적용된 성능과 고화질 카메라는 매우 인상적입니다. 만약 여러분이 새로운 스마트폰을 찾고 있다면, XYZ 모델을 강력히 추천드립니다.

(5) 추가 팁

① 비교 분석

리뷰 대상 제품을 비슷한 다른 제품과 비교해 장단점을 더욱 명확히 할 수 있다.

② 사용자 피드백

다른 사용자들의 리뷰나 피드백을 참고해 리뷰의 신뢰성을 높일 수 있다.

③ 이미지 및 동영상 첨부

실제 사용 모습이나 제품 사진, 동영상을 첨부해 리뷰의 생동감을 더할 수 있다.

(6) 결론

리뷰 블로그는 독자들에게 신뢰성 있는 정보를 제공하고 제품이나 서비스에 대한 객관적인 평가를 전달하는 중요한 역할을 한다.

4) 자기 계발 블로그 포스팅하기

자기 계발 블로그는 많은 사람에게 영감을 주고 동기부여를 제공하는 중요한 주제이다. 이 섹션에서는 자기 계발 블로그 글쓰기에 대해 전문가답게 다루며, 예시까지 포함해 내용을 작성하겠다.

[그림12] 코파일럿을 활용한 자기 계발 이미지

(1) 주제 선택

자기 계발 블로그 글쓰기를 시작하려면 먼저 다룰 주제를 명확히 해야 한다. 자기 계발에는 다양한 측면이 있으므로, 독자들이 관심을 가질 만한 구체적인 주제를 선택하는 것이 중요하다.

예시) '시간 관리 방법', '효과적인 목표 설정', '긍정적인 마인드셋 기르기' 등

(2) 목표 설정

글의 목적을 명확히 설정해야 한다. 자기 계발 블로그는 독자들에게 실질적인 도움을 주는 것이 목표이다. 따라서 독자가 글을 읽고 나서 어떤 변화를 경험하기를 원하는지 생각해 보자.

예시) '이 글을 통해 독자들이 더 나은 시간 관리 방법을 배우게 하자"와 같은 구체적인 목표를 설정합니다.'

(3) 구조 계획

글의 구조를 미리 계획하는 것은 매우 중요하다. 자기 계발 블로그 글은 일반적으로 다음과 같은 구조로 구성될 수 있다.

예시) 서론: 주제를 소개하고 글의 목적을 설명하고 본문에서는 문제 제기와 해결책 제안, 실천 팁, 결론 순으로 계획을 세운다.

(4) 예시 글 작성

주제: 효과적인 시간 관리 방법

① 서론
시간 관리는 현대인의 삶에서 매우 중요한 요소입니다. 많은 사람이 하루 24시간을 어떻게 효율적으로 사용할지 고민합니다. 이 글에서는 효과적인 시간 관리 방법에 대해 알아보고, 이를 통해 생산성을 높이는 방법을 제안하겠습니다.

② 본문
• 문제 제기
현대 사회에서는 다양한 업무와 개인적인 일들로 인해 시간 관리가 어려운 경우가 많습니다. 많은 사람이 해야 할 일들이 많아지면서 스트레스를 받거나, 중요한 일을 놓치기도 합니다.

• 해결책 제안
효과적인 시간 관리를 위해서는 다음의 방법들을 활용할 수 있습니다.

• 우선순위 설정

해야 할 일들을 중요도와 긴급도에 따라 분류합니다. 에이젠하워 매트릭스 (Eisenhower Matrix)를 사용해 긴급하고 중요한 일, 긴급하지 않지만 중요한 일 등을 분류하고, 이에 따라 일정을 계획합니다.

• 시간 블록 설정

하루를 시간 블록으로 나누어 각 블록마다 특정한 작업을 할당합니다. 이를 통해 집중력을 높이고, 작업 전환으로 인한 시간을 줄일 수 있습니다.

• Pomodoro 기법 사용

25분간 집중해서 일을 하고, 5분간 휴식하는 방식으로 시간을 관리합니다. 이를 통해 집중력을 유지하고, 과로를 피할 수 있습니다.

• 실천 팁

- To-Do 리스트 작성: 매일 아침 또는 전날 밤에 할 일 목록을 작성합니다. 이는 하루 동안 해야 할 일들을 명확히 하고, 중요한 일을 놓치지 않도록 도와줍니다.
- 디지털 도구 활용: Trello, Todoist 등의 시간 관리 앱을 사용해 할 일을 관리하고, 알림 기능을 통해 중요한 일정을 놓치지 않도록 합니다.
- 휴식 시간 계획: 일정에 휴식 시간을 포함시켜 과로를 방지합니다. 짧은 휴식 시간은 집중력을 높이고 생산성을 유지하는 데 도움을 줍니다.

③ 결론

효과적인 시간 관리는 생산성을 높이고 스트레스를 줄이는 데 중요한 역할을 합니다. 우선순위 설정, 시간 블록 설정, Pomodoro 기법 등의 방법을 활용해 시간을 효율적으로 관리해 보세요. 꾸준히 실천하면 더 많은 일을 해내고, 삶의 질도 향상될 것입니다.

(5) 마무리

자기 계발 블로그 글쓰기는 독자들에게 실질적인 도움을 주고, 그들의 삶을 개선하는 데 중요한 역할을 한다. 주제를 명확히 설정하고, 체계적인 구조를 갖춘 글을 작성하며, 구체적인 예시와 실천 팁을 제공하는 것이 중요하다.

5) 육아 블로그 포스팅하기

육아 블로그는 많은 부모에게 유용한 정보를 제공하며 경험을 공유할 수 있는 훌륭한 플랫폼이다. 성공적인 육아 블로그 포스트를 작성하기 위해서는 독자의 관심을 끌고, 실질적인 도움을 줄 수 있는 내용을 포함하는 것이 중요하다. 아래는 육아 블로그 글쓰기에 대한 전문적인 안내와 예시를 소개하겠다.

[그림13] 코파일럿을 활용한 육아 이미지

(1) 주제 선정

육아 블로그의 주제는 다양하다. 예를 들어, 육아 팁, 유아식 레시피, 육아용품 리뷰, 아이와의 활동 등이 있다. 주제를 선정할 때는 자신의 경험과 독자의 관심사를 고려해야 한다. 독자들이 필요로 하는 정보를 제공함으로써 더 많은 관심과 신뢰를 얻을 수 있다.

(2) 글의 구조

① 머리말

주제 소개와 독자의 관심을 끌 수 있는 도입부를 작성한다.

② 본문

주제에 대한 상세한 정보와 개인적인 경험을 포함한다. 구체적인 팁이나 조언, 관련 사진을 포함하면 더욱 효과적이다.

③ 결말

글의 요점을 요약하고 독자들에게 추가적인 질문이나 의견을 남길 수 있도록 유도한다.

(3) 예시 글쓰기

제목 : 아이도 좋아하는 건강한 유아식 레시피

머리말
안녕하세요, 여러분! 오늘은 우리 아이가 너무 좋아하는 건강한 유아식 레시피를 공유하려고 합니다. 바쁜 일상속에서도 간단하게 만들 수 있는 레시피이니, 꼭 한 번 따라 해보세요.

본문
아이에게 영양가 있는 음식을 제공하는 것은 매우 중요합니다. 하지만 매번 새로운 요리를 만드는 것은 쉽지 않죠. 오늘 소개할 레시피는 간단하면서도 맛있는 '채소 치즈 오믈렛'입니다.

재료
계란 2개
잘게 썬 채소 (당근, 브로콜리, 파프리카 등) 한 컵
잘게 썬 치즈 1/4컵
소금 약간과 올리브 오일 1큰술

만드는 방법
먼저 계란을 풀고 소금을 약간 넣어 잘 섞어줍니다.
팬에 올리브 오일을 두르고, 잘게 썬 채소를 넣고 살짝 볶아줍니다.
채소가 익으면 풀어놓은 계란을 붓고, 그 위에 치즈를 골고루 뿌립니다.
중약불에서 오믈렛을 천천히 익혀줍니다. 계란이 거의 다 익으면 반으로 접어 마무리합니다.

TIP
아이들이 좋아하는 채소를 사용하면 더 잘 먹어요. 그리고 치즈 대신 유아용 치즈나 두부를 사용해도 좋습니다.

결말
이렇게 간단한 채소 치즈 오믈렛이 완성되었습니다! 우리 아이는 이 오믈렛을 너무 좋아해서 자주 해주고 있어요. 여러분도 한 번 만들어 보시고, 아이들의 반응을 댓글로 알려주세요. 다음에는 더 다양한 유아식 레시피를 소개해 드릴게요. 감사합니다!

(4) 사진 포함하기

글의 신뢰성과 가독성을 높이기 위해 과정 사진을 포함하는 것이 좋다. 예를 들어, 채소를 준비하는 사진, 계란을 푸는 사진, 완성된 오믈렛의 사진 등을 첨부한다. 시각적인 요소는 독자의 이해를 돕고, 글의 흥미를 높이는 데 큰 도움이 된다.

(5) 독자와 소통하기

글을 마친 후 독자와 소통할 수 있는 방법을 마련하는 것도 중요하다. 댓글을 통해 독자들의 의견을 듣고, 질문에 답변하는 것은 블로그의 활발한 소통을 유지하는 데 도움이 된다. 또한 다음 글에 대한 아이디어를 독자들과 공유하고 피드백을 받는 것도 좋은 방법이다.

(6) 결론

육아 블로그는 부모들이 서로의 경험을 공유하고, 유용한 정보를 나누는 훌륭한 플랫폼이다. 성공적인 포스트를 작성하기 위해서는 주제 선정, 글의 구조, 사진 포함, 독자와의 소통 등을 잘 계획해야 한다.

코파일럿에게 글쓰기란?

코파일럿은 글쓰기를 단순한 작업이 아닌 창의적이고 효율적인 경험으로 만들어 주는 도구이다. 인공지능(AI) 기반의 코파일럿은 글쓰기를 보다 쉽게, 빠르게, 그리고 재미있게 만들어 주며, 특히 초보자와 전문가 모두에게 유용한 여러 기능을 제공한다. 코파일럿에게 글쓰기란 무엇인지, 그리고 그것이 어떻게 작동하는지 자세히 살펴보겠다.

(1) AI 기반의 창의적 파트너

가장 큰 장점은 바로 인공지능을 통한 창의적 파트너십이다. 글을 쓰는 과정에서 문맥에 맞는 문구를 제안하거나, 문장을 자동으로 완성해 준다. 이는 단순히 글쓰기 시간을 단축하는 것뿐만 아니라, 글의 질을 향상시키는 데도 큰 도움이 된다. 예를 들어, '자연의 아름다움에 대해 쓰고 싶어'라고 입력하면 코파일럿은 자연의 아름다움을 설명하는 다양한 문구와 아이디어를 제안해 준다.

(2) 글쓰기 보조 도구

코파일럿은 다양한 글쓰기 보조 도구를 제공한다. 맞춤법 및 문법 교정은 기본이고, 글의 톤과 스타일을 분석해 더욱 매끄럽고 읽기 쉬운 글을 작성할 수 있도록 도와준다. 이는 특히 문법적 오류를 쉽게 놓치는 사람들에게 매우 유용하다. 또한 복잡한 문장을 더 간단하고 명확하게 바꿔주는 기능도 제공해 독자가 글을 쉽게 이해할 수 있도록 한다.

(3) 아이디어 제안 및 구조화

글쓰기의 어려움 중 하나는 아이디어를 떠올리고 이를 구조화하는 과정이다. 코파일럿은 사용자가 작성하고자 하는 주제에 맞는 다양한 아이디어를 제안합니다. 또한 글의 구조를 잡아주는 기능도 있어 머리말, 본문, 결말을 어떻게 구성할지 미리 계획할 수 있다. 이를 통해 글의 논리적 흐름을 유지하면서도 창의적인 요소를 더할 수 있다.

(4) 시간 절약 및 효율성 증대

글쓰기에 드는 시간을 크게 줄일 수 있는데 AI가 문구를 제안하고, 문법을 교정하며, 글의 흐름을 자연스럽게 이어주는 덕분에 사용자는 더 빠르고 효율적으로 글을 완성할 수 있다. 이는 특히 짧은 시간 내에 많은 양의 글을 작성해야 하는 상황에서 매우 유용하다.

(5) 다양한 글쓰기 스타일 지원

코파일럿은 다양한 글쓰기 스타일을 지원한다. 예를 들어, 비즈니스 이메일, 블로그 포스트, 기술 문서, 창작 소설 등 각기 다른 스타일에 맞춘 문구와 아이디어를 제공한다. 이를 통해 사용자는 자신이 작성하고자 하는 글의 스타일에 맞는 최적의 문장을 작성할 수 있다.

(6) 학습 및 개인화

사용자의 글쓰기 스타일을 학습하기도 하는데 사용자가 자주 사용하는 단어, 문장 구조, 표현 등을 학습해 점점 더 맞춤형 제안을 제공한다. 이는 사용자가 코파일럿을 사용할수록 더욱 개인화된 도움을 받을 수 있다는 것을 의미한다. 또한 사용자의 피드백을 바탕으로 AI가 계속해서 발전하므로 시간이 지날수록 더 나은 성능을 발휘한다.

(7) 결론

코파일럿에게 글쓰기란 단순히 문장을 만드는 작업이 아니다. 이는 창의적이고 효율적인 경험을 제공하는 과정이며, 사용자가 더 나은 글을 작성할 수 있도록 도와주는 강력한 도구이다. 인공지능 기반의 코파일럿은 글쓰기의 모든 단계를 지원하며, 이를 통해 사용자는 더 많은 시간과 노력을 절약할 수 있다. 또한 개인화된 도움을 통해 점점 더 나은 글을 작성할 수 있게 되므로 글쓰기를 새로운 차원으로 끌어올리는 혁신적인 파트너라고 할 수 있다. 코파일럿을 통해 글쓰기가 더 이상 어려운 과제가 아닌, 즐겁고 보람찬 활동이 되기를 기대한다.

내 손안의 AI, 스마트폰으로
업무 효율 향상시키는 방법

신오영

제7장
내 손안의 AI, 스마트폰으로
업무 효율 향상시키는 방법

현대의 스마트폰은 단순한 통신 기기가 아니라, 손 안의 컴퓨터라고 할 수 있다. 운영 체제의 진화와 더불어 다양한 애플리케이션들이 개발되면서, 스마트폰의 활용 범위는 더욱 넓어졌다. 이로 인해 스마트폰은 이제 우리의 일상생활과 업무에 없어서는 안 될 필수 도구가 됐다.

우리는 이 장을 통해 스마트폰을 단순한 통신 도구 이상의 것으로 활용하는 방법을 배우게 될 것이다. 이제 스마트폰은 업무 효율성을 높이는 강력한 도구로 자리 잡았다. 이동 중에도 업무를 처리하고, AI 기술을 활용해 생산성을 극대화하는 방법을 익힌다면, 더 이상 시간과 장소에 구애받지 않고 효과적으로 일할 수 있다.

이 장을 읽는 동안, 여러분은 다양한 앱과 기술을 통해 어떻게 스마트폰이 여러분의 업무 효율성을 극대화할 수 있는지에 대한 실질적인 지식과 팁을 얻게 될 것이다. 또한 성공적인 사례들을 통해 실제로 어떻게 이러한 방법들이 적용될 수 있는지 확인하게 될 것이다.

필자는 실제로 이동 중에도 스마트폰을 활용해 많은 업무를 처리한다. 중요한 미팅을 앞두고 챗GPT와 함께 중요 안건을 브리핑하고, 통번역의 도움을 받기도 한다. 급한 카드뉴스나 영상편집을 주차장 차 안에서 처리하고 회의 장소로 이동하기도 한다. 개인 비서 없이 1인 기업으로서 정말 많은 업무를 처리하는 비법은 바로 스마트폰 속의 AI이다.

최근 챗GPT 4o, 코파일럿, 아숙업 등 다양한 모바일 속 AI가 등장하면서 일상생활과 업무에서의 활용이 크게 늘어나 편리해졌다. 이러한 모바일 AI의 발전은 사용자들에게 많은 이점을 제공한다. 예를 들어, 언제 어디서나 필요한 정보를 쉽게 얻을 수 있고, 복잡한 업무를 간단하게 처리할 수 있으며, 개인화된 추천을 통해 더 나은 의사결정을 할 수 있다. 이로 인해 업무 생산성이 높아지고 일상생활에서 불편함이 줄어들며, 더 많은 시간을 절약할 수 있다.

여러분도 이 장을 통해 얻은 지식을 바탕으로 스마트폰 속 AI를 더욱 효과적으로 활용해 일과 삶의 균형을 맞추고 더 나아가 개인의 생산성을 높이는 데 도움을 받기를 바란다.

1. 스마트폰에서 AI 도구 활용의 중요성

스마트폰은 우리의 일상생활에서 빼놓을 수 없는 필수품이 됐다. 이제는 단순한 통신 수단을 넘어, 정보 검색, 쇼핑, 은행 업무, 소셜 미디어 등 다양한 활동을 가능하게 해주는 다기능 기기가 됐다. 이러한 스마트폰에서 AI 도구를 활용하는 것은 우리 생활을 더욱 편리하고 효율적으로 만들어 준다.

최근에는 챗GPT 4o, MS 코파일럿 모바일 버전, 아숙업 등 다양한 모바일 속 AI가 등장하면서 일상생활과 업무에서의 활용이 크게 늘어나 편리해졌다. 이러한 AI 도구들은 우리의 삶을 더욱 효율적이고 풍요롭게 만들어 준다. 여기에서는 스마트폰에서 AI 도구를 활용하는 것이 왜 중요한지 살펴보겠다.

1) 시간 절약과 효율성 향상

AI 도구들은 반복적이고 시간이 오래 걸리는 작업을 자동화해 준다. 예를 들어, 챗GPT 4o는 여러분이 궁금한 질문에 즉시 답변을 제공하고, 복잡한 문제도 신속하게 해결해 준다. 출근길에 교통 정보를 검색하거나 일정 관리를 하거나, 쇼핑 리스트를 작성할 때 챗GPT 4o는 여러분의 시간을 절약해 준다. 이를 통해 우리는 더 중요한 일에 집중할 수 있게 된다.

2) 정보 접근성과 의사결정 지원

스마트폰에서 AI 도구를 활용하면 언제 어디서나 필요한 정보를 빠르게 얻을 수 있다. MS 코파일럿은 문서 작성 시 필요한 자료를 찾아주고, 데이터 분석을 통해 중요한 통찰을 제공한다. 예를 들어, 쇼핑 중에 제품의 리뷰를 분석하거나, 금융 거래 시 최적의 결정을 내리는 데 도움을 준다. 이러한 기능은 우리의 의사결정을 더 신속하고 정확하게 만들어 준다.

3) 개인화된 경험 제공

AI 도구들은 사용자의 패턴과 선호도를 학습해 맞춤형 서비스를 제공한다. 챗GPT 4o는 여러분의 대화 스타일과 관심사에 맞춰 답변을 제공하며, MS 코파일럿은 여러분의 작업 방식을 학습해 더 나은 제안을 한다. 아숙업은 사용자의 습관과 선호도를 파악해 더욱 개인화된 서비스를 제공한다. 이를 통해 우리는 더 개인화된 경험을 누릴 수 있으며, 일상생활이 더 편리해진다.

4) 스트레스 감소와 삶의 질 향상

반복적이고 번거로운 작업을 AI 도구가 대신해 줌으로써 우리는 스트레스를 줄일 수 있다. 예를 들어, 일정 관리, 이메일 답장, 간단한 번역 작업 등을 AI 도구가 처리해 줌으로써 우리는 더 많은 여유 시간을 가질 수 있다. 이 여유 시간은 가족과 보내는 시간, 취미 생활, 휴식 등으로 사용할 수 있어 삶의 질이 향상된다.

5) 실시간 문제 해결

스마트폰에서 AI 도구를 사용하면 실시간으로 문제를 해결할 수 있다. 길을 잃었을 때 지도 앱과 연동된 AI 도우미가 길을 찾아주고, 해외여행 중에 언어 장벽을 넘기 위해 실시간 번역을 제공하는 등 다양한 상황에서 즉각적인 도움을 받을 수 있다.

스마트폰에서 AI 도구를 활용하는 것은 단순한 편리함을 넘어서 우리의 일상을 더 효율적이고 풍요롭게 만들어 준다. 챗GPT 4o, MS 코파일럿, 아숙업을 통해 여러분의 생활이 더 스마트해 지기를 기대한다.

2. 챗GPT 4o란 무엇인가?

최근 출시된 챗GPT 옴니(챗GPT Omni, GPT-4o)는 일상생활과 업무에서 활용할 수 있는 강력한 도구로 자리 잡고 있다. 챗GPT-4o는 이전 버전인 GPT-4의 지능을 유지하면서도 더욱 빠르고 효율적으로 개선됐다. 특히 텍스트, 음성, 비전 등 다양한 입력을 처리할 수 있는 멀티모달 기능을 갖추고 있어 사용자가 사진이나 영상을 통해 대화할 수 있는 능력을 제공한다.

1) 멀티모달 기능

챗GPT-4o는 텍스트뿐만 아니라 이미지와 음성 입력도 이해할 수 있다. 예를 들어, 메뉴 사진을 찍어 번역하거나, 스포츠 경기 영상을 보여주며 규칙을 설명받는 것이 가능하다. 향후에는 실시간 음성 대화 및 비디오 대화 기능도 추가될 예정이다.

2) 언어 지원 및 성능 개선

챗GPT-4o는 50개 이상의 언어를 지원하며 비영어권 언어에서도 높은 성능을 자랑한다. 이는 전 세계적으로 AI 도구를 더욱 쉽게 접근하고 활용할 수 있게 해준다.

3) 새로운 기능과 도구

사용자는 챗GPT-4o를 통해 문서 작성, 데이터 분석, 이미지와 관련된 대화 등 다양한 작업을 수행할 수 있다. 예를 들어, 사진을 업로드해 요약이나 분석을 받는 기능을 제공한다.

4) 메모리 기능

챗GPT 옴니는 대화 중 사용자의 정보를 기억하고 이를 바탕으로 더 나은 대화를 제공할 수 있다. 사용자는 어떤 정보를 기억할지 혹은 잊어버릴지를 설정할 수 있어 개인화된 경험을 극대화할 수 있다.

5) 협업 기능

팀 플랜을 통해 여러 사용자가 협업할 수 있으며 기업 사용자는 데이터 보안을 유지하면서 챗GPT-4o의 고급 기능을 활용할 수 있다. 팀 플랜은 문서 공동 작성, 데이터 분석 등의 작업을 더욱 효율적으로 수행할 수 있도록 도와준다.

챗GPT 4o는 스마트폰뿐만 아니라 태블릿, 컴퓨터 등 다양한 기기에서 사용할 수 있어 언제 어디서나 편리하게 사용할 수 있다. 챗GPT 4o는 이러한 강력한 기능들을 통해 일상생활과 업무를 더욱 효율적이고 풍요롭게 만들어 주고 있다. 앞으로도 지속적인 업데이트와 개선을 통해 사용자들에게 더욱 혁신적인 경험을 제공할 것으로 기대된다.

3. 챗GPT 4o 설치 및 초기 설정 방법

1) 앱 스토어에서 다운로드

(1) iOS 사용자

애플의 아이폰용 모바일 앱은 미국에서 첫 출시 후 6일 만에 50만 다운로드를 넘었다. 애플 앱 스토어에 접속해 '챗GPT'를 검색한 후, OpenAI에서 제공하는 공식 앱인지 확인하고 앱을 다운로드한다.

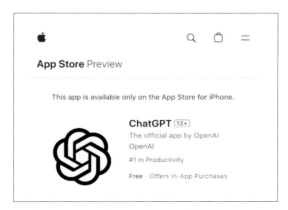

[그림1] 애플 앱스토어에서 다운로드 받을 수 있는 ChatGPT

(2) 안드로이드 사용자

iOS에 이어 2023년 7월 28일부터 안드로이드 기반의 공식 앱이 출시됐다. 구글 플레이 스토어에 접속해 '챗GPT'를 검색한 후, 앱을 다운로드한다. 유사한 앱이 많으니 주의하기 바란다. 유사 앱의 경우 가입 시 카드 자동 결제 또는 악성 코드 설치 등의 위험성이 있다. 공식 앱 명칭은 챗GPT이며 개발사는 OpenAI임을 꼭 확인하기 바란다.

[그림2] 구글 플레이 스토어에서 다운로드 받을 수 있는 ChatGPT

2) 앱 설치 및 실행

다운로드가 완료되면 앱을 설치하고 실행한다. 처음 실행할 때 사용자는 몇 가지 권한을 허용해야 할 수도 있다.

[그림3] 구글 플레이 스토어에서 ChatGPT 설치

3) 계정 생성 및 로그인

새로운 사용자는 계정을 생성해야 한다. 이메일 주소와 비밀번호를 입력해 계정을 만들고 기존 사용자는 로그인한다.

[그림4] 계정 생성 및 로그인 화면

4) 초기 설정

로그인 후 앱은 사용자에게 몇 가지 기본 설정을 안내한다. 이 설정 과정에서 사용자의 이름, 선호하는 언어, 알림 설정 등을 선택할 수 있다.

[그림5] continue 버튼을 누르고 유료 결제 시 GPT-4o 사용 가능

5) 사용 시작, 음성으로 대화하기

모든 설정이 완료되면 이제 챗GPT 4o를 사용할 수 있다. 음성으로 직접 질문을 하거나 대화를 시작하면 챗봇이 즉시 응답할 것이다. 음성으로 대화하려면 헤드셋 버튼을 누르고 말을 하면 된다. 챗GPT 4o는 정말 빠른 속도로 질문에 대한 답을 하며 친근한 리액션까지 자연스럽게 표현한다. 음성으로 나눈 대화는 텍스트로 저장되며 필요한 대화만 저장해서 사용할 수 있다.

[그림6] 음성 대화 시 원하는 목소리 선택 가능

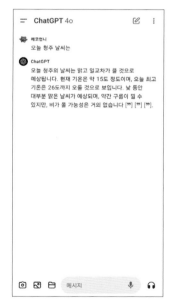

[그림7] 음성 대화 내용은 텍스트로 저장

4. 챗GPT 4o 활용하기

1) 정보 검색

궁금한 사항을 빠르게 검색해 필요한 정보를 즉시 얻을 수 있다. 예를 들어, '오늘의 날씨는?' 혹은 '근처에 좋은 식당 추천해 줘'와 같은 질문을 하면 챗GPT 4o가 즉시 답변을 제공한다.

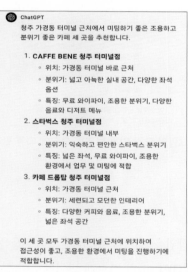

[그림8] 거래처 대표님과 미팅할 카페 추천에 대한 답변

2) 일정 관리

일정을 확인하고 관리하는 데 도움을 준다. 그 주의 일정을 텍스트 또는 음성으로 입력하거나 일정표 사진(스크린샷)을 업로드하면 그 내용을 확인하고 적절히 브리핑해 준다. '오늘 일정 알려줘' 또는 '다음 주에 중요한 회의가 있어?'와 같은 질문을 통해 일정 정보를 쉽게 확인할 수 있다.

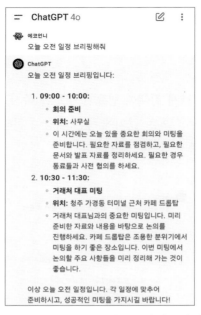

[그림9] 오전 일정 브리핑 요청에 따른 답변

3) 통번역 도우미

간단한 통·번역 작업을 수행할 수 있다. '이 문장을 영어로 번역해 줘'"
같은 요청을 하면 챗GPT 4o가 빠르게 번역해주며 실시간 대화도 바로 통
역해 준다. 필자가 가장 많이 사용하는 작업 중 하나이다. 영어 논문을 읽
거나 외국 자료를 봐야 할 때 간단하게 사진만 찍어서 업로드해도 바로 번
역을 해준다.

특히 챗GPT 4o는 실시간으로 통역해 주는 속도가 굉장히 빠르다. 챗
GPT 4o의 도움을 받는다면 언어를 전혀 알지 못해도 외국인과 자연스럽

게 대화를 나눌 수 있다. 그뿐만 아니라 그 대화의 흐름 또한 굉장히 매끄러우니 반드시 사용해 보길 바란다.

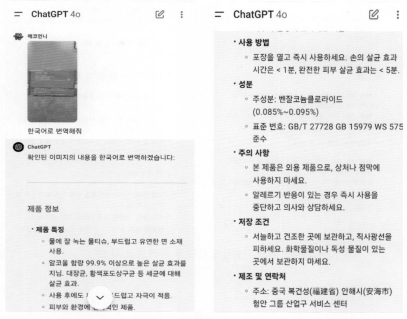

[그림10] 중국어로 된 제품의 사진을 업로드 시 번역해 준 화면

4) 문서 작성 지원

문서 작성 시 유용한 정보를 제공하고 문법 및 스타일 검사를 통해 문서의 품질을 높인다. 예를 들어, '이 문장의 문법을 체크해 줘' 또는 '이 문서의 요약을 작성해 줘'와 같은 요청이 가능하다.

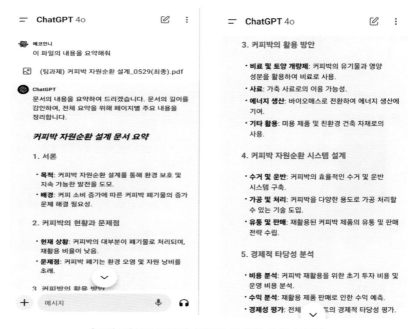

[그림11] PDF 파일을 업로드 후 요약 요청 시 화면

5) 회의 준비와 회의록 작성

　회의 준비를 도와준다. '다음 회의 아젠다를 작성해 줘' 또는 '회의에서 다룰 주요 주제를 알려줘'와 같은 요청으로 효율적인 회의 준비가 가능하다. 또한 회의 내용을 요약하고 회의록을 작성하는 데 도움을 준다. '이번 회의 내용을 요약해 줘'와 같은 요청으로 시간을 절약할 수 있다. [그림11]에서처럼 회의 문서나 스크립트를 업로드한 후 원하는 요청 사항을 입력하면 된다.

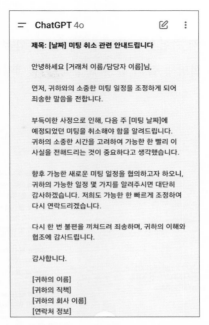

[그림12] 미팅 취소 이메일 초안 요청 시 화면

6) 이메일 작성

중요한 이메일을 작성할 때, 적절한 문구와 내용을 제안해 준다. '고객에게 보낼 이메일 초안을 작성해 줘'와 같은 요청이 유용하다. 간단한 이메일 작성도 직접 하려고 하면 적절한 문구가 떠오르지 않아 시간이 오래 걸릴 때가 많다. 하지만 챗GPT 4o를 사용하면 빠르고 간편하면서도 정중한 글을 작성할 수 있다.

7) 데이터 분석

 간단한 데이터 분석 작업을 도와준다. '이 데이터의 주요 통계를 알려줘' 또는 '이 그래프를 설명해 줘'와 같은 요청을 통해 데이터 이해를 도울 수 있다.

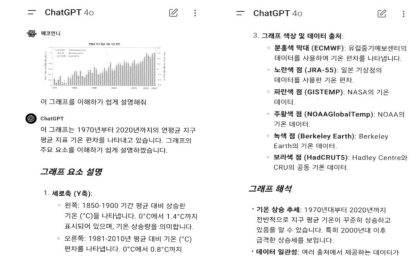

[그림13] 그래프 설명 요청 시 화면

MS 코파일럿은 마이크로소프트사(이하 MS)에서 개발한 인공지능 기반 도구로 사용자의 생산성을 극대화하고 효율적인 작업 수행을 돕기 위해 설계됐다. 이 도구는 특히 문서 작성, 코드 작성, 데이터 분석 등 다양한 작업에서 큰 도움을 주며 스마트폰을 포함한 다양한 기기에서 사용할 수 있다.

MS는 2023년 12월 26일 안드로이드용 앱을 출시하고 며칠 후인 12월 30일 애플 앱스토어를 통해 코파일럿을 이용할 수 있는 앱을 발표했다. MS의 생성 AI 챗봇은 2023년 초 '빙챗'으로 처음 출시된 후 2023년 11월 코파일럿으로 명칭을 바꿨다.

코파일럿은 오픈AI의 최신 대규모 언어모델(LLM)인 챗GPT-4와 이미지 생성 AI '달리 3'를 기반으로 운영된다. 이 때문에 챗GPT 앱과 비슷한 기능을 갖추고 있다. 이용자들은 코파일럿을 통해 코드 생성은 물론 이메일 초안 작성, 이미지 생성, 동영상 요약, 노래 생성 등도 할 수 있다.

코파일럿의 장점은 GPT-4를 기반으로 구동되면서 무료로 이용할 수 있다는 것이다. 챗GPT의 경우 챗GPT-3.5를 기반으로 한 버전은 무료이나, GPT-4를 활용하는 챗GPT 플러스는 월 구독료 20달러를 내야 한다. 현재 무료로 사용할 수 있는 MS 코파일럿은 여러분의 업무와 일상 생활을 더 스마트하고 편리하게 만들어 줄 것이다.

6. MS 코파일럿 설치 및 초기 설정 방법

1) 앱 스토어에서 다운로드

(1) iOS 사용자

애플 앱 스토어에 접속해 "MS 코파일럿"을 검색한 후, 앱을 다운로드한다.

(2) 안드로이드 사용자

구글 플레이 스토어에 접속해 "MS 코파일럿"을 검색한 후, 앱을 다운로드 한다.

2) 앱 설치 및 실행

다운로드가 완료되면 앱을 설치하고 실행한다. 처음 실행할 때 사용자는 몇 가지 권한을 허용해야 할 수도 있다.

3) 계정 생성 및 로그인

새로운 사용자는 마이크로소프트 계정을 생성해야 한다. 이메일 주소와 비밀번호를 입력해 계정을 만들고 기존 마이크로소프트 계정을 갖고 있는 사용자는 로그인한다.

4) 초기 설정

로그인 후 앱은 사용자에게 몇 가지 기본 설정을 안내한다. 이 설정 과정에서는 사용자 이름, 선호하는 언어, 알림 설정 등을 선택할 수 있다.

5) 튜토리얼 확인

처음 사용하는 경우 MS 코파일럿은 기본적인 사용 방법을 설명하는 짧은 튜토리얼을 제공한다. 이 튜토리얼을 통해 주요 기능과 사용법을 익힐 수 있다.

6) 사용 시작

모든 설정이 완료되면 이제 MS 코파일럿을 자유롭게 사용할 수 있다. 문서를 작성하거나, 코드를 작성하고 디버깅하거나, 데이터 분석을 시작할 수 있다.

MS 코파일럿은 설치와 설정이 간편해 누구나 쉽게 사용할 수 있다. 이제 여러분도 스마트폰에서 MS 코파일럿을 활용해 더 스마트하고 효율적인 생활을 즐겨보자.

[그림14] MS코파일럿 설치된 모습

[그림15] MS 코파일럿 모바일 버전 음성 녹음 버튼

1) 문서 작성 및 편집, 요약

문서를 작성하는 동안 실시간으로 문법과 스타일을 검사하고, 오류를 수정해 준다. 예를 들어, '이 문서의 문법 오류를 찾아줘'라고 하면 MS 코파일럿이 문서를 분석해 수정 제안을 한다. 또한 긴 문서를 간결하게 요약해 준다. '이 보고서를 요약해 줘'라고 요청하면 주요 내용을 추려서 짧게 정리해 준다.

 나

이 문서에서 오타를 찾아주고 더 깔끔하게 요약해줘

● Copilot

✓ 이미지 분석: 개인 정보를 보호하기 위해 얼굴이 흐리게 표시될 수 있습니다.

문서의 이미지를 확인했습니다. 오타를 찾고 내용을 요약하는 데 도움을 드리겠습니다. 이미지가 조금 흐릿해서 정확한 오타를 확인하기 어렵지만, 제공된 텍스트를 바탕으로 몇 가지 수정 사항을 제안할 수 있습니다.

- "Business Diversification and Firm's Excess Value Focused on the Role of Cartionate Goryprince" → "Business Diversification and Firm's Excess Value: Focused on the Role of Corporate Governance"

- "변해정, 라치레, 한국산업경제학회, 2012" → "변해정, 라치레, 한국 산업경제학회, 2012"

- "정보 소통에 의해 영향을 받을 것으로 기대학고" → "정보 소통에 의해 영향을 받을 것으로 기대하고"

- "사업부문을 2개 이상 엄뭐하는" → "사업 부문을 2개 이상 운영하는"

요약: 이 문서는 기업의 다각화 전략과 그것이 기업의 사회적 책임 활동 및 재무 보고의 질에 미치는 영향에 대해 다루고 있습니다. 연구는 다각화된 기업이 사회적 책임을 더 적극적으로 수행하고, 이를 통해 재무 보고의 투명성과 질을 향상시킬 수 있다는 것을 발견했습니다. 또한, 기업 지배구조와 회계 투명성이 이러한 관계에 어떤 영향을 미치는지를 조사했습니다. 결과적으로, 다각화 전략이 잘 실행될 때, 기업의 초과 가치에 긍정적인 영향을 미칠 수 있음을 시사합니다.

이 요약이 도움이 되었기를 바랍니다. 추가적인 도움이 필요하시면 언제든지 알려주세요.

무엇이든 물어보세요

[그림16] 문서 이미지 업로드 후 오타와 요약 요청 시 화면

2) 웹 검색 및 정보 수집

코파일럿은 [그림17]에서처럼 필요한 정보를 신속하게 검색하고 관련 자료를 수집해 업무에 활용할 수 있다.

[그림17] 정보를 웹 검색 후 작성 요청 시 화면

3) 이미지 생성

코파일럿은 사용자가 원하는 이미지를 만들어 낼 수 있는 창의적인 기능을 갖추고 있다. 예를 들어, 사용자가 특정 캐릭터나 풍경에 대한 설명을 제공하면 그에 맞는 이미지를 생성해 낼 수 있다. 이 기능은 다양한 스타일과 테마로 이미지를 만들어 내는 데 사용될 수 있다. [그림18]에서 필자가 근무 중인 곳의 포스터 초안을 요청해 보았다.

[그림18] 포스터 초안 요청 시 화면

4) 특화된 코파일럿 기능 사용하기 'Designer'

디자이너 기능은 사용자가 다양한 창작 작업을 수행할 수 있도록 도와
준다. 캐릭터의 외형, 특징, 의상 등을 설명하면 이를 기반으로 스티커나
일러스트 등 캐릭터 디자인을 해주기도 하고, 로고의 주제, 색상, 스타일
등을 언급하면 코파일럿이 로고를 디자인해 준다.

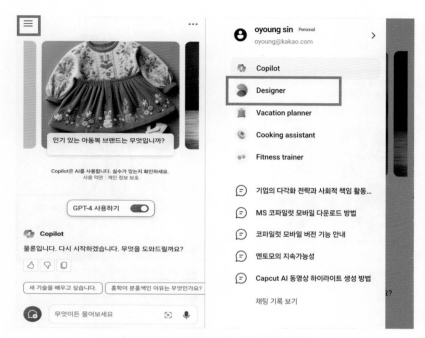

[그림19] Designer 기능 활용하는 방법

　코파일럿 홈 화면에서 왼쪽 상단 세줄 버튼을 터치하면 여러 가지 기능들이 나타난다. 그중에서 'Designer'를 터치하고 원하는 디자인을 요청한다.

[그림20] Designer 기능에서 캐릭터 생성 요청 시 화면

Designer에 현재 근무하고 있는 연구실 캐릭터를 요청했더니 잠시 후 4개의 캐릭터를 생성해 주었다. 그림마다 상단 오른쪽에 +버튼을 누르면 크라우드에 저장돼 기록이 나타난다, 마음에 드는 그림을 터치하면 크게 보여주며, 오른쪽 아래에 점 세 개 버튼을 터치하면 내 핸드폰에 저장된다.

5) 특화된 코파일럿 기능 사용하기 'Vacation planner'

'Vacation planner' 기능은 여행 계획을 짜기 위한 특화된 코파일럿 기능으로 여행 일정을 간편하게 계획하고 수정할 수 있다. 여행 계획에 대한 답변이 너무 길면 마크다운 형식으로 정리해달라고 요청하면 보기 좋게 정리해 준다.

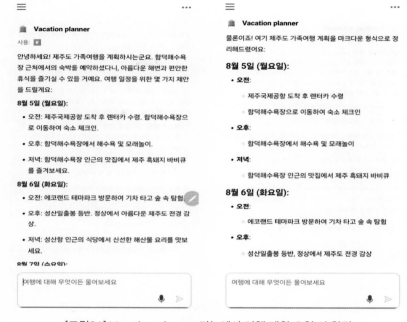

[그림21] Vacation planner 기능에서 여행 계획 요청 시 화면

6) 특화된 코파일럿 기능 사용하기 'Cooking assistant'

Cooking assistant는 요리 레시피에 특화된 기능으로 빠른 속도록 레시피를 알려준다. 스스로를 요리 조수라 표현하며 만드는 방법을 쉽게 설명해 준다. 필자는 퇴근하고 마트에서 장을 본 후 이 기능을 활용하는데 '오늘은 뭐 해 먹지?'라는 고민을 줄여준 스마트한 요리 조수라 할 수 있겠다.

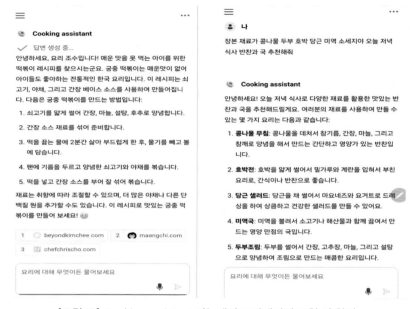

[그림22] Cooking assistant 기능에서 요리레시피 요청 시 화면

7) 특화된 코파일럿 기능 사용하기 'Fitness trainer'

　'Fitness trainer' 기능은 피트니스 트레이너로 건강과 운동 목표를 달성하는 데 도움을 주고 있다. 운동 계획을 세우고 올바른 운동 방법을 알려주며 건강한 생활을 유지할 수 있도록 동기부여와 정보를 제공한다. 운동과 건강에 관한 질문을 요청하면 언제든지 도와주며 Cooking assistant를 함께 사용하면 운동과 식단관리를 동시에 할 수 있어서 매우 유익하다.

　예를 들어, 체중 감량을 목표로 한다면 Fitness trainer는 칼로리 소모가 높은 운동을 추천해 주고, Cooking assistant는 칼로리가 낮고 영양가 있는 식단을 제안해 준다. 이렇게 두 기능을 함께 사용하면 건강한 생활 습관을 형성하는 데 도움을 받을 수 있다.

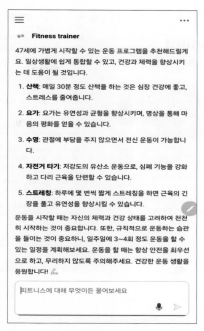

[그림23] Fitness trainer 기능에서 운동프로그램 요청 시 화면

8) 플러그인 기능 'Suno' AI를 활용해 음악 만들기

[그림24]는 코파일럿 녹음 기능을 터치하고 '분리배출을 주제로 짧고 쉬운 교육용 노래를 만들어 줘'라고 요청한 화면이다. 코파일럿에서는 이렇게 노래 가사뿐만 아니라 'Suno' AI를 활용해 노래와 음악을 만들 수 있다. Suno AI는 텍스트를 입력하면 음악을 자동으로 작곡해 주는 혁신적인 기술로 비전문가도 쉽게 음악을 생성할 수 있게 해주며 창의성을 높여 준다. 코파일럿 모바일에서 Suno AI를 사용하는 방법은 오른쪽 상단의 플러그인에서 Suno를 활성해 준 후 코파일럿 창에서 원하는 노래 스타일을 설명만 해주면 된다.

[그림24] 분리배출 교육용 노래 작사 화면

　　잠시 후 코파일럿은 맞춤형 음악을 작곡해 주는데 생성된 노래를 듣고 다운로드하거나 공유할 수 있다. 하지만 아직까지 무료 버전에서의 음악 생성은 자주 문제가 발생한다. 이런 경우 음악 생성 서비스의 Suno AI 웹 사이트를 방문해 추가 정보를 얻거나 필요한 경우 서비스를 재시도해 볼 수 있다.

　　필자는 코파일럿 프로 버전에서 음악을 생성해 보았다. 프로 버전은 현재 1개월 무료 체험을 지원하고 있으며 무료 체험 기간이 끝나는 시점에 월 2만 9,000원의 정기결제가 시작된다. 정기 결제는 Google Play의 정기 결제 페이지에서 언제든지 취소할 수 있다.

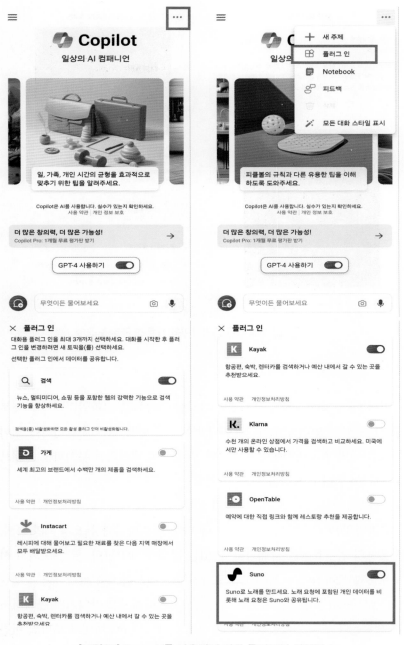

[그림25] Suno AI를 사용하기 위한 플러그인 설정법

[그림26] 코파일럿 플러그인을 사용해 만든 노래

이 밖에도 챗GPT에서 사용했던 다양한 기능들을 코파일럿에서도 대부분 사용할 수 있다. 인스타그램이나 블로그용 글을 작성해 달라거나 영어 자료를 번역하고 요약해달라고도 할 수 있으며 데이터를 분석하고 그래프를 만들어 달라고 요청할 수도 있다.

코파일럿은 사용자의 요청에 따라 다양한 스타일과 톤으로 대화하며, 사용자의 업무효율을 극대화할 수 있는 방법을 제안한다. 필자는 회의 시 노트북과 모바일에서 챗GPT와 코파일럿을 실시간으로 실행하며 진행한다. 생성형 AI를 활용하면 업무가 한층 더 편리해지고 창의적인 아이디어가 샘솟는다. 코파일럿을 아직 경험하지 못했다면 PC 버전과 모바일 버전 모두 사용해 보길 바란다. 코파일럿은 단순한 정보 검색을 넘어서, 창의적인 작업부터 데이터 분석까지 다양한 업무를 지원하는 내 손안의 인공지능 비서이다.

8. 카카오톡 AskUp 완벽 가이드: AI 챗봇 활용법과 사례

1) AskUp(아숙업)이란?

'AskUp(아숙업)'이란 업스테이지에서 개발한 AI 챗봇으로 카카오톡을 통해 사용할 수 있는 서비스이다. 이 챗봇은 OpenAI의 챗GPT-3.5와 챗GPT-4 모델을 기반으로 하며, 업스테이지의 고유 기술을 통해 OCR(광학 문자 인식) 기능을 결합해 텍스트를 인식하고 답변을 제공한다. AskUp은 자연스러운 한국어 대화를 제공하며, 사용자 요청에 따라 이미지를 생성하거나 편집하는 기능을 제공해 창의적인 콘텐츠 제작에 도움을 준다.

또한 웹 페이지 URL을 요약해 주는 기능과 최신 정보를 제공하는 GPT-4 모델을 통해 사용자에게 정확하고 신속한 정보를 제공한다. 카카오톡을 통해 간편하게 사용할 수 있는 인터페이스를 제공하며, 다양한 질문에 빠르게 답변할 수 있어 업무 효율을 높이는데 많은 도움을 받을 수 있다.

2) 사용 방법 '친구 추가'

카카오톡 아숙업을 사용하려면 [그림27]에서처럼 카카오톡 상단 돋보기에 'AskUp'또는 '아숙업'을 검색해 친구로 추가한다. 친구 추가 후 채팅창을 열어 질문을 입력하면 된다.

[그림27] AskUp(아숙업) 친구 추가하는 방법

3) 튜토리얼 1단계 '무엇이든 물어보세요'

처음 AskUp(아숙업)을 열면 튜토리얼을 단계별로 차근차근 테스트해 볼 수 있다. 튜토리얼 1단계는 여러 가지 '질문에 대답'할 수 있는 기능이다. 필자는 '아숙업이 뭐야?'라고 질문했고 [그림28]에서처럼 답변을 주었다.

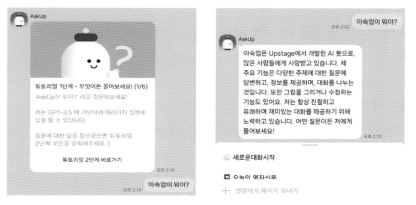

[그림28] AskUp(아숙업) 튜토리얼 1단계

4) 튜토리얼 2단계 '물음표 검색'

튜토리얼 2단계는 '물음표 검색'이다. 2021년 이후의 최신 정보를 알고 싶다면 질문 앞에 '?'물음표를 붙이면 된다. 하지만 여러 번 맛집에 대한 질문을 반복해 본 결과 정보의 신빙성은 떨어진다고 할 수 있겠다. AI가 제공하는 내용을 무조건 신뢰하지 말고 반드시 재검증해 보는 시간을 갖길 바란다.

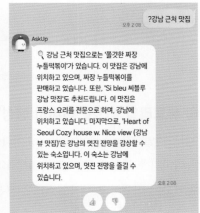

[그림29] AskUp(아숙업) 튜토리얼 2단계

5) 튜토리얼 3단계 'URL 요약'

튜토리얼 3단계는 '링크 요약' 기능이다. URL 주소를 복사해서 붙여 넣으면 해당 페이지의 내용을 자동으로 요약해 준다. 바쁜 업무 속에서 참고해야 할 뉴스와 자료가 많은 분은 이 기능을 활용하는 것도 좋겠다.

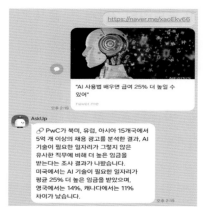

[그림30] AskUp(아숙업) 튜토리얼 3단계

6) 튜토리얼 4단계 '이미지 생성'

튜토리얼 4단계는 '이미지 생성'이다. '무엇무엇 그려줘'라고 요청하면 다양한 이미지를 생성해 주는데 챗GPT 4와 코파일럿에서 제공하는 이미지에 비해 인물이 어색하고 부자연스러운 부분이 있다. 하지만 엉뚱한 그림 요청에도 재미있고 창의적인 이미지를 빠르게 제공해 줘서 자주 사용하는 기능이다.

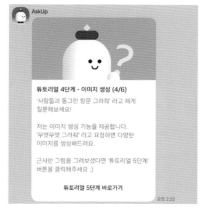

[그림31] AskUp(아숙업) 튜토리얼 4단계

7) 튜토리얼 5단계 '얼굴 변경'

튜토리얼 5단계는 '얼굴 변경' 기능이다. 셀카를 바로 찍어서 올리거나 기존의 저장 된 사진을 불러오면 사진 아래에 '안녕하세요? 얼굴을 인식했습니다. 얼굴을 바꿔보고 싶으신가요?'라는 멘트와 함께 작은 아이콘들이 나타난다.

필자는 찍어둔 사진 중 하나를 불러와 '여 젊게 그려줘'와 '남 젊게 그려줘'를 선택해 보았는데 변경된 사진을 보고 한참을 웃었다. 인공지능 수업에서 아숙업 활용법을 진행할 때마다 얼굴 변경 기능은 가장 많이 호불호가 갈린다. 가벼운 이미지 보정을 기대했다가 국적마저 달라 보이는 이미지를 마주하곤 다들 웃고 만다. 아직까지 많은 개선이 필요한 기능이다.

[그림32] AskUp(아숙업) 튜토리얼 5단계 1

[그림33] AskUp(아숙업) 튜토리얼 5단계 2

8) 튜토리얼 6단계 'OCR'

튜토리얼 6단계는 'OCR' 기능이다. OCR 기능은 이미지에 담겨 있는 글자를 인식해서 요약하거나, 번역을 해주는 기능이다. [그림34]에서 책의 한 페이지를 찍어서 올렸더니 이미지에서 글자 550자를 인식했다. 인식한 글 아래에 '이미지 내용 요약해 줘'를 누르면 줄거리를 간단하게 요약해 준다. 이미지가 외국어일 경우 '이미지 내용 번역해 줘'를 누르면 한국어로 번역을 해주니 적극 활용하기 바란다.

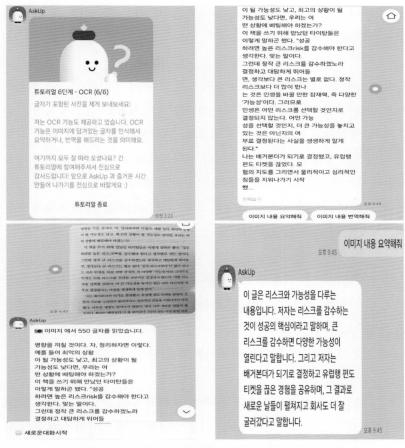

[그림34] AskUp(아숙업) 튜토리얼 6단계

Epilogue

이 장을 통해 챗GPT 4o와 MS 코파일럿, AskUp을 스마트폰에서 활용하는 다양한 방법을 소개했다. 이 도구들은 각각 고유의 강력한 기능을 갖고 있으며, 이를 적절히 활용하면 일상생활과 업무에서 큰 도움을 받을 수 있다. 우리는 이제 AI의 힘을 통해 더욱 스마트하고 효율적인 삶을 살 수 있는 시대에 살고 있다.

　AI 도구들은 단순히 정보를 제공하는 것을 넘어 우리의 일상을 혁신적으로 변화시키고 있다. 챗GPT 4o는 실시간으로 궁금한 질문에 답변을 제공하고, 복잡한 문제도 신속하게 해결해 준다. MS 코파일럿은 문서 작성과 데이터 분석을 통해 업무 효율성을 극대화하며, AskUp은 OCR 기술을 활용해 이미지 속 텍스트를 정확히 인식하고 분석해 필요한 정보를 제공한다. 이처럼 다양한 AI 도구들이 우리의 일상과 업무를 더 편리하고 효율적으로 만들어 주고 있다.

　항상 새로운 것을 배우고 도전하는 자세를 갖자. 기술은 계속해서 발전하고 있으며 여러분도 그 변화를 따라가야 한다. 이 책을 통해 배운 내용을 바탕으로 더 나은 미래를 만들어 가길 바란다. 변화의 물결에 올라타고 AI 기술을 적극적으로 활용해 자신의 역량을 한층 더 발전시키길 바란다.

　AI는 복잡하고 어려운 기술이 아니다. 오히려 우리의 삶을 더 편리하고 효율적으로 만들어 주는 도구이다. 이제 생성형 AI를 일상과 업무에서 사용하지 않으면 안 되는 시대가 됐다. 챗GPT 4o와 MS 코파일럿, AskUp과 같은 도구들은 우리의 삶을 더 스마트하게 만들어 주고, 더 많은 여유를 제공한다. 이 도구들을 활용해 여러분의 능력을 한층 더 향상시키길 바란다.

　생성형 AI의 무한한 발전 가능성은 우리에게 꿈과 희망을 심어준다. AI는 단순한 기술이 아니라, 우리의 삶을 근본적으로 변화시킬 수 있는 강력한 도구이다. 이 책이 여러분의 AI 도구 사용에 큰 도움이 되기를 바라며 앞으로도 스마트한 생활을 즐기길 기원한다.

인공지능 PPT 3분 만에 만들기 '감마 앱'

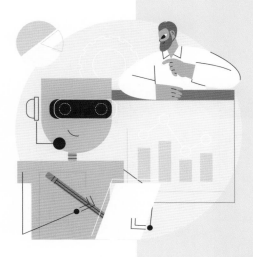

이 도 혜

제8장
인공지능 PPT 3분 만에
만들기 '감마 앱'

Prologue

프레젠테이션은 현대 사회에서 아이디어를 전달하고 설득력을 높이는 중요한 도구이다. 그러나 훌륭한 프레젠테이션을 만들기 위해서는 많은 시간과 노력이 필요하다. 우리는 모두 '빈 페이지' 앞에서 막막함을 느껴본 적이 있을 것입니다. 이러한 문제를 해결하기 위해 등장한 것이 바로 '감마 앱(Gamma App)'이다.

감마 앱은 인공지능(AI)을 활용해 사용자가 빠르고 효율적으로 고품질의 프레젠테이션을 만들 수 있도록 돕는 혁신적인 소프트웨어이다. 몇 번의 클릭과 간단한 프롬프트 입력만으로도 아름답고 일관된 프레젠테이션을 생성할 수 있게 해준다. 이미지 생성 AI와 텍스트 생성 AI의 발전을 바탕으로, 감마 앱은 사용자의 부담을 덜어주고 창의적인 작업에 집중할 수 있도록 설계됐다.

이번 챕터는 감마 앱을 활용해 단 3분 만에 인상적인 프레젠테이션을 만드는 방법을 안내한다. 감마 앱의 주요 기능과 사용법을 통해 여러분은 프레젠테이션 제작의 어려움을 극복하고 보다 효율적으로 아이디어를 표현할 수 있을 것이다. 이제 감마 앱과 함께 스마트하고 창의적인 프레젠테이션 세계로 들어가 보자.

1. 감마 앱 소개

1) 감마 앱이란?

'감마 앱(Gamma App)'은 인공지능(AI)을 활용해 프레젠테이션, 문서, 웹페이지를 생성할 수 있는 AI 소프트웨어이다. AI와 시각적 콘텐츠 제작을 혁신적으로 간소화한 도구이다. 이 앱은 사용자가 빠르고 효율적으로 고품질의 프레젠테이션을 생성할 수 있도록 돕는 것을 목표로 개발됐다.

간단한 프롬프트만으로 데크와 문서를 만들 수 있지만, 파일을 업로드하거나 콘텐츠를 붙여 넣어 프레젠테이션에 대한 배경 정보를 AI에 제공할 수도 있다. 감마 앱은 AI를 통해 슬라이드의 디자인, 콘텐츠 생성, 레이아웃 배치 등 다양한 작업을 자동화해 사용자의 부담을 줄이고 창의적인 작업에 집중할 수 있게 한다.

[그림1] 프레젠테이션, 문서, 웹페이지를 생성할 수 있는 감마 앱

2) 개발 배경

(1) AI의 진보

감마 앱의 개발은 인공지능 기술의 빠른 발전과 함께 시작됐다. 특히 이미지 생성 AI의 급속한 발전과 OpenAI의 GPT-3.5 등 텍스트 생성 AI의 성능 향상이 중요한 계기가 됐다. 감마 앱의 공동 창립자인 Jon Noronha는 "어떻게 하면 사람들이 시간 소모적이고 어려운 작업을 자신 있게 수행할 수 있을까?"라는 질문에서 출발해 AI를 활용한 프레젠테이션 도구의 필요성을 느꼈다.

[그림2] 감마 앱의 공동 창립자인 Jon Noronha

(2) 빈 페이지 문제 해결

많은 사람이 슬라이드 데크를 만들 때 초기 단계에서 겪는 '빈 페이지' 문제를 해결하는 것이 주요 목표였다. 감마 앱은 AI를 통해 초기 구조를 빠르게 제안하고 이를 기반으로 사용자가 손쉽게 편집할 수 있도록 한다. 이를 통해 사용자는 프레젠테이션 제작의 큰 장벽을 넘을 수 있다.

(3) 기존 도구의 한계

기존의 파워포인트(PowerPoint)나 구글 슬라이드(Google Slides)와 같은 프레젠테이션 도구들은 사용자가 직접 디자인과 레이아웃을 조정해야 하는 번거로움이 있었다. 감마 앱은 이러한 불편함을 최소화하고 자동으로 아름답고 일관된 슬라이드를 생성함으로써 사용자 경험을 향상시키고자 했다.

2. 감마 앱의 주요 기능

감마 앱(Gamma App)은 인공지능(AI)을 활용해 프레젠테이션 제작을 혁신적으로 간소화한 도구로, 다양한 기능을 통해 사용자의 작업 효율을 극대화하고 있다. 다음은 감마 앱의 주요 기능과 관련한 내용이다.

1) 템플릿 선택 및 자동 배치

감마 앱은 사용자가 쉽고 빠르게 프레젠테이션을 시작할 수 있도록 다양한 템플릿을 제공한다. 이 템플릿들은 전문 디자이너가 만든 것으로, 프레젠테이션의 목적과 스타일에 맞게 선택할 수 있다. 사용자가 템플릿을 선택하면, AI가 자동으로 슬라이드의 레이아웃을 배치해 일관된 디자인을 유지한다.

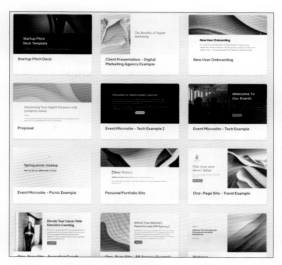

[그림3] 감마 앱의 다양한 템플릿

2) 이미지 및 아이콘 검색 기능

프레젠테이션의 시각적 요소는 청중의 관심을 끌고 메시지를 효과적으로 전달하는 데 중요한 역할을 한다. 감마 앱은 AI를 이용해 관련 이미지를 자동으로 검색하고 삽입하는 기능을 제공한다. 사용자는 키워드만 입력하면 AI가 적절한 이미지를 추천해 삽입할 수 있다. 이로 인해 사용자는 별도로 이미지를 검색하고 편집하는 시간을 절약할 수 있다.

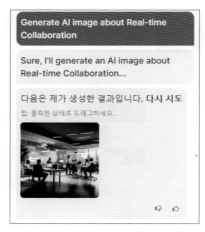

[그림4] 감마 앱 AI 이미지 생성 예시

3) 자동 텍스트 생성

감마 앱의 또 다른 핵심 기능은 자동 텍스트 생성이다. 사용자가 간단한 키워드나 문장을 입력하면 AI가 이를 바탕으로 전체 슬라이드를 작성한다. 이 기능은 특히 프레젠테이션을 처음부터 끝까지 작성하는 데 드는 시간을 대폭 단축시킨다. AI는 사용자의 입력을 바탕으로 일관된 흐름과 논리적인 구조를 가진 텍스트를 생성한다.

[그림5] 감마 앱 자동 텍스트 생성예시. 간단한 키워드만 입력

[그림6] 감마 앱 자동 텍스트 생성예시. 주제 입력 시 생성된 개요

3. 감마 앱을 통한 PPT 제작 과정

1) 감마 앱 계정 생성 및 로그인

감마 앱(Gamma App)은 사용자가 프레젠테이션을 손쉽게 만들 수 있도록 돕는 인공지능 기반 도구로 계정 생성 및 로그인 과정이 매우 간단하다.

(1) 계정 생성

계정 생성하는 방법은 크게 두 가지가 있다. 최초 가입 시 400 크레딧을 제공받는데 저자가 공유하는 링크를 통해 가입하면 감마 앱 웹사이트를 방문해서 가입할 때보다 200 크레딧을 추가 적으로 더 제공받게 된다. 두 가지 방법을 함께 소개한다.

첫 번째, 저자 공유 링크로 접속하는 방법을 소개한다. 모바일로 아래 큐알코드를 접속한다. 방법은 카메라 앱을 열고 가까이 위치시키면 링크가 나타난다. 그 링크를 손으로 터치하면 구글 크롬 브라우저로 이동해서 구글 계정으로 가입할 수 있다. 그런데 때때로 모바일에서 네이버 기반 연동이 되는 경우는 오류가 생기기도 한다. 그럴 때에는 구글 크롬브라우저로 이동 후 https://bit.ly/gamma200get 이 링크를 입력 후 구글 계정으로 가입하면 된다.

[그림7] 감마 앱 가입 방법1

두 번째, 구글 크롬브라우저로 이동한다. 검색 창에 감마 앱을 입력한다.

[그림8] 감마 앱 가입 방법2

보이는 감마 앱(Gamma.app)을 클릭하면 다음과 같은 홈페이지가 보인다.

[그림9] 감마 앱 홈페이지

무료로 가입하기 'Sign up for free'를 선택한다. 가입경로는 이렇게 두가지 방법이다. 지금부터는 동일하게 적용된다. 구글 계정으로 계속하기를 클릭한다. 로그인한 구글 계정을 선택 후 계속을 누르면 '작업공간 만들기' 창이 열린다.

[그림10] 작업공간 만들기 창

팀 또는 회사명으로 혹은 개인으로 사용 가능하다. 필자는 운영 중인 한국AI콘텐츠연구소를 작업공간 이름으로 작성했다. 이렇게 작업공간을 만들 수 있다.

[그림11] 작업공간 이름 입력

다음으로 어떻게 사용할 계획인지와 관련된 질문에 답을 하면 회원가입이 끝난다.

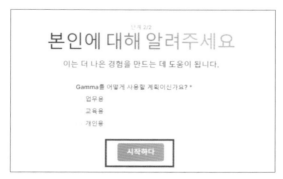

[그림12] 감마 사용 계획 선택란

회원가입이 끝나면 보이는 첫 홈 화면은 다음과 같다.

[그림13] 회원가입이 끝나면 보이는 첫 홈 화면

(2) 새 프레젠테이션 생성

위의 세 가지 옵션 중에서 가장 인기 많고 현장에서 쉽게 접근할 수 있고 반응이 좋은 '생성하기'를 선택한다. 단 몇 초 만에 한 줄 프롬프트에서 멋진 PPT가 생성되는 것을 경험해 보자. '생성' 버튼을 누르면 프레젠테이션, 웹사이트, 문서 이 세 가지 옵션이 있음을 알 수 있다.

[그림14] 생성 가능한 세 가지 옵션

무료 사용자는 10개의 슬라이드까지 생성 가능하다. 8개 카드라고 보이는 버튼을 클릭하면 10개 카드를 선택할 수 있다. 사용 가능 언어도 많다. 한국어만이 아니라 영어, 중국어 등 다른 언어로 PPT를 만들고 발표할 때에도 유용하다. 고맙게도 프롬프트 예시까지 주어져서 참고해서 주제 한 줄, 혹은 설명 한 줄을 입력하면 참고해서 멋진 PPT가 인공지능이 주제까지 알맞게 수정해서 생성한다.

[그림15] 주제 한 줄, 혹은 설명 한 줄 입력

한 줄 프롬프트를 참고해서 인공지능이 만든 개요는 [그림16]과 같다.

[그림16] 생성된 개요

이 상태에서 카드당 텍스트 양을 선택하고 이미지 출처를 AI가 만들게 설정할 것인지, 웹 이미지 검색을 사용할 것인지 선택해야 한다. 저자는 AI 이미지 생성보다는 웹 이미지 검색을 추천한다. 이렇게 모든 설정이 끝났으면 계속을 클릭한다. PPT를 한 번 생성하는데 40 크레딧이 차감된다.

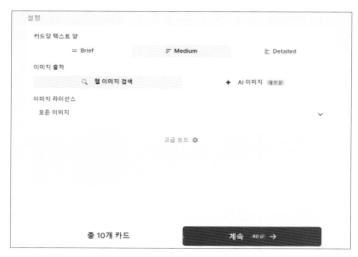

[그림17] 고급 모드 설정 후 계속

마지막 단계다. '테마'를 선택한다. 테마는 생성 이후에 무료로 테마 변경이 가능하다. 테마를 고른 후 '생성' 버튼을 누르면 기본 스텝은 끝이다.

[그림18] 테마 미리보기

이렇게 해서 생성된 PPT는 다음과 같다.

[그림19] 생성된 PPT의 커버 페이지

생성된 슬라이드 전체는 [그림20] 링크를 통해 확인할 수 있다. 또는 https://bit.ly/GammaR를 입력하면 확인할 수 있다.

[그림20] https://bit.ly/GammaR

이렇게 간단한 한 줄 프롬프트로 멋진 PPT를 정말 단 몇 초만에 생성이 가능하다. 하지만 나에게 맞는 PPT를 위해 후반 수정작업이 필요할 수 있다. 다음은 인공지능으로 만든 PPT를 수정하는 몇 가지 스텝을 소개한다.

2) 프레젠테이션 수동 편집

(1) 텍스트 줄 바꿈

첫 번째 슬라이드를 보면 '작성의 장점'에서 '작'이라는 글자가 아랫줄에 있으면 더 보기 좋다. 슬라이드 안에서 텍스트 수정이 다이렉트로 가능하다. 마우스를 '작'이라는 글자 앞에 위치시킨 후 엔터를 치면 가볍게 텍스트 수정이 가능하다.

[그림21] 텍스트 줄 바꿈 예시

(2) 글자 크기 변경

만일 '글자 크기를 변경'하고 싶다면 글자 주변에 마우스를 놓으면 점 세 개가 활성화된다. 클릭해서 원하는 크기로 변경할 수 있다.

[그림22] 텍스트 크기 변환

(3) 카피라이팅 하기

또는 인공지능의 도움을 받아 '카피라이팅'도 가능하다. 반짝이는 아이콘이 인공지능 활용 아이콘인데, 클릭하면 더 매력적인 프레임으로 제안받을 수도 있다. 짧은 요약 또는 글머리 기호 목록을 자동으로 더 길게 만드는 텍스트 펼치기 기능, 긴 텍스트를 가져와서 더 간결하게 만드는 텍스트 압축 기능도 있다.

또한 시각화 AI 기능이 있다. 주요 아이디어를 자동으로 강조 표시를 해주는 요점 시각화 기능, 텍스트와 관련된 그림을 찾아주는 이미지 제안 기능, 타임라인으로 변환해 주는 타임라인으로 시각화 기능이 있다.

그리고 서식을 다시 지정해 줘 2개의 열 레이아웃으로 변환해 주는 열로 분할 기능, 텍스트를 표로 변환해 주는 표 형식 기능, 노션에서 많이 접했던 기능인 제목을 생성하고 제목 아래의 세부 정보를 접는 토글로 요약 기능이 있다.

이미지를 바꾸고 싶다면 바꾸고 싶은 이미지를 클릭하면 다음과 같은 아이콘들이 보인다. 이 중 네 번째 아이콘은 강조 이미지 수정 아이콘이다.

[그림23] 이미지 변경 1

강조 이미지 수정 버튼을 클릭하면 오른쪽에 미디어 도구가 열리는데 웹 이미지 검색 [그림24]의 꺽쇠 표시를 선택하면 [그림25]와 같은 옵션을 볼 수 있다.

[그림24] 이미지 변경 2

[그림25] 이미지 변경 3

　이미지는 웹에서 검색해서 가져올 수도 있고 PC에서 이미지를 불러올 수도 있고 AI 이미지 생성 기능을 활용해서 사용할 수도 있다. 또한 오른쪽 도구 메뉴들을 통해 원하는 대로 커스트마이징 할 수 있다.

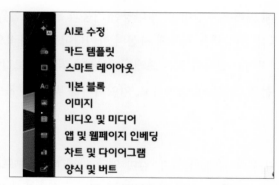

[그림26] 편집 도구들

우리는 매일 수많은 정보를 처리하고 전달해야 하는 시대에 살고 있다. 이 과정에서 프레젠테이션은 강력한 도구로 자리 잡았다. 그러나 훌륭한 프레젠테이션을 만들기 위해서는 많은 시간과 노력이 필요하다. 이러한 과정을 단순화하고 혁신적으로 변화시키기 위해 등장한 것이 바로 감마 앱이다.

감마 앱을 통해 우리는 인공지능의 힘을 활용해 단 몇 분 만에 전문적인 프레젠테이션을 만들 수 있다. 자동 템플릿 배치, 이미지 및 아이콘 검색, 자동 텍스트 생성 등의 기능은 사용자가 더 창의적인 작업에 집중할 수 있도록 돕는다. 이는 단순히 시간을 절약하는 것을 넘어, 프레젠테이션의 질을 향상시키고 메시지 전달력을 극대화하는 데 큰 도움이 된다.

이 책을 통해 여러분은 감마 앱의 다양한 기능과 활용 방법을 익혔을 것이다. 이제 직접 감마 앱을 사용해 자신의 아이디어를 효과적으로 전달하고, 보다 창의적이고 설득력 있는 프레젠테이션을 제작해 보길 바란다. 감마 앱은 여러분의 작업을 단순화하고, 아이디어를 빛나게 하는 도구가 될 것이다.

미래는 이미 우리 곁에 와 있다. 감마 앱과 함께 더 나은 프레젠테이션을 만들어 나가길 바란다. 이제 여러분의 차례이다. 창의력을 발휘하고 인공지능의 힘을 활용해 멋진 프레젠테이션을 완성해 보길 바란다. 여러분의 성공을 기원한다.

업무 생산성 향상을 위한
챗GPT 챗봇 GPTs 제작하기

최 금 선

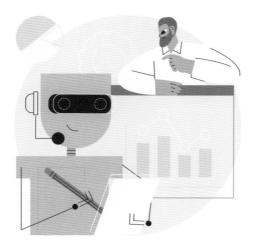

제9장
업무 생산성 향상을 위한
챗GPT 챗봇 GPTs 제작하기

Prologue

최근 몇 년간 인공지능(AI)의 발전은 우리의 업무방식에 엄청난 변화를 가져왔다. 특히 OpenAI의 GPT(Generative Pre-trained Transformer) 모델들은 그 혁신의 중심에 있다. GPT-3에서 시작해 최신 모델인 GPT-4와 GPT-4o에 이르기까지, 이 기술들은 우리의 일상 업무를 보다 효율적이고 창의적으로 만들고 있다.

최근 발표된 GPT-4o는 GPT-4의 지능을 더욱 빠르고 효율적으로 제공하며 텍스트, 음성, 비전 기능을 한층 강화했다. 이 모델은 메뉴 번역부터 실시간 비디오 상호작용까지 다양한 응용 분야에서 뛰어난 성능을 발휘하고 있다.

이와 같은 발전은 GPT 모델들이 업무 생산성을 높이는 데 있어 강력한 도구가 될 수 있음을 시사한다. 예를 들어, 데이터 분석, 보고서 작성, 고객 지원, 창의적인 문제 해결에 이르기까지 GPTs 챗봇은 다양한 분야의 전문가와 일반 사용자 모두에게 활용되고 있으며, 개발자가 아니어도 쉽게 만들 수 있다.

이번 책에서는 GPTs 챗봇에 대한 이해와 생산성 향상에 도움이 되는 다양한 GPTs 기능과 활용법을 알아본다. 또한 누구나 쉽게 나만의 맞춤형 GPTs 챗봇을 만들 수 있도록 안내한다. 이 책을 통해 GPT 챗봇을 활용해 업무 효율성을 극대화할 수 있기를 바란다.

1. GPTs 챗봇 이해하기

1) GPTs 챗봇이란?

챗GPT의 맞춤형 버전으로, 사용자가 특정 작업이나 주제에 맞게 지시사항, 추가 지식, 다양한 기능과 외부 API를 조합해 목적에 맞는 GPTs를 만들 수 있다. 이를 통해 일상생활, 업무, 취미 등 다양한 분야에서 더욱 유용하게 활용할 수 있는 맞춤형 AI 챗봇을 직접 만들 수 있다.

또한 Custom GPT는 사용자가 직접 만든 맞춤형 AI 챗봇을 지칭한다. 사용자 또는 다른 GPT 개발자가 만든 GPT를 사용해 업무에 활용할 수 있다.

GPTs는 언어 학습에서 기술 지원까지 다양한 분야에서, 데이터 분석부터 메일 작성까지 다양한 업무 자동화가 가능하다. 단순한 형태부터 복잡한 형태까지 사용자의 필요에 따라 다양하게 구성할 수 있다.

GPTs는 자연어 처리를 위한 강력한 도구로 사용자의 질문에 관해 대화 형식을 통해 자연스러운 대답을 생성할 수 있다. 이는 AI가 사람과의 상호 작용을 효과적으로 수행할 수 있도록 함으로써 자연어로 대화 형식을 통해 내가 원하는 맞춤형 챗봇을 만들어 AI를 개인화된 목적에 사용할 수 있는 획기적인 방법이다.

2) GPT 스토어란?

GPT 스토어는 오픈AI가 선보인 인공지능 대형언어모델 (LLM)인 GPT 를 기반으로 개발된 여러 애플리케이션(앱)을 거래할 수 있는 플랫폼이다. 사용자들이 만든 Custom GPT를 모아둔 곳으로 사용자들은 이곳에서 다양한 GPTs를 검색하고 활용할 수 있다. 쉽게 말해 코딩 없이 챗GPT 대화 창에서 챗봇을 만들고 다른 사용자와 공유하는 AI 챗봇 장터다. 이 플랫폼은 챗GPT와 GPT를 활용해 맞춤형 챗봇을 개발할 수 있는 도구인 GPTs 를 활성화하기 위해 만들어졌다.

[그림1] GPT 스토어

스토어에 등록된 GPTs는 추천 선정 영역(Featured)에 오를 수 있으며, OpenAI는 생산성, 교육, 엔터테인먼트 등 다양한 카테고리에서 유용하고 재미있는 GPTs를 선정해 소개한다. GPTs를 통해 산책로 추천, 프레젠테이션 디자인, 논문 검색, 하이쿠 생성 등 300만 개 이상의 앱이 제작됐다.

국내에선 폴라리스오피스, 토스랩 등이 일찌감치 가이드 챗봇을 올렸고, 일부 기업은 'GPT 스토어 수혜주'로 분류돼 주가가 급등하기도 했다. AI 친화 기업이란 이미지를 노린 스타트업 역시 GPT 스토어 오픈 초기 앞다퉈 챗봇 개발에 나섰다.

GPT스토어를 이용하려면 구독료로 한 달에 약 20달러를 지불해야 했지만 최근 무료 사용자도 이용할 수 있게 됐다. 다만 나만의 GPTs 챗봇 만들기는 유료 사용자만 할 수 있다.

3) GPT 빌더란?

GPT 빌더는 사용자가 쉽게 Custom GPT를 만들 수 있도록 도와주는 도구이다. 대화형 인터페이스를 통해 GPT를 만들 수 있다.

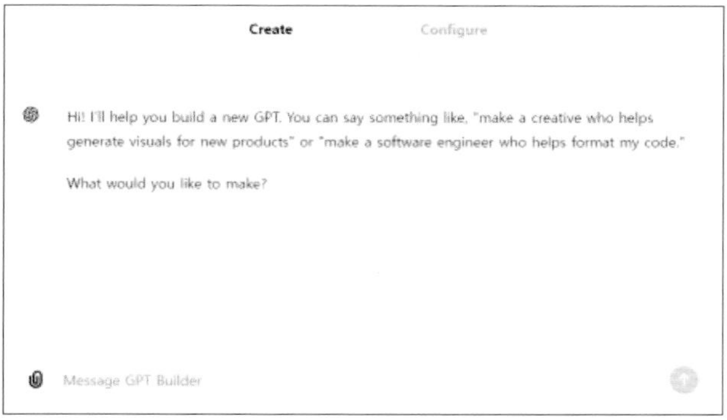

[그림2] GPT 빌더

GPT 빌더는 그 자체로 하나의 Custom GPT로 구축돼 있으며, 현재 제작 중인 GPT의 필드에 쓸 수 있는 지침과 액션을 갖고 있다. 이를 통해 초보 제작자도 원하는 기능을 GPT에 쉽게 추가할 수 있다.

고급 제작자는 Configure 설정값을 직접 편집할 수 있다.

2. 생산성 향상을 위한 GPTs 알아보기

GPT 스토어에는 수많은 개발자와 사용자들이 만들어 놓은 우리의 업무시간을 절약해 주고 효율성과 생산성 향상에 도움이 되는 다양한 GPTs 챗봇들이 있다. 그중 몇 가지를 소개한다.

1) Write for me

'Write For Me'는 다양한 콘텐츠 작성 작업을 빠르고 효율적으로 수행하는 맞춤형 챗봇으로 블로그 포스트, 기사, 리포트, 소셜미디어 콘텐츠, 제품 설명, 창작 글쓰기, 이메일, 학술 논문 초안 등 다양한 형식의 글을 작성할 수 있다. 고객의 요구와 목표에 맞춘 정확하고 창의적인 글쓰기로, 효과적인 커뮤니케이션에 도움을 받을 수 있다.

Write For Me

By puzzle.today ⊕

Write tailored, engaging content with a focus on quality, relevance and precise word count.

[그림3] Write For Me

(1) 주요 기능

① **블로그 포스트 작성** : 특정 주제에 대한 블로그 포스트 작성
② **기사 작성** : 뉴스, 인터뷰, 특집 기사 작성
③ **리포트 작성** : 비즈니스 리포트, 연구 보고서 작성
④ **SEO 콘텐츠 작성** : 키워드 최적화된 콘텐츠 작성
⑤ **소셜미디어 콘텐츠** : 페이스북, 인스타그램, 트위터 등용 콘텐츠 작성
⑥ **제품 설명 및 리뷰** : 제품 설명, 사용자 리뷰 작성
⑦ **창작 글쓰기** : 단편 소설, 시, 창작 스토리 작성
⑧ **이메일 및 편지 작성** : 비즈니스 이메일, 개인 편지 작성
⑨ **학술 논문 작성** : 논문 초안, 요약 작성

(2) 사용 예시

리포트 작성 프롬프트 : '2024년 1분기 한국 전자 상거래 시장 분석 리포트를 1,500자 정도로 작성해 주세요.'

위와 같은 프롬프트를 사용해 2024년 1분기 한국 전자 상거래 시장 분석 리포트를 작성해 달라고 했더니 아래와 같이 리포트를 잘 작성해 주었다. 도출된 결과의 일부를 캡처했다.

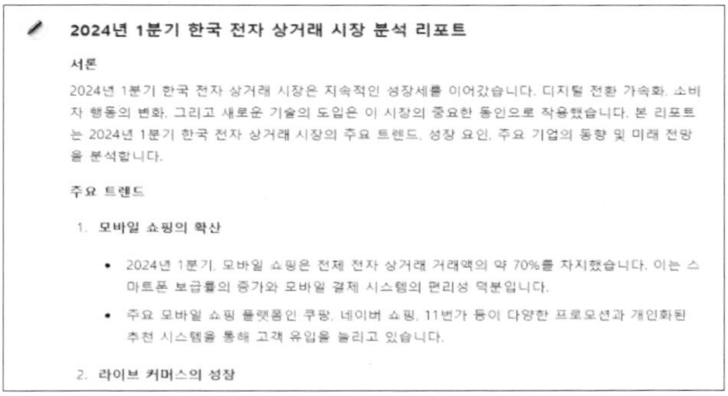
2024년 1분기 한국 전자 상거래 시장 분석 리포트

서론

2024년 1분기 한국 전자 상거래 시장은 지속적인 성장세를 이어갔습니다. 디지털 전환 가속화, 소비자 행동의 변화, 그리고 새로운 기술의 도입은 이 시장의 중요한 동인으로 작용했습니다. 본 리포트는 2024년 1분기 한국 전자 상거래 시장의 주요 트렌드, 성장 요인, 주요 기업의 동향 및 미래 전망을 분석합니다.

주요 트렌드

1. **모바일 쇼핑의 확산**
   - 2024년 1분기, 모바일 쇼핑은 전체 전자 상거래 거래액의 약 70%를 차지했습니다. 이는 스마트폰 보급률의 증가와 모바일 결제 시스템의 편리성 덕분입니다.
   - 주요 모바일 쇼핑 플랫폼인 쿠팡, 네이버 쇼핑, 11번가 등이 다양한 프로모션과 개인화된 추천 시스템을 통해 고객 유입을 늘리고 있습니다.
2. **라이브 커머스의 성장**

[그림4] 2024년 1분기 한국 전자 상거래 시장 분석 리포트

2) Copywriter GPT - Marketing, Branding, Ads

이 챗봇은 광고 카피 작성과 마케팅 전략 수립을 돕는 전문 도구이다. 사용자는 단계별 질문을 통해 광고·캠페인 목표 설정, 제품 설명, 타겟 오디언스 정의, 광고 플랫폼 선택, 톤과 스타일 결정, 주요 메시지 강조 등을 수행할 수 있다. 이를 통해 맞춤형 광고 카피를 손쉽게 생성하고, 필요에 따라 인간미나 SEO 최적화도 추가할 수 있다. 광고 카피 작성부터 최종 수정까지 사용자를 지원하는 이 챗봇은 마케팅 효율성을 극대화하는 데 큰 도움을 준다.

Copywriter GPT - Marketing, Branding, Ads

By adrianlab.com ⊕ ✖

Your innovative partner for viral ad copywriting! Dive into viral marketing strategies fine-tuned to your needs! Latest Update: Added "[New] One-step Ads Creation" mode, a streamlined alternative to the detailed step-by-step guidance.

[그림5] Copywriter GPT - Marketing, Branding, Ads(출처 : GPT 스토어)

(1) 주요 기능

① **캠페인 목표 설정** : 사용자가 광고 캠페인의 주요 목표를 설정할 수 있도록 도와준다.

② **제품 또는 서비스 설명** : 사용자로부터 제품, 서비스 또는 이벤트에 대한 설명을 받아 광고 카피 작성에 반영한다.

③ **타겟 오디언스 정의** : 광고의 타겟 오디언스를 구체적으로 정의해 보다 효과적인 광고를 작성할 수 있다.

④ **광고 플랫폼 선택** : 이메일, 구글 광고, 페이스북, 인스타그램 등 다양한 광고 플랫폼 중에서 선택할 수 있다.

⑤ **광고 톤과 스타일 결정** : 광고의 톤과 스타일을 유머러스한, 진지한, 정보 전달용 등으로 설정할 수 있다.

⑥ **중요 메시지 또는 테마 강조** : 광고에서 강조하고 싶은 주요 메시지나 테마를 설정해 더 강력한 광고를 만들 수 있다.

⑦ **마케팅 전략/프레임워크 선택** : 다양한 마케팅 전략 및 프레임워크 중에서 선택해 최적의 광고 카피를 작성할 수 있다.

⑧ **광고 카피 초안 생성** : 사용자가 입력한 정보를 바탕으로 맞춤형 광고 카피 초안을 자동으로 생성한다.

⑨ **광고 카피 검토 및 수정** : 생성된 광고 카피 초안을 검토하고 필요한 수정 사항을 반영할 수 있다.

⑩ **추가 최적화 옵션 제공** : 인간미 추가, SEO 최적화 등 추가 최적화 옵션을 선택해 광고 카피를 더욱 개선할 수 있다.

(2) 사용 예시

광고 카피 초안 생성 : '다음 정보를 기반으로 광고 카피 초안을 생성해 주세요. 입력된 정보를 바탕으로 맞춤형 광고 카피를 자동으로 생성합니다.'

"2024년 고창군은 관광객 1,300만 명 유치를 목표로 총력전을 펼치고 있습니다. 다양한 관광자원을 활용해 전략적 홍보 마케팅으로 머물고 싶고, 다시 찾고 싶은 관광 도시 고창군을 만드는 고창군의 2024 관광전략 홍보 마케팅 카피라이팅을 해주세요."

3) Diagrams: Show Me | charts, presentations, code

이 챗봇은 다이어그램 생성 및 시각화에 특화된 도구이다. 사용자에게 복잡한 정보를 시각적으로 표현할 수 있도록 돕는다. 이 챗봇은 시퀀스 다이어그램, 마인드맵, 타임라인, 그래프 등 다양한 다이어그램을 지원하며, Mermaid와 PlantUML 같은 여러 다이어그램 언어를 사용할 수 있다. 사용자는 원하는 다이어그램 유형과 내용을 입력하기만 하면 자동으로 생성된 다이어그램을 받을 수 있다. 또한 다이어그램을 개선할 수 있는 아이디어를 제공하고 다양한 예시를 탐색할 수 있어 더욱 효율적으로 작업을 진행할 수 있다.

Diagrams: Show Me | charts, presentations, code

By helpful.dev ⊕

Diagram creation: flowcharts, mindmaps, UML, chart, PlotUML, workflow, sequence, ERD, database & architecture visualization for code, presentations and documentation. [New] Add a logo or any image to graph diagrams. Easy Download & Edit

[그림6] Diagrams: Show Me | charts, presentations, code

(1) 주요 기능

① **다이어그램 생성** : 시퀀스 다이어그램, 마인드맵, 타임라인, 그래프 등 다양한 유형의 다이어그램을 생성해 복잡한 정보를 시각적으로 표현할 수 있다.

② **다양한 다이어그램 언어 지원** : Mermaid와 PlantUML 등 다양한 다이어그램 언어를 지원해 사용자가 원하는 형식으로 다이어그램을 만들 수 있다.

③ **다이어그램 개선 아이디어 제공** : 다이어그램을 개선할 수 있는 아이디어를 제공해 더 나은 시각적 표현을 도울 수 있다.

④ **다이어그램 예시 탐색** : 다양한 다이어그램 예시를 탐색하고 보여줌으로써 사용자가 원하는 다이어그램을 쉽게 찾고 참고할 수 있다.

⑤ **코드 기반 다이어그램 편집** : 텍스트로 다이어그램을 정의하고 수정할 수 있는 기능을 제공해 협업과 버전 관리를 용이하게 한다.

(2) 다이어그램이란?

다이어그램은 정보를 시각적으로 표현하는 방법 중 하나로 복잡한 데이터를 쉽게 이해할 수 있도록 도와준다. 다양한 종류의 다이어그램이 있으며 각각의 용도와 특징을 이해하는 것이 중요하다. 몇 가지 주요 다이어그램을 소개한다.

① 막대 다이어그램(Bar Chart)
- 용도 : 카테고리별 데이터를 비교할 때 사용한다.
- 구성 : 수평 또는 수직 막대로 표현되며, 막대의 길이로 데이터를 나타낸다.
- 예시 : 연도별 판매량 비교, 각 과목의 성적 비교

② 선 다이어그램(Line Chart)
- 용도 : 시간에 따른 데이터 변화를 보여줄 때 사용한다.
- 구성 : 점을 선으로 연결해 데이터의 경향을 나타낸다.
- 예시 : 월별 기온 변화, 주식 가격 변동

③ 원형 다이어그램(Pie Chart)

- 용도 : 전체에 대한 부분의 비율을 시각화할 때 사용한다.
- 구성 : 원을 여러 조각으로 나누어 각각의 비율을 보여준다.
- 예시 : 예산 분배 비율, 시장 점유율

④ 히스토그램(Histogram)

- 용도 : 데이터의 분포를 보여 줄 때 사용한다.
- 구성 : 연속된 막대로 구성되며, 각 막대는 특정 범위의 데이터를 나타낸다.
- 예시 : 시험 점수 분포, 연령대별 인구 분포

⑤ 산점도(Scatter Plot)

- 용도 : 두 변수 간의 관계를 보여줄 때 사용합니다.
- 구성 : 좌표 평면에 점으로 데이터를 나타냅니다.
- 예시 : 키와 몸무게의 상관관계, 광고비와 판매량의 관계

⑥ 플로우차트(Flowchart)

- 용도 : 프로세스나 시스템의 흐름을 시각화할 때 사용합니다.
- 구성 : 다양한 모양의 상자와 화살표로 단계와 흐름을 나타냅니다.
- 예시 : 업무 프로세스, 컴퓨터 알고리즘

(3) 사용 예시

마케팅 전략을 위한 마인드맵 프롬프트 : Mermaid를 사용해서 마케팅 전략을 위한 마인드맵을 생성해 주세요.

위와 같은 프롬프트를 사용해 Mermaid를 사용해서 마케팅 전략을 위한 마인드맵을 생성해 달라고 했더니 Mermaid 언어를 사용해 마인드맵을 만들기 위한 구문을 다음과 같이 생성했다.

[그림7] Mermaid 언어를 사용 마인드맵을 만들기 위한 구문

Mermaid는 다이어그램을 작성하기 위한 마크다운 기반의 언어이다. 이를 통해 복잡한 정보를 시각적으로 쉽게 표현할 수 있다. Mermaid는 코드로 다이어그램을 작성하기 때문에, 텍스트로 다이어그램을 정의하고 쉽게 수정할 수 있는 장점이 있다. 다양한 유형의 다이어그램을 지원하며 웹페이지, 문서, 발표 자료 등에 삽입하기 좋다.

Mermaid 언어를 사용해 마인드맵을 만들기 위한 구문을 가져오고, 이를 기반으로 다이어그램을 렌더링해 생성된 결과는 아래와 같다.

[그림8] 생성된 마인드맵

4) PDF Ai PDF

Ai PDF GPT는 PDF 문서를 효율적으로 관리하고 분석할 수 있는 강력한 도구이다. 사용자는 PDF 파일을 업로드하거나 링크를 제공해 문서의 내용을 요약하거나 특정 정보를 검색할 수 있다. 특히 myaidrive.com과 연동돼 파일을 영구적으로 저장하고 관리할 수 있다. Ai PDF GPT를 사용하면 PDF 문서의 정보를 빠르고 효율적으로 얻을 수 있어, 업무와 학습에 큰 도움이 된다.

[그림9] PDF Ai PDF

(1) 주요 기능

① **PDF 요약** : 문서의 주요 내용을 빠르게 요약해 제공한다.

② **문서 검색** : 특정 키워드나 주제를 검색해 관련 내용을 찾아준다.

③ **파일 업로드 및 관리** : 대용량 PDF 파일도 myaidrive.com에 안전하게 저장하고 관리한다.

④ **페이지별 참조 링크 제공** : PDF 파일 내 특정 페이지를 참조할 수 있는 링크를 제공한다.

⑤ **OCR 지원** : 스캔된 문서의 텍스트를 추출해 분석할 수 있다.

⑥ **빠른 PDF 뷰어** : 문서를 빠르게 열람하고 필요한 정보를 쉽게 찾을 수 있다.

(2) 사용 예시

PDF 요약을 위한 프롬프트 : '이 문서를 요약해 주세요
https://www2.deloitte.com/content/dam/Deloitte/kr/Documents/
technology-media-telecommunications/2024/kr_all__CEO%27s_
guide_gen_AI_report.pdf.'

위와 같은 프롬프트와 함께 CEO를 위한 생성형 AI 가이드 PDF 링크를 넣고 요약해 달라고 했더니 아래와 같이 잘 요약해 줬고, 이 PDF의 페이지 수와 내용도 정확하게 알고 있었다. 도출된 결과의 일부를 캡처했다.

CEO를 위한 생성형 AI 가이드

페이지 1:

- 생성형 AI 기업을 구성하는 CEO들을 위한 가이드
- Deloitte의 글로벌 CEO 프로그램의 통찰을 공유

페이지 2:

- 목차:
  1. 생성형 AI, CEO 리더십 변화 요구
  2. 재도약의 기회 확보
  3. 미래 자율형 기업으로 전환
  4. 인간과 AI가 결합된 비전 제시

페이지 3:

- 최근 몇 년 동안 기술 혁신의 새로운 전환을 경험
- 많은 기업들이 생성형 AI의 개념을 증명하고 다양한 분야에서 적용 사례를 선보임
- CEO들은 기존 리더십 방식을 변화시키고 명확한 비전을 설정하는 것이 중요

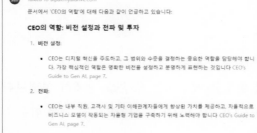

[그림10] 문서 요약 기능

이어서 '이 문서에서 'CEO의 역할'에 대해 뭐라고 말하고 있나요?'라고 프롬프트를 입력하니 다음과 같이 CEO의 역할에 대한 요약과 해당 page까지 알려준다.

Talked to aipdf.myaidrive.com

문서에서 'CEO의 역할'에 대해 다음과 같이 언급하고 있습니다:

CEO의 역할: 비전 설정과 전파 및 투자

1. **비전 설정:**
   - CEO는 디지털 혁신을 주도하고, 그 범위와 수준을 결정하는 중요한 역할을 담당해야 합니다. 가장 핵심적인 역할은 명확한 비전을 설정하고 분명하게 표현하는 것입니다 CEO's Guide to Gen AI, page 7.
2. **전파:**
   - CEO는 내부 직원, 고객사 및 기타 이해관계자들에게 향상된 가치를 제공하고, 자율적으로 비즈니스 모델이 작동되는 자율형 기업을 구축하기 위해 노력해야 합니다 CEO's Guide to Gen AI, page 7.
3. **투자:**
   - CEO는 혁신 기술을 직접적으로 비즈니스 모델에 적용하면서 전방위적인 변화를 추구해야 합니다. 이 과정에서 AI 적용 분야와 성공 가능성을 검토하고 필요한 투자를 실현해야 합니다 CEO's Guide to Gen AI, page 7.
4. **신뢰 구축:**
   - CEO는 내부 직원들과 고객 모두에게 신뢰를 줄 수 있는 서사 구조를 만들어야 합니다. 이는 AI와 인간의 경험 및 가치를 이해하고, 인간 활동을 지원하고 보호하여 긍정적인 미래를 제공하는 데 중요합니다 CEO's Guid↓ɔ Gen AI, page 8.

[그림11] 문서 검색 기능

5) Excel GPT

'Excel GPT'는 엑셀 관련 작업을 쉽게 해결할 수 있도록 돕는 전문 엑셀 어시스턴트이다. 엑셀 함수와 공식의 사용법, 데이터 처리, 시각화, 엑셀 스크립트 작성 등을 도와준다. 엑셀 작업에 대한 명확한 설명과 함께 실질적인 해결책을 제공해 생산성과 정확성을 높이는 것을 목표로 한다. 이 챗봇은 사용자의 엑셀 작업을 더 쉽고 효율적으로 만들어 준다.

Excel .

By pulsr.co.uk ⊕ 🔳 +1

Excel GPT, The worlds most powerful Excel assistant.

[그림12] Excel GPT

(1) 주요 기능

① 엑셀 함수와 공식 설명

다양한 엑셀 함수를 사용하는 방법을 상세히 설명한다. SUM, IF, VLOOKUP, HLOOKUP, INDEX, MATCH 등 기본 함수부터 고급 함수까지 다룬다.

② 엑셀 데이터 처리

데이터를 정렬, 필터링, 조건부 서식 설정 등 다양한 방식으로 처리한다. 피벗 테이블 생성 및 데이터 요약 작업을 도와준다.

③ 엑셀 시각화

데이터를 효과적으로 시각화할 수 있는 차트와 그래프를 만든다. 막대 그래프, 원형 차트, 선 그래프 등 다양한 시각화 도구를 제공한다.

④ 엑셀 스크립트 작성

VBA 매크로를 사용해 반복적인 작업을 자동화하는 스크립트를 작성해 준다. 버튼 클릭 시 특정 작업을 수행하는 매크로 등을 만들어 준다.

⑤ 엑셀 파일 생성 및 편집

요청한 데이터로 새로운 엑셀 파일을 생성하거나 기존 파일을 편집한다. 작업이 완료된 엑셀 파일을 다운로드할 수 있도록 제공한다.

⑥ 엑셀 문제 해결

엑셀에서 발생하는 문제나 오류를 진단하고 해결 방법을 제시한다. 데이터를 분석하고 필요한 결과를 도출할 수 있도록 도와드립니다.

(2) 사용 예시

엑셀 함수를 사용하는 방법을 위한 프롬프트 : 'SUMIF 함수를 사용하는 방법을 알려주세요.'

위와 같은 프롬프트를 사용해 SUMIF 함수에 대해 질문하니 다음과 같이 알려준다.

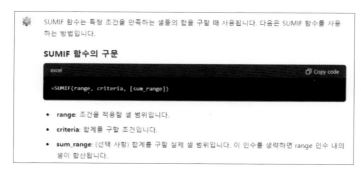

[그림13] Excel 함수 설명

또한 다음과 같이 예시도 생성해 함수에 대해 잘 이해할 수 있도록 도와
준다.

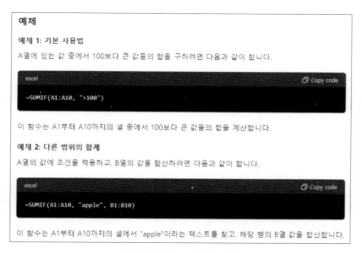

[그림14] Excel 함수 예제

6) Consensus

이 챗봇은 과학 연구와 관련된 질문에 대해 답변을 제공하고 관련 논문을 검색하며 연구 기반의 콘텐츠를 작성해 주는 역할을 한다. 챗봇은 사용자 요청에 따라 최신 연구 논문을 찾아 요약하고 논문의 주요 내용을 바탕으로 신뢰할 수 있는 정보를 제공한다.

Consensus

By consensus.app ⊕ in +1

Ask the research, chat directly with the world's scientific literature.
Search references, get simple explanations, write articles backed by
academic papers.

[그림15] Consensus

(1) 주요 기능

① 질문에 대한 답변 제공

과학적 질문에 대해 관련 연구 논문을 검색하고 논문의 주요 내용을 바탕으로 간단명료한 답변을 제공한다. 여러 논문에서 유사한 결론을 도출한 경우, 이를 묶어 종합적인 답변을 제공한다.

② 연구 논문 검색

특정 주제에 대해 최신 연구 논문을 검색하고 논문의 주요 내용을 요약해 제공한다. 논문 검색 시 사용자 요청에 따라 연도, 연구 유형, 저널 등 다양한 필터를 적용할 수 있다.

③ 콘텐츠 작성

학술 논문, 블로그 글, 표, 개요 등 다양한 형식의 콘텐츠를 사용자 요청에 맞춰 작성한다. 작성된 콘텐츠에는 관련 논문을 인용해 신뢰성을 높인다.

④ 논문 인용

제공되는 모든 답변과 콘텐츠에서 관련 연구 논문을 APA 형식으로 인용한다. 인용된 논문의 세부 사항을 확인할 수 있는 링크를 포함해 사용자가 원문을 쉽게 접근할 수 있도록 한다.

⑤ 종합적 결론 제공

여러 논문에서 도출된 결론을 종합해 한 문장으로 요약된 최종 결론을 제공한다. 이를 통해 사용자에게 명확하고 간결한 정보를 전달한다. 이러한 기능을 통해 이 챗봇은 과학적 연구 및 학습 활동을 보다 효율적이고 신뢰성 있게 지원한다.

(2) 사용 예시

연구 논문 검색 프롬프트 예시 : '2020~2024년까지 AI 기술이 의료 분야에 미친 영향을 다룬 연구 논문을 검색해 주세요.'

위와 같은 프롬프트를 사용해 2020~2024년까지 AI 기술이 의료 분야에 미친 영향을 다룬 연구 논문을 검색해 달라고 요청하니 다음과 같이 알려준다.

[그림16] 연구 논문 검색

위 내용에서 파란색 글씨를 클릭하면 해당 논문의 내용을 더 자세히 볼 수 있다.

7) Data Analysis & Report AI

이 챗봇은 데이터 분석과 보고서 작성에 특화된 인공지능 도구이다. 사용자가 제공하는 다양한 형식의 데이터를 분석해 유용한 인사이트를 도출하고, 정리된 보고서를 작성해 준다. 데이터 정리, 통계 요약, 시각화, 상관관계 분석 등을 포함한 다각적인 분석 작업을 수행할 수 있으며, 주제에 맞는 심층 연구 보고서 작성도 가능하다.

웹 리서치를 통해 신뢰할 수 있는 출처에서 정보를 수집하고 MLA 형식으로 인용해 전문적인 보고서를 제공한다. 데이터 분석이 필요한 모든 작업을 간편하고 신속하게 처리해 사용자에게 최고의 결과를 제공한다.

Data Analysis & Report AI

By Kenneth Bastian ℛ

Your expert in limitless, detailed scientific data analysis and reporting.

[그림17] Data Analysis & Report AI

(1) 주요 기능

① 데이터 분석

- 데이터 정리 : 제공된 데이터셋에서 불필요한 데이터를 제거하고 정리한다.
- 기본 통계 요약 : 데이터의 주요 통계치(평균, 중앙값, 표준편차 등)를 계산해 요약한다.
- 시각화 : 데이터의 분포나 관계를 그래프로 시각화해 이해를 돕는다.
- 상관관계 분석 : 변수들 간 상관관계를 분석하고 이를 기반으로 인사이트를 도출한다.
- 예측 모델링 : 머신러닝 기법을 사용해 예측 모델을 구축하고 데이터 기반 예측을 수행한다.

② 보고서 작성

- 연구 보고서 작성 : 특정 주제에 대한 심층적인 연구 보고서를 작성. MLA 형식으로 인용하고, 신뢰할 수 있는 출처에서 정보를 수집해 보고서에 반영한다.
- 웹 리서치 : 다양한 출처에서 필요한 정보를 수집해 보고서에 인용한다.

- 데이터 분석 보고서 작성 : 데이터 분석 결과를 정리해 전문적인 보고서를 작성한다.

③ 맞춤형 분석 및 조언
- 맞춤형 데이터 분석 : 사용자의 특정 요구에 맞춰 데이터를 분석하고, 그에 따른 맞춤형 조언을 제공한다.
- 심층적인 인사이트 도출 : 데이터에서 패턴과 트렌드를 분석해 심층적인 인사이트를 도출한다.

④ 파일 변환 및 처리
- 파일 변환 : 데이터를 다양한 형식(예: 엑셀, CSV)으로 변환해 제공한다.
- 데이터 추출 : 제공된 문서나 이미지에서 데이터를 추출해 분석한다.

(2) 사용 예시

① 매출 추세 및 시각화
파일을 업로드하고 '제공된 데이터셋에서 월별 매출 추세를 파악하고, 이를 시각적으로 표현하는 그래프를 작성하세요.'라고 요청한다.

[그림18] Data Analysis & Report AI

도출된 결과는 다음과 같다.

위 그래프는 월별 매출 추세를 시각적으로 표현한 것입니다. 각 월의 매출액이 점과 선으로 표시되어 있으며, 매출액의 변화를 쉽게 파악할 수 있습니다.

[그림19] 월별 매출 추세를 파악과 시각화

② 고객 유형별 매출 기여도 분석

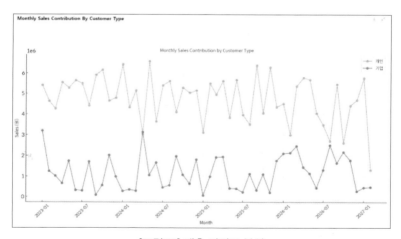

[그림20] 매출 기여도 분석

③ 할인율과 매출 성과 상관관계 분석

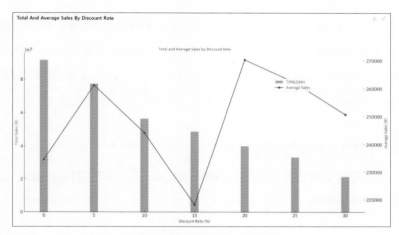

[그림21] 할인율에 따른 매출 반응

④ 보고서를 작성

분석 결과를 바탕으로 보고서를 요청하면 다음과 같이 작성해 준다. [그림22]는 보고서의 일부를 캡처한 이미지이다.

> **1. 서론**
> 본 보고서는 할인율이 매출에 미치는 영향을 분석하여 최적의 할인율을 제안하는 것을 목표로 합니다. 이를 통해 효과적인 가격 책정 전략을 수립하고, 매출 증대를 위한 인사이트를 도출하고자 합니다.
>
> **2. 데이터 개요**
> 본 분석에는 2023년도 판매 데이터를 사용하였으며, 주요 변수로는 날짜, 제품 카테고리, 지역, 판매 채널, 할인율(%), 판매 수량, 고객 유형, 매출액(원)이 포함됩니다.
>
> **3. 분석 방법**
> 할인율이 매출에 미치는 영향을 파악하기 위해 다음과 같은 분석을 진행했습니다:
>
> - 할인율과 매출액 간의 상관관계 분석
> - 할인율 범위별 평균 매출 분석
> - 할인율별 총 매출 및 평균 매출 분석

[그림22] 할인에 따른 매출 반응

3. 나만의 맞춤형 GPTs 챗봇

GPT 스토어에는 이미 각 영역의 전문가들이 만든 GPTs가 많이 출시되고 있다. 하지만 정말 나만의 업무를 위해선 GPTs를 직접 만드는 능력이 필요하다. 챗GPT의 맞춤형 GPTs를 활용하면 업무 효율과 생산성이 향상된다. 코딩을 할 줄 몰라도 대화와 프롬프팅만으로도 쉽게 만들 수 있다.

1) 나만의 GPTs 만들기

먼저 챗GPT 화면 왼쪽 사이드바에서 'Explore GPTs'를 클릭해 GPT 스토어로 이동한다.

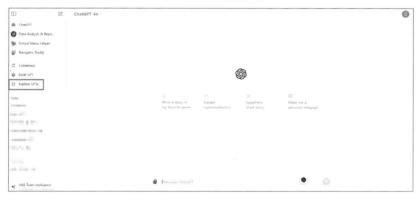

[그림23] 챗GPT 화면

GPT스토어 화면 우측 상단에 Create를 클릭해 GPT 빌더 화면으로 이동한다.

[그림24] GPT 스토어

GPT를 만드는 화면은 크게 Create, Configure, Preview 이렇게 세 가지 부분으로 나눌 수 있다.

[그림25] GPT 만들기

(1) Create

먼저 'Create' 탭을 클릭한다. GPT 빌더에서 대화만으로 자동으로 GPTs 챗봇을 만들 수 있다.

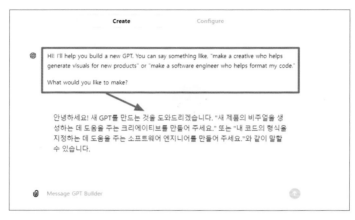

[그림26] GPT 빌더

GPT 빌더와 채팅으로 '보고서 작성을 도와주는 봇을 만들고 싶어요'라고 프롬프트를 입력하니 다음과 같은 내용으로 대화를 이어갔다.

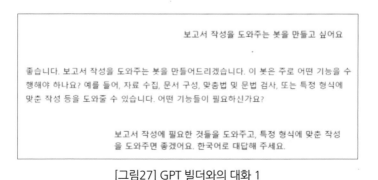

[그림27] GPT 빌더와의 대화 1

GPT 빌더가 '보고서 마스터'라는 이름을 추천해서 좋다고 하니 바로 프로필 이미지를 그려준다. 아래는 생성해 준 이미지가 마음에 든다고 하니 자동으로 오른쪽 화면에 GPTs 챗봇의 이름과 프로필 이미지와 대화 시작 질문까지 적용된 화면이다.

[그림28] GPT 빌더와의 대화 2

(2) Configure

이제 'Configure' 탭을 클릭한다. 자동으로 생성된 내용을 그대로 써도 되고 직접 수정할 수도 있다.

Configure 화면을 [그림29]에 표시한 번호순으로 간단히 살펴보자.

① **Name** : 나만의 GPT 챗봇의 이름
② **Description** : 챗봇에 대한 설명
③ **Instructions** : 지침
④ **Conversation starters** : 대화 시작 질문 예시
⑤ **Knowledge** : Upload files 을 클릭하여 사전지식을 업로드할 수 있음

⑥ **Web Browsing**: 체크하면 웹 검색을 통해 인터넷에 있는 자료를 검색해 사용할 수 있음

⑦ **DALL·E Image Generation** : DALL-E 체크하면 이미지 생성 사용 능력 추가

⑧ **Code Interpreter** : 체크하면 코드 실행기(코드 실행 가능) 사용 능력 추가

⑨ **Actions** : API를 GPT에서 사용할 수 있도록 하는 것

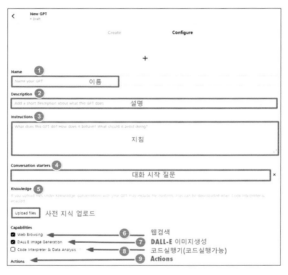

[그림29] Configure 설명

2) Rio 프롬프트 엔지니어 GPTs 활용하기

좀 더 성능이 좋은 GPTs 챗봇을 만들기 위해 Rio 프롬프트 엔지니어 GPTs를 활용해 보자. GPT 스토어에서 'Rio 프롬프트 엔지니어' GPTs를 검색해 채팅을 시작한다.

챗GPT 프롬프트 생성기: RIO 프롬프트 엔지니어

By prompthackerdanny.com ⦿

챗GPT 프롬프트 만들기, 챗GPT 프롬프트 추천, 챗GPT 프롬프트 템플릿
제공! 원하는 목표에 따라 고급 ChatGPT 프롬프트를 작성해주는 GPTs
입니다. 역할(Role), 지시(Instruction), 결과값 지정(Output)을 잘해주도
록 정교화 된 프롬프트를 만들어줍니다.

[그림30] RIO 프롬프트 엔지니어

RIO 프롬프트 엔지니어와 [그림31] 이미지와 같이 대화를 통해 원하는
챗봇을 만들기 위한 프롬프트를 도출한다.

챗GPT 프롬프트 생성기: RIO 프롬프트 엔지니어 ∨

보고서 작성 챗봇을 만들고 싶어요

어떤 주제의 프롬프트를 만들고 싶으신가요? 보고서 작성 챗봇의 경우, 주제에 따라 필요한 입력값
과 제약사항이 달라질 수 있습니다. 예를 들어, 어떤 종류의 보고서를 작성하려고 하시는지, 보고서
의 목적은 무엇인지에 따라 프롬프트를 구체화할 수 있습니다.

어떤 보고서를 작성하려고 하시는지 알려주시면 프롬프트를 작성하는 데 도움이 됩니다.

[그림31] RIO 프롬프트 엔지니어와의 대화

대화를 통해 도출된 다양한 유형의 보고서를 작성하는 데 도움을 주는
챗봇을 만들기 위한 프롬프트에서 [그림32] 우측 상단의 'copy code'를
클릭한다.

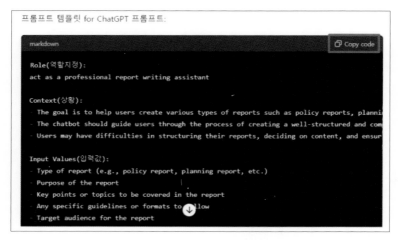

[그림32] RIO 프롬프트 엔지니어도 생성한 프롬프트

복사한 코드는 Configure의 Instruction(지침)에 붙여 넣는다. 약간의
수정을 거쳐 완성된 화면은 [그림33]과 같다.

[그림33] Configure와 보고서 마스터 Preview 화면

이제 오른쪽 상단 Create를 클릭한다. Share GPT 팝업이 열리면 누구와 공유할 것인지 선택한다.

- Only me : 나만 사용
- Anyone with the link : 링크가 있는 모든 사용자
- GPT Store : 모든 사용자

공유할 대상을 선택한 후, 카테고리에서 원하는 것을 선택하고 Save를 클릭해 저장한다.

[그림34] Share GPT

Copy link를 클릭해 공유할 수 있고, View GPT를 클릭해 나의 GPTs를 볼 수 있다.

[그림35] View GPT

내가 만든 보고서 마스터 GPT 화면 좌측 상단에 v를 클릭하면 팝업이
열리는데 그 중 몇가지 기능을 살펴보자.

① **New chat** : 새로운 채팅 시작
② **Edit GPT** : 나의 GPT 편집
③ **Keep in sidebar** : 사이드바에 고정
④ **Copy link** : 링크 복사

[그림36] My GPTs 보고서 마스터

Epilogue

GPTs가 출시된 이후, 수많은 GPTs가 만들어졌고, 2024년 1월 11일에 GPT 스토어가 오픈됐다. 공개 후 2개월 만에 300만 개 이상의 GPTs가 만들어졌으며, 그로부터 3개월이 더 지났다. 초기에는 챗GPT 유료 사용자만 GPTs를 이용할 수 있었지만, 최근에는 무료 이용자에게도 GPTs 사용이 오픈돼 접근성이 더욱 좋아졌다.

GPTs 챗봇은 단순한 대화형 AI를 넘어서, 다양한 분야에서의 활용 가능성을 보여주고 있다. 데이터 분석, 보고서 작성, 고객 지원, 창의적인 문제해결 등 거의 모든 영역에서 우리의 조력자로서 기능할 수 있다. 이 기술을 통해 우리는 반복적이고 시간이 많이 소요되는 업무에서 벗어나, 보다 창의적이고 전략적인 활동에 집중할 수 있다.

또한 인공지능 기술이 단순히 전문가의 영역에 머무르는 것이 아니라, 누구나 접근하고 활용할 수 있는 시대가 열렸다는 점도 주목할 만하다. 이는 창의성과 생산성을 극대화할 수 있는 기회를 제공한다.

이 책을 통해 GPTs 챗봇의 가능성을 충분히 이해하고, 실제로 활용해 보다 나은 업무 환경과 일상을 만들어 나가기를 바란다.

AI 챗봇시대, D-ID로
AI 챗봇 에이전트 만들기

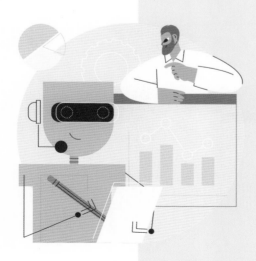

최 재 용

제10장
AI 챗봇시대, D-ID로
AI 챗봇 에이전트 만들기

인공지능(AI) 기술의 비약적인 발전은 우리의 일상과 비즈니스 환경을 크게 변화시키고 있다. 그중에서도 'AI 챗봇'은 특히 주목받는 기술 중 하나로 다양한 분야에서 혁신적인 변화를 이끌고 있다. 과거에는 단순한 텍스트 기반의 질문과 답변에 국한되었던 챗봇이 이제는 음성 인식, 자연어 처리(NLP), 심지어는 감정 분석까지 가능해지면서 사람과의 상호작용 수준이 한층 높아졌다.

AI 챗봇은 고객 서비스, 교육, 의료, 금융 등 여러 산업에서 그 가치를 증명하고 있다. 예를 들어, 고객 서비스 분야에서는 24시간 대응이 가능한 AI 챗봇을 통해 고객 만족도를 높일 수 있으며, 교육 분야에서는 개인 맞춤형 학습 도우미로 활용될 수 있다. 의료 분야에서는 환자의 기본적인 문의를 해결하고, 진료 예약을 관리하는 등의 역할수행을 할 수 있다. 금융 분야에서는 사용자 맞춤형 금융 정보 제공 및 상담 서비스를 통해 고객의 편의를 도모할 수 있다.

이러한 변화의 중심에는 D-ID라는 강력한 플랫폼이 있다. D-ID는 AI 챗봇 개발을 보다 직관적이고 효율적으로 만들 수 있는 다양한 도구와 기능을 제공해 누구나 쉽게 챗봇을 설계하고 구현할 수 있도록 돕는다.

본문은 AI 챗봇 개발을 꿈꾸는 모든 이들에게 D-ID 플랫폼을 활용한 실질적인 가이드를 제공하기 위해 작성했다. D-ID는 복잡한 코딩 없이도 강력한 챗봇을 만들 수 있는 환경을 제공하며, 이를 통해 개발자뿐만 아니라 비전문가도 쉽게 챗봇을 개발할 수 있다.

1. D-ID로 시작하는 AI 챗봇 개발

1) D-ID란?

(1) D-ID 플랫폼

'D-ID'는 생성적 AI 기반 상호작용 및 콘텐츠 제작의 혁신을 선도하고 있다. 자연 사용자 인터페이스(NUI) 기술을 전문으로 하는 D-ID의 플랫폼은 이미지, 텍스트, 비디오, 오디오, 음성을 고도로 몰입감 있는 디지털 인물로 매끄럽게 변환해 독특한 경험을 제공한다.

D-ID는 얼굴 합성 및 딥러닝 전문 지식을 결합해 다국어로 상호작용하는 AI 경험을 제공함으로써 디지털 세계에서의 연결과 창작 방식을 한층 발전시키고 확장하고 있다. 이 회사의 기술은 고객 경험, 마케팅, 판매에 특화된 비즈니스뿐만 아니라 전 세계의 콘텐츠 제작자들을 위한 솔루션을 제공하고 있다.

(2) D-ID 발전

D-ID는 지난 6년 동안 생성적 AI 분야의 선구자로 자리매김해 왔다. 2017년에 설립된 D-ID는 일류 벤처캐피털의 지원을 받고 있으며, 지금까지 1억 5,000만 개 이상의 AI 비디오가 D-ID의 사용자 친화적인 셀프서비스 Creative Reality™ 스튜디오와 통합 시스템을 통해 제작됐다. 또한 25만 명 이상의 개발자가 D-ID API를 사용해 다양한 솔루션을 구축하고 있다.

최근에는 Deutsche Telekom, PWC, Deloitte, Burda Media, AXA Insurance, Gameloft와 같은 고객들이 D-ID의 플랫폼을 사용해 AI 아바타를 통해 놀라운 경험을 창출하고 있다.

(3) D-ID 기업이 고객과 소통하는 새로운 인터페이스 제공

D-ID의 플랫폼은 셀프 서비스 스튜디오, API, 또는 통합 시스템을 통해 접근할 수 있으며 정지 사진을 맞춤형 스트리밍 비디오로 변환해 기업이 고객과 소통하는 새로운 인터페이스를 제공한다. 사용자는 실감 나는 디지털 인간과 텍스트로부터 애니메이션을 생성할 수 있어 대규모 비디오 제작의 비용과 번거로움을 획기적으로 줄일 수 있다.

D-ID의 고객에는 포춘 500대 기업, 마케팅 에이전시, 제작사, 소셜 미디어 플랫폼, 주요 e-러닝 플랫폼, 그리고 다양한 콘텐츠 제작자가 포함된다. 이 솔루션은 셀프서비스 스튜디오와 API를 통해 기업, 창작자, 개발자에게 제공된다.

2) AI 챗봇 D-ID 에이전트

(1) D-ID 에이전트는?

이번에 베타버전으로 출시된 AI 챗봇 D-ID 에이전트는 첨단 언어 모델의 지능과 대면 커뮤니케이션의 따뜻함을 결합해 디지털 연결을 재정의하고, 이를 더 개인적이고 몰입감 있으며 인간적으로 만든다.

에이전트의 외모를 선택하고, 목소리를 고르거나 자신의 목소리를 복제하며, 원하는 상호작용 방식을 설명하고, 지식 기반을 확장하고 개인화할 수 있는 문서를 제공하기만 하면 된다. 몇 분 안에 실제 사람처럼 대화할 수 있는 디지털 인물을 만들 수 있다.

D-ID 에이전트는 사용자의 요구에 맞게 적응해 모든 상호작용에 친근하고 몰입감 있는 존재감을 제공하며, 듣고 응답함으로써 디지털 대화에 인간적인 차원을 추가한다. 90% 이상의 정확도로 2초 이내에 질문에 대한 답변을 신속하고 정확하게 제공하며, 정보 검색 기반 생성(RAG) 기술 덕분에 일반적인 언어 모델의 한계를 뛰어넘어 최신의 정교한 정보를 제공한다.

(2) D-ID 에이전트 사용 용도

D-ID 에이전트는 다양한 용도로 활용할 수 있다. 고객 경험을 향상시키기 위해 AI 챗봇을 도입할 수 있으며, 상호작용이 가능한 AI 아바타를 통해 웹사이트를 더욱 매력적으로 만들 수 있다. 또한 맞춤형 튜터를 통해 온라인 강의를 한층 더 발전시킬 수도 있다. D-ID 에이전트는 상상력에 따라 무궁무진한 가능성을 제공한다.

D-ID 에이전트는 소유자가 업로드한 지식을 기반으로 질문에 답하고 비즈니스 또는 개인 사용 사례에 도움이 되는 특정 역할이나 작업을 수행

할 수 있는 자율적인 AI 비서이다. 에이전트는 마케팅, 고객 참여 또는 교육, 트레이닝 등의 역할에 적합하다. 에이전트는 실제 인물과 가상의 캐릭터를 시뮬레이션하거나 유명 브랜드나 개인을 대표하는 가상의 인플루언서가 될 수 있다.

(3) D-ID 에이전트 제작 및 활용

코딩에 대한 지식이 없어도 누구나 D-ID 에이전트를 만들 수 있다. 역할을 선택하고, 에이전트에게 지침을 제공하고, 추가 지식을 업로드하기만 하면 쉽게 에이전트를 만들 수 있다. 에이전트는 기업의 매출 증대, 고객 질문에 대한 답변 또는 팔로워와의 채팅을 도울 수 있다. 각 에이전트는 특정 지식창고에 액세스할 수 있는 각기 다른 분야의 전문가다. 에이전트와 대화해 에이전트가 누구인지, 어떤 역할을 하는지 정확히 알아볼 수 있다.

텍스트 입력란에 질문을 입력하거나 마이크 아이콘을 클릭해 다른 사람과 대화하는 것처럼 에이전트와 대화할 수 있다.(Chrome/Safari 브라우저 또는 대부분의 모바일 기기에서 사용 가능). 표준 음성뿐만 아니라 음성 선택 메뉴에서 Pro 아이콘으로 식별되는 ElevenLabs의 고품질(Pro) 음성을 사용할 수 있다. 오디오 녹음을 업로드해 자신의 목소리를 복제할 수도 있다.

D-ID에서 호스팅하는 에이전트 링크를 공유하거나 자신의 웹사이트에 에이전트를 임베드할 수 있다. 누군가가 내 에이전트와 대화를 하면 내 계정으로 비용이 청구된다는 점을 유의해야 한다. 에이전트는 자연어 처리(NLP)와 생성 AI를 사용해 텍스트 또는 음성 입력을 이해한 다음 관련 답변을 제공한다. 정보 검색 기반 생성(RAG) 기술을 사용해 업로드된 문서의 지식창고에서 쿼리에 대한 정확한 답변을 검색한다.

D-ID 에이전트를 성공적으로 구축하려면 고품질 데이터셋 구축이 중요하다. 다양하고 신뢰할 수 있는 데이터를 확보하고 데이터 품질을 우선하며, FAQ 스타일 데이터셋을 사용하는 것이 좋다. 데이터는 효율적으로 조직하고 처음에는 특정 주제에 집중해 점진적으로 확장해야 한다. 지속적인 개선과 확장은 에이전트의 가치를 극대화하는 데 필수적이다. 이러한 모범 사례를 따르면 신뢰할 수 있는 고품질의 D-ID 에이전트를 만들 수 있다.

3) 보험회사 D-ID 에이전트 활용 제안

(1) 보험회사의 D-ID 에이전트 사용 목적

보험회사의 일상 운영은 이메일, 전화, 회의로 바쁘며, 고객 요구를 충족시키고 업셀링과 크로스셀링을 시도하며 많은 보험 정책을 관리해야 한다. 이러한 업무는 스트레스와 압박을 유발하고, 개인화된 고객 상호작용에 시간을 할애하기 어렵게 만든다.

D-ID 에이전트는 이러한 문제를 해결하고자 설계됐다. 이 에이전트는 AI 기술을 활용해 보험 업무를 간소화하고 고객 경험을 개선하며 매출을 증가시킨다. 보험회사가 직면한 주요 문제로는 과중한 업무와 비용, 고객과의 상호작용 부족, 그리고 직원 번아웃이 있다. 이러한 문제는 고객 만족도를 낮추고 직원 이직률을 높이며 회사의 운영 비용을 증가시킨다.

(2) 보험회사 D-ID 에이전트 사용의 기대효과

D-ID 에이전트는 감정과 공감을 바탕으로 고객과 소통해 더 나은 장기적인 관계를 형성하고, 24시간 365일 언제나 이용이 가능하며, 개인화된 서비스를 제공한다. 이 에이전트는 지속적인 팔로우업과 지원을 통해 고객 만족도를 높이고 회사의 ROI를 증대시킨다. 또한 에이전트는 보험판매인과의 약속으로 이어지도록 해 거래를 완료할 수 있도록 돕는다.

D-ID 에이전트를 도입하면 보험회사는 더 원활하고 효율적인 업무 환경을 갖추고 고객 만족도를 높이며 궁극적으로 더 수익성 있는 비즈니스를 운영할 수 있다.

2. D-ID 에이전트 만들기

D-ID 에이전트 만들려면 D-ID Studio 계정에 로그인하고 제한된 평가판에 액세스할 수 있어야 한다.

1) 구글 코롬에서 검색하기

먼저 구글 크롬에서 D-ID를 검색하고 다운받는다.

[그림1] 구글에서 D-ID 검색

2) START FREE TRIAL 클릭

화면이 열리면 우측 상단의 'START FREE TRIAL'을 누른다.

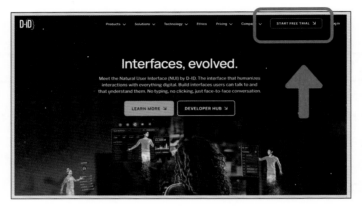

[그림2] START FREE TRIAL 누르기

3) 로그인하고 시작하기

구글 계정으로 로그인한다.

[그림3] 구글 계정 로그인

4) 'Creat an Agent' 선택

'Creat an Agent'를 누른다.

[그림4] Creat an Agent

5) 아바타 만들기

얼굴 사진이나 아바타 사진을 넣고 우측 하단 Next를 누른다.

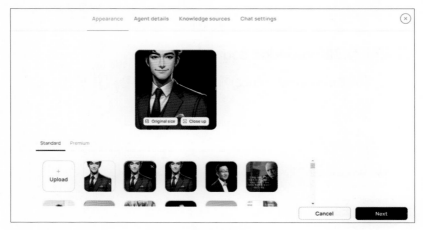

[그림5] 사진 넣기

이름을 적고 언어설정하고 AI 성우 설정하기

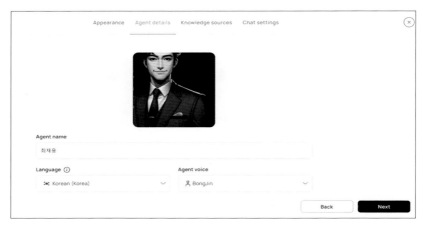

[그림6] 언어 설정하기

6) 지식 창고(Knowledge source)

지식 창고(Knowledge source)에 응답할 때 참고할 자료 넣기

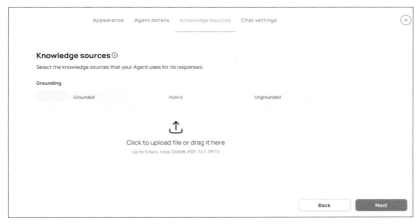

[그림7] 지식창고에 자료 넣기

대화 세팅을 위해 환영 인사와 예시 질문을 넣고 우측 하단의 'Create agent'를 누르기

[그림8] 환영 인사 만들기

다음과 같이 멋진 AI 챗봇 에이전트가 만들어진다.

[그림9] 최재용 AI 챗봇 에이전트

3. D-ID 사용료

무료로 200회 대화가 가능하며 월 사용료는 다음과 같다.

[그림10] 에이전트 월 사용료

Epilogue

AI와 챗봇 기술, 특히 D-ID 플랫폼을 활용한 챗봇 개발 방법을 다루었
다. 기술은 빠르게 발전하며, AI 챗봇은 다양한 산업에서 혁신을 주도하고
있다. D-ID 플랫폼은·더 나은 상호작용과 개인화된 경험을 제공하는 강
력한 도구로 앞으로도 지속적인 학습과 혁신을 통해 AI 챗봇 시대의 선구
자가 되기를 바란다.

[참고문헌]

D-ID 홈페이지

https://www.d-id.com/agents

챗GPT 챗봇 활용, AI 이미지로 업무 효율 UP!

유양석

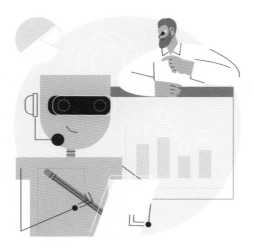

제11장
챗GPT 챗봇 활용,
AI 이미지로 업무 효율 UP!

Prologue

디지털 시대의 급속한 발전은 업무 환경에 영향을 주었다. 특히 인공지능(AI)의 등장과 발전은 우리가 일하는 방식을 혁신적으로 전환했다. 이 변화 속에서 생성형 AI 이미지는 창의적인 작업을 수행하는 직장인들에게 새로운 가능성을 열어준다. 그러나 이 기술은 여전히 낯설고 복잡하게 느껴질 수 있다. 생성형 AI 이미지의 잠재력을 최대한 활용하기 위해서는 이 기술을 깊이 있게 이해하고 이를 효과적으로 활용하는 방법을 숙지하는 것이 중요하다.

이 책은 생성형 AI 이미지를 이해하고 이를 활용해 업무 효율성을 높이는 방법을 안내한다. 생성형 AI 이미지의 개념부터 시작해 실질적으로 어떻게 활용할 수 있는지 챗GPT를 이용해 챗봇 도구들의 사용법까지 단계별로 설명한다. 이를 통해 독자들이 생성형 AI 이미지를 손쉽게 이해하고 실무에 적용할 수 있도록 돕는다. 생성형 AI 이미지는 단순한 도구가 아니라 창의성과 효율성을 동시에 높여 주는 강력한 수단이기 때문이다.

스마트워크를 희망하는 직장인들에게 이 책은 강력한 도구가 된다. 생성형 AI 이미지를 활용하면 반복적이고 시간이 많이 소요되는 작업을 효율적으로 수행할 수 있다. 예를 들어, 마케팅 캠페인에서 사용할 다양한 광고 이미지를 신속하게 제작하거나, 프레젠테이션 자료를 강화해 중요한 발표를 효과적으로 전달할 수 있다. 또한 소셜 미디어 콘텐츠를 빠르게 생성해 지속적으로 신선한 콘텐츠를 제공할 수 있다. 생성형 AI 이미지는 더 창의적이고 혁신적인 결과물을 만들어 낼 수 있게 하며 팀 간의 협업을 촉진하고, 프로젝트의 진행 속도를 높이는 데 기여한다.

이 책을 통해 생성형 AI 이미지의 세계를 이해하고 이를 실무에 적용해 더 나은 성과를 이루길 바란다. 생성형 AI 이미지는 단순히 시간과 노력을 절약하는 도구가 아니라 창의성과 효율성을 극대화하는 혁신적인 기술이다. 이를 통해 당신의 업무 수행 방식을 혁신하고 더 나은 결과물을 만들어 낼 수 있다. 이 책이 당신의 창의성과 업무 효율성을 극대화하는 데 도움이 되길 기대한다.

1. 챗GPT의 기본 이해

챗GPT는 OpenAI에서 개발한 인공지능 언어모델로, 'GPT(Generative Pre-trained Transformer)'라는 'Architecture(아키텍처)'를 기반으로 한다. 아키텍처란 각 프로그램에 맞는 설계를 의미한다. 이 모델은 방대한 양의 텍스트 데이터를 학습해 사람처럼 자연스러운 대화를 나누고 다양한 질문에 대한 답변을 생성할 수 있는 능력을 갖추고 있다. 챗GPT의 기본 원리와 활용 방법을 자세히 알아보자.

1) 챗GPT의 작동 원리

챗GPT는 'Transformer'라는 딥러닝 모델을 사용한다. Transformer 모델은 문장의 구조와 의미를 이해하는 데 강력한 성능을 발휘한다. 챗GPT는 다음과 같은 과정으로 작동한다.

(1) 프리트레이닝

챗GPT는 먼저 대규모 텍스트 데이터셋을 사용해 사전 학습(Pre-training)된다. 이 과정에서 모델은 문장의 구조, 단어의 의미, 문맥 등을 학습한다. 수십억 개의 단어와 문장을 학습하면서 언어의 규칙과 패턴을 이해하게 된다.

(2) 파인튜닝

사전 학습이 완료된 후 챗GPT는 특정한 용도에 맞게 추가 학습(Fine-tuning)된다. 이 단계에서는 더 작은 크기의 데이터셋을 사용해 모델을 특정 작업에 맞게 조정한다. 예를 들어, 고객 지원 챗봇으로 사용할 경우 고객과의 대화 데이터를 사용해 모델을 조정한다.

(3) 입력 처리

사용자가 질문이나 명령어를 입력하면 챗GPT는 이를 토큰 단위로 분할해 처리한다. 각 단어와 문장은 모델 내부의 뉴럴 네트워크를 통해 처리되고 문맥과 의미를 고려해 응답을 생성한다.

(4) 응답 생성

입력된 정보를 바탕으로 모델은 가장 적절한 응답을 생성한다. 이 과정에서 챗GPT는 학습된 패턴과 규칙을 사용해 자연스럽고 일관된 문장을 만들어 낸다.

2) 챗GPT의 주요 기능

챗GPT는 다양한 기능을 제공해 업무 효율성을 높일 수 있으며 주요 기능은 다음과 같다.

(1) 텍스트 생성

챗GPT는 주어진 주제나 키워드에 맞춰 자연스러운 텍스트를 생성할 수 있다. 예를 들어, 보고서 작성, 블로그 포스트 작성, 이메일 작성 등에 활용할 수 있다.

(2) 질문 응답

사용자가 입력한 질문에 대해 적절한 답변을 제공한다. 이를 통해 신속하게 정보를 얻을 수 있으며, 복잡한 문제를 해결할 수 있다.

(3) 요약

긴 문서나 기사를 짧고 간결하게 요약해 준다. 이를 통해 긴 문서를 빠르게 파악할 수 있으며 중요한 정보를 놓치지 않을 수 있다.

(4) 번역

다양한 언어 간 번역 기능을 제공한다. 글로벌 업무 환경에서 효과적으로 소통할 수 있도록 돕는다.

(5) 대화

사람과 자연스럽게 대화를 나누며 다양한 주제에 대해 논의할 수 있다. 이를 통해 창의적인 아이디어를 도출하거나 심리적인 지원을 받을 수 있다.

3) 챗GPT 사용법

챗GPT를 효과적으로 활용하기 위해서는 올바른 사용 방법을 이해하는 것이 중요하다. 다음은 챗GPT를 사용하는 단계별 절차이다. 플랫폼을 선택한 후 계정을 생성하고 로그인하는 절차를 따라야 한다. 이는 서비스 이용을 위한 필수 단계이다.(https://chat.openai.com)

(1) 계정 생성 및 로그인

① 구글 창에 챗GPT 입력해 검색한 후 챗GPT 사이트를 클릭한다.
② 챗GPT 홈 화면 왼쪽 하단에 회원 가입을 클릭한다.
③ 이름, 이메일 주소, 비밀번호 등 필요한 정보를 입력해 계정을 생성한다.
④ 이메일 인증 등의 절차를 완료해 계정 생성 과정을 마무리한다.

[그림1] 챗GPT 검색

[그림2] 회원 가입

[그림3] 구글로 로그인하기

[그림4] 챗GPT 플러스로 업그레이드하기

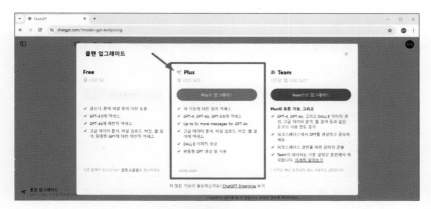

[그림5] 챗GPT 요금제

(2) 질문이나 명령어 입력

① 명확한 질문 작성

질문이나 명령어를 명확하게 작성한다. 예를 들어, '다음 주 회의 일정 정리해 줘'와 같이 구체적으로 입력한다.

② 키워드 사용

중요한 키워드를 포함해 입력하면, 챗GPT가 더 정확한 응답을 제공할 수 있다.

(3) 응답 확인 및 활용

① 응답 검토

챗GPT가 제공한 응답을 검토한다. 필요한 경우, 추가적인 질문을 통해 더 자세한 정보를 얻을 수 있다.

② 응답 활용

적절한 응답을 활용해 업무에 반영한다. 예를 들어, 회의 일정 정리, 보고서 작성 등에 활용할 수 있다.

(4) 추가 요청 및 피드백

① 추가 요청

필요한 경우, 추가적인 정보를 요청하거나, 응답을 수정하도록 요청할 수 있다. 예를 들어, '좀 더 자세히 설명해 줘'와 같이 입력한다.

② 피드백 제공

응답의 품질에 대한 피드백을 제공해, 모델의 개선에 기여할 수 있다. 대부분 플랫폼은 피드백 기능을 제공한다.

4) 챗GPT의 활용 사례

챗GPT는 다양한 업무 환경에서 유용하게 활용될 수 있다. 몇 가지 활용 사례를 살펴보자.

(1) 고객 지원

① 고객 문의에 대한 자동 응답을 제공해, 고객 지원팀의 업무를 효율화한다.
② 자주 묻는 질문(FAQ)을 자동으로 처리해 고객 만족도를 높인다.

(2) 문서 작성

① 보고서, 이메일, 제안서 등의 문서를 자동으로 작성해 시간과 노력을 절약한다.

② 작성된 문서를 검토하고 수정해 품질을 높인다.

(3) 교육 및 훈련

① 교육 자료와 훈련 프로그램을 자동으로 생성해 교육 효과를 극대화한다.

② 학습자들의 질문에 대한 실시간 응답을 제공해 학습 지원을 강화한다.

(4) 마케팅

① 마케팅 캠페인에 필요한 콘텐츠를 자동으로 생성해, 마케팅팀의 생산성을 높인다.

② 고객의 피드백을 분석하고, 이를 바탕으로 마케팅 전략을 수립한다.

5) 챗GPT 사용 시 유의 사항

챗GPT를 사용할 때는 몇 가지 유의 사항을 고려해야 한다.

(1) 정확성 검토

챗GPT의 응답이 항상 정확하지 않을 수 있다. 중요한 결정이나 업무에 활용하기 전에 반드시 응답의 정확성을 검토해야 한다.

(2) 프라이버시 보호

민감한 정보나 개인 정보를 입력할 때는 주의해야 한다. 챗GPT는 입력된 정보를 학습에 사용할 수 있으므로, 개인정보보호에 유의해야 한다.

(3) 업데이트 및 학습

챗GPT는 지속적으로 업데이트되고 학습되므로, 최신 버전을 사용하는 것이 중요하다. 새로운 기능이나 개선 사항을 활용해 더욱 효과적으로 사용할 수 있다.

챗GPT는 강력한 도구로 올바르게 활용하면 업무 효율성을 크게 높일 수 있다. 다양한 기능과 사용 방법을 이해하고 이를 실무에 적용해 더욱 스마트하게 일하는 방법을 익혀보자.

2. AI 이미지 생성의 기초

AI 이미지는 인공지능 기술을 이용해 자동으로 생성된 이미지이다. 이는 직장인들이 보고서, 프레젠테이션, 마케팅 자료 등을 제작하는 데 큰 도움이 된다. AI 이미지 생성의 기초를 이해하는 것이 중요하다. 이 장에서는 AI 이미지 생성의 개념, 장점, 주요 도구, 생성 절차 등을 자세히 설명한다.

1) AI 이미지 생성의 개념

AI 이미지 생성은 딥러닝 알고리즘을 통해 수많은 이미지를 학습해 새로운 이미지를 만드는 과정이다. 딥러닝은 인공신경망을 사용해 데이터의 패턴을 학습하고 이를 바탕으로 새로운 데이터를 생성하는 기술이다. AI 이미지 생성 도구는 이러한 딥러닝 알고리즘을 사용해 텍스트 설명을 입력하면 해당 설명에 맞는 이미지를 생성해 준다.

대표적인 AI 이미지 생성 도구로는 DALL-E, Midjourney, Stable Diffusion 등이 있다. 이들 도구는 각기 다른 특징과 기능을 갖고 있지만, 기본적으로 텍스트 설명을 바탕으로 이미지를 생성하는 방식은 동일하다.

2) AI 이미지 생성의 장점

AI 이미지는 여러 가지 장점을 갖고 있다. 첫 번째 장점은 시간과 비용의 절감이다. 기존에는 전문 디자이너에게 의뢰하거나 많은 시간을 들여 직접 이미지를 제작해야 했지만, AI 이미지를 사용하면 이러한 과정을 크게 단축할 수 있다. 예를 들어, 보고서나 프레젠테이션에 필요한 이미지를 몇 분 내로 생성할 수 있다.

두 번째 장점은 창의적인 아이디어를 시각적으로 표현하기에 용이하다는 점이다. AI 이미지는 사용자가 입력한 텍스트 설명을 바탕으로 다양한 스타일과 형식의 이미지를 생성할 수 있다. 이를 통해 복잡한 개념을 쉽게 설명하거나 시각적으로 매력적인 자료를 만들 수 있다.

세 번째 장점은 다양한 스타일과 형식을 손쉽게 구현할 수 있다는 점이다. AI 이미지 생성 도구는 예술적, 현실적, 만화적 등 다양한 스타일의 이미지를 생성할 수 있다. 사용자는 자신의 필요에 맞는 스타일을 선택해 이미지를 생성할 수 있다.

3) 주요 AI 이미지 생성 도구 소개

AI 이미지 생성 도구는 다양하게 존재하며 각 도구는 고유한 특징을 갖고 있다. 다음은 대표적인 AI 이미지 생성 도구들이다.

(1) 달리(DALL-E)

'달리(DALL-E)'는 OpenAI에서 개발한 AI 이미지 생성 도구이다. 텍스트 설명을 바탕으로 매우 현실적이고 창의적인 이미지를 생성한다. 사용법은 간단하다. 텍스트 입력창에 원하는 이미지의 특징을 자세히 입력하면 DALL-E가 이를 바탕으로 이미지를 생성해 준다. 예를 들어,

'햇빛 아래서 자전거를 타는 아이'라고 입력하면 이에 맞는 이미지를 제공한다.

(2) 미드저니(Midjourney)

'미드저니(Midjourney)'는 예술적인 이미지 생성에 특화된 도구이다. 이 도구는 사용자가 입력한 텍스트를 바탕으로 매우 창의적이고 예술적인 이미지를 만들어 준다. '빈티지 스타일의 커피숍 내부'와 같은 구체적이고 독특한 이미지가 필요할 때 유용하다. Midjourney는 예술적 감각이 요구되는 작업에 특히 유용하다.

(3) 스테이블디퓨전(Stable Diffusion)

'스테이블디퓨전(Stable Diffusion)'은 이미지 생성의 자유도를 높여 주는 도구로 사용자가 원하는 방향으로 이미지를 커스터마이징할 수 있다. 예를 들어, '제품의 각 부분을 강조하는 이미지'를 생성하고, 필요에 따라 세부 사항을 수정할 수 있다. 이 도구는 특히 마케팅 자료나 제품 설명서 등에서 유용하다.

4) AI 이미지 생성 절차

AI 이미지를 생성하는 절차는 비교적 간단하다. 다음은 일반적인 AI 이미지 생성 절차이다.

(1) 텍스트 설명 작성

이미지를 생성하려면 먼저 생성하고자 하는 이미지의 특징을 자세히 설명하는 텍스트를 작성해야 한다. 이 텍스트는 가능한 구체적이고 명확하게 작성하는 것이 좋다. 예를 들어, '파란 하늘 아래 초록색 잔디밭에 있는 빨간색 집'처럼 구체적으로 설명해야 AI 도구가 원하는 이미지를 정확하게 생성할 수 있다.

(2) AI 도구 활용

텍스트 설명을 작성한 후, DALL-E, image generator, Adobe Express 등의 AI 이미지 생성 도구 챗봇을 사용해 이미지를 생성한다. 사용자는 텍스트를 입력창에 입력하고 도구가 이미지를 생성하는 과정을 기다리면 된다. 대부분 도구는 몇 초에서 몇 분 내에 이미지를 생성해 준다.

(3) 이미지 수정 및 보완

생성된 이미지를 확인하고, 필요에 따라 수정하고 보완한다. 일부 AI 이미지 생성 도구는 사용자가 이미지를 수정할 수 있는 기능을 제공한다. 예를 들어, 색상 조정, 크기 변경, 세부 사항 수정 등이 가능하다. 이러한 기능을 활용해 원하는 이미지를 완성할 수 있다.

5) AI 이미지 생성 시 유의할 점

AI 이미지를 생성할 때 몇 가지 유의해야 할 점이 있다. 첫째, 텍스트 설명을 구체적으로 작성하는 것이 중요하다. 자세한 설명이 있을수록 AI 도구가 원하는 이미지를 정확하게 생성할 수 있다.

둘째, 생성된 이미지를 검토하고 수정하는 과정이 필요하다. AI 도구는 사용자의 요구를 완벽하게 충족하지 못할 수 있으므로, 생성된 이미지를 확인하고 필요한 수정 작업을 해야 한다.

셋째, 저작권 문제를 주의해야 한다. AI 이미지 생성 도구는 학습 데이터로 사용된 이미지의 저작권 문제를 일으킬 수 있다. 따라서 생성된 이미지를 상업적으로 사용할 경우, 저작권 문제를 확인하고 적절한 조치를 해야 한다.

6) AI 이미지의 실제 활용 사례

AI 이미지는 다양한 분야에서 활용될 수 있다. 예를 들어, 마케팅 자료 제작, 교육 자료 개발, 제품 디자인 등 여러 분야에서 유용하게 사용될 수 있다.

(1) 마케팅 자료 제작

AI 이미지를 활용해 시각적으로 매력적인 광고 배너, 소셜 미디어 콘텐츠 등을 제작할 수 있다. 예를 들어, 특정 제품을 홍보하기 위해 AI 도구를 사용해 고유한 스타일의 이미지를 생성하고, 이를 마케팅 자료로 활용할 수 있다.

(2) 교육 자료 개발

AI 이미지는 교육 자료를 시각적으로 풍부하게 만들어 준다. 예를 들어, 역사 수업에서 중요한 사건을 설명하기 위해 AI 도구를 사용해 관련 이미지를 생성하고, 이를 교육 자료로 활용할 수 있다. 이렇게 하면 학생들이 더 쉽게 이해할 수 있다.

(3) 제품 디자인

AI 이미지는 제품 디자인 과정에서도 유용하게 사용될 수 있다. 예를 들어, 새로운 제품의 콘셉트를 시각화하기 위해 AI 도구를 사용해 다양한 디자인 아이디어를 생성하고, 이를 기반으로 실제 제품 디자인을 개발할 수 있다.

AI 이미지는 직장인의 다양한 업무에 큰 도움이 되는 강력한 도구이다. 이를 통해 보고서, 프레젠테이션, 마케팅 자료 등을 쉽게 만들 수 있으며, 시간과 비용을 절감할 수 있다. 또한 창의적인 아이디어를 시각적으로 표현하는 데 매우 유용하다. DALL-E, Midjourney, Stable Diffusion 등 다양한 AI 이미지 생성 도구를 활용해 업무 효율을 높이는 방법을 익혀보자. AI 이미지 생성의 기초를 잘 이해하고 활용하면, 직장인의 업무 생산성을 크게 향상할 수 있다.

3. AI 이미지를 업무에 활용하기

AI 이미지는 다양한 직장 업무에서 큰 도움이 될 수 있다. 이를 통해 보고서 작성, 프레젠테이션 자료 제작, 마케팅 콘텐츠 개발 등 여러 분야에서 업무 효율을 높일 수 있다. 이 장에서는 AI 이미지를 활용해 업무를 어떻게 효과적으로 수행할 수 있는지 자세히 설명하겠다.

1) 보고서 작성에서 AI 이미지 활용

보고서 작성은 직장인들이 자주 수행하는 업무 중 하나이다. 보고서의 시각적 요소를 강화하면 독자의 이해도를 높이고, 정보 전달력을 향상할 수 있다. AI 이미지는 이러한 시각적 요소를 쉽게 제공할 수 있다.

(1) 주제 선정 및 기획

보고서의 주제를 명확히 정한다. 보고서의 목적과 타겟 독자를 고려해 필요한 데이터를 수집하고 분석한다.

(2) 데이터 시각화

AI 이미지를 활용해 통계 데이터를 시각적으로 표현할 수 있다. 예를 들어, 막대그래프, 원형 차트, 히트맵 등을 AI 도구를 사용해 생성하고, 이를 보고서에 삽입한다. DALL-E를 사용하면 '막대그래프로 표현된 월별 매출 데이터'와 같은 텍스트를 입력해 원하는 그래프 이미지를 생성할 수 있다.

(3) 설명 이미지

복잡한 개념이나 프로세스를 설명하는 이미지를 생성할 수 있다. 예를 들어, '프로젝트 관리 프로세스'를 시각적으로 표현하는 이미지를 생성해 보고서에 삽입하면, 독자가 내용을 쉽게 이해할 수 있다.

(4) 인포그래픽

정보를 간결하고 시각적으로 전달할 수 있는 인포그래픽을 만들 수 있다. AI 도구를 사용해 다양한 요소를 결합한 인포그래픽을 생성하고, 이를 통해 보고서의 내용을 효과적으로 전달한다.

한 기업의 마케팅 보고서를 작성할 때, AI 이미지를 활용해 다음과 같이 구성할 수 있다. 먼저, 시장 분석 데이터를 바탕으로 막대그래프와 원형 차트를 생성한다. 그런 다음 마케팅 전략의 주요 단계를 설명하는 프로세스 이미지를 삽입한다. 마지막으로, 전체 전략을 요약한 인포그래픽을 보고서의 결론 부분에 추가한다. 이렇게 하면 보고서의 시각적 요소가 강화돼 독자의 이해도를 높일 수 있다.

2) 프레젠테이션 자료 제작에서 AI 이미지 활용

프레젠테이션 자료는 청중에게 정보를 효과적으로 전달하기 위한 중요한 도구이다. 시각적으로 매력적인 슬라이드를 만들면 청중의 관심을 끌고 발표 내용을 쉽게 이해시킬 수 있다. AI 이미지는 이러한 프레젠테이션 자료 제작에 큰 도움이 된다.

(1) 프레젠테이션 기획

프레젠테이션의 주제와 목적을 명확히 한다. 청중의 관심사를 파악하고 발표할 내용을 구조화한다.

(2) 슬라이드 디자인

AI 이미지를 사용해 시각적으로 매력적인 슬라이드를 만든다. 예를 들어, 중요한 개념을 설명할 때 관련 이미지를 삽입하거나 데이터를 시각적으로 표현하는 그래프를 추가한다.

(3) 개념 설명 이미지

복잡한 개념을 쉽게 이해할 수 있도록 돕는 이미지를 생성한다. 예를 들어, '마케팅 패널'을 설명하는 이미지를 생성해 슬라이드에 삽입하면, 청중이 개념을 쉽게 이해할 수 있다.

(4) 데이터 시각화

프레젠테이션에서 중요한 데이터를 시각적으로 표현하는 그래프나 차트를 생성한다. '연도별 매출 성장 그래프'와 같은 이미지를 생성할 수 있다.

한 기업의 연례 보고 프레젠테이션을 준비할 때 AI 이미지를 활용해 다음과 같이 구성할 수 있다. 먼저 회사의 연도별 성장을 보여주는 그래프를 생성하고 이를 첫 번째 슬라이드에 삽입한다. 그런 다음 제품 라인의 주요 특징을 설명하는 이미지를 생성해 제품 소개 슬라이드에 추가한다. 마지막으로 미래 전략을 설명하는 다이어그램을 생성해 프레젠테이션의 결론 부분에 삽입한다. 이렇게 하면 프레젠테이션 자료가 시각적으로 매력적이고 청중의 관심을 끌 수 있다.

3) 마케팅 콘텐츠 제작에서 AI 이미지 활용

마케팅 콘텐츠는 브랜드 이미지 강화와 소비자 관심 유도에 중요한 역할을 한다. AI 이미지는 시각적으로 매력적인 마케팅 자료를 제작하는 데 유용하게 사용될 수 있다.

(1) 마케팅 전략 기획

목표 시장과 타겟 소비자를 정의하고 마케팅 목표를 설정한다. 콘텐츠 주제와 형식을 결정한다.

(2) 광고 배너

AI 이미지를 사용해 시선을 끄는 광고 배너를 만든다. 예를 들어, 특정 제품을 홍보하기 위한 이미지를 생성하고, 이를 광고 배너로 사용한다. DALL-E를 사용해 '여름 세일을 홍보하는 광고 배너'를 생성할 수 있다.

(3) 소셜 미디어 콘텐츠

공유하기 좋은 소셜 미디어 콘텐츠를 제작한다. 예를 들어, 이벤트나 프로모션을 홍보하는 이미지를 생성해 소셜 미디어에 게시한다.

(4) 블로그 이미지

블로그 글의 내용을 보완하는 이미지를 삽입한다. 예를 들어, 특정 주제에 대한 설명을 시각적으로 돕는 이미지를 생성해 블로그 글에 추가한다. Stable Diffusion을 사용해 '제품 사용법을 설명하는 단계별 이미지'를 생성할 수 있다.

한 기업의 새로운 제품 출시 마케팅 캠페인을 준비할 때, AI 이미지를 활용해 다음과 같이 구성할 수 있다. 먼저 제품의 주요 특징을 강조하는 광고 배너를 생성해 웹사이트와 소셜 미디어에 게시한다. 그런 다음 제품 사용법을 설명하는 단계별 이미지를 생성해 블로그 글에 추가한다. 마지막으로 제품 출시 이벤트를 홍보하는 이미지를 생성해 뉴스레터에 포함한다. 이렇게 하면 마케팅 콘텐츠가 시각적으로 매력적이고, 소비자의 관심을 끌 수 있다.

4) AI 이미지 생성 도구 활용 팁

AI 이미지 생성 도구를 효과적으로 활용하기 위한 몇 가지 팁을 소개한다.

(1) 구체적인 텍스트 설명 작성

이미지를 생성할 때는 가능한 구체적이고 명확한 텍스트 설명을 작성하는 것이 중요하다. 예를 들어, '사무실에서 회의하는 사람들'보다는 '밝은 조명 아래 회의 테이블에 앉아 토론하는 비즈니스 캐주얼 복장의 사람들'처럼 구체적으로 설명해야 원하는 이미지를 정확하게 생성할 수 있다.

(2) 여러 도구 조합 사용

각 AI 이미지 생성 도구는 고유한 강점과 약점을 갖고 있다. 필요에 따라 여러 도구를 조합해 사용하면 더 나은 결과를 얻을 수 있다.

(3) 이미지 수정 기능 활용

생성된 이미지가 완벽하지 않을 경우, 도구의 이미지 수정 기능을 활용해 필요한 부분을 수정한다. 색상 조정, 크기 변경, 세부 사항 수정 등을 통해 원하는 이미지를 완성할 수 있다.

(4) 저작권 문제 확인

AI 이미지 생성 도구는 학습 데이터로 사용된 이미지의 저작권 문제를 일으킬 수 있다. 생성된 이미지를 상업적으로 사용할 경우, 저작권 문제를 확인하고 적절한 조치를 해야 한다.

5) AI 이미지의 실제 활용 사례

(1) 기업 내 교육 자료

AI 이미지를 사용해 교육 자료를 시각적으로 풍부하게 만들 수 있다. 예를 들어, 새로운 직원 교육을 위한 프레젠테이션 자료에 AI 이미지를 삽입해 교육 효과를 높일 수 있다.

(2) 이벤트 기획

기업 이벤트를 홍보하는 데 AI 이미지를 활용할 수 있다. 예를 들어, 행사 포스터, 초대장, 소셜 미디어 홍보 이미지 등을 AI 도구를 사용해 쉽게 제작할 수 있다.

(3) 브랜드 캠페인

브랜드 이미지를 강화하기 위한 캠페인에서 AI 이미지를 활용할 수 있다. 예를 들어, 브랜드의 핵심 가치를 시각적으로 표현하는 이미지를 생성해 캠페인 자료에 활용한다.

한 교육 회사가 새로운 온라인 강좌를 홍보하기 위해 AI 이미지를 활용할 때 다음과 같이 구성할 수 있다. 먼저 강좌의 주요 내용을 설명하는 인포그래픽을 생성해 웹사이트와 소셜 미디어에 게시한다. 그런 다음 강사의 프로필을 시각적으로 표현하는 이미지를 생성해 블로그 글과 뉴스레터에 추가한다. 마지막으로 강좌의 학습 목표를 설명하는 다이어그램을 생성해 프레젠테이션 자료에 삽입한다. 이렇게 하면 강좌 홍보 자료가 시각적으로 매력적이고, 잠재 학습자의 관심을 끌 수 있다.

4. 챗GPT 챗봇 활용을 통한 AI 이미지 제작

AI 이미지 생성 챗봇은 직장인들의 다양한 요구를 충족시켜 주는 강력한 도구이다. 이 챗봇들은 텍스트 입력을 통해 이미지를 생성하거나, 기존 이미지를 수정해 업무에 필요한 시각 자료를 만들어 준다. 이번 장에서는 대표적인 AI 이미지 챗봇의 종류와 그 특징, 활용법을 자세히 알아보겠다.

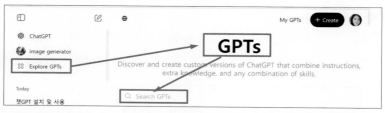

[그림6] 왼쪽 중간에 있는 Explore GPTs를 클릭해서 GPTs에서 원하는 챗봇을 검색

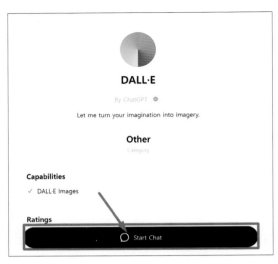

[그림7] DALL-E 챗봇

1) DALL-E 챗봇

　DALL-E는 OpenAI에서 개발한 AI 이미지 생성 도구로, 텍스트 설명을 바탕으로 이미지를 생성하는 기능을 제공한다. 이 챗봇은 사용자가 입력한 텍스트를 기반으로 매우 현실적이고 창의적인 이미지를 만들어 준다. DALL-E는 특히 복잡한 개념을 시각적으로 표현하는 데 뛰어나다. 이 챗봇은 다양한 스타일의 이미지를 생성할 수 있어 보고서, 프레젠테이션, 마케팅 자료 등 다양한 업무에 활용하기 좋다.

〈사용법〉

　① 텍스트 입력 : 원하는 이미지의 특징을 구체적으로 입력한다.
　　'파란 하늘 아래 빨간 집'과 같은 간단한 설명으로 생성된 이미지 [그림8]
　② 창의적인 다양한 이미지를 생성할 수 있다.
　　'우주에서 피아노를 연주하는 고양이' [그림9]

③ 이미지를 수정, 추가하려면 이미지를 클릭한 후 오른쪽 상단에 붓 그림 아이콘을 클릭한 후 원하는 위치에 범위를 지정한 후 그리고 싶은 이미지를 텍스트로 쓴다.

'마당에 있는 귀여운 강아지'라고 이미지 텍스트를 추가해서 생성된 이미지 [그림10]

④ 프롬프트를 카피하고 싶으면 오른쪽 상단 위 [i]표시의 아이콘을 클릭한다. [그림11]

[그림8] DALL-E 챗봇에서 '파란 하늘 아래 빨간 집'이라고 텍스트를 입력한 결과 이미지

[그림9] '우주에서 피아노를 연주하는 고양이'로 생성한 이미지

[그림10] '마당에 있는 귀여운 강아지'라고 이미지 텍스트를 추가해서 생성된 이미지

[그림11] 오른쪽 상단 위 [i]표시의 아이콘을 클릭하면 프롬프트를 볼 수 있다.

2) image generator 챗봇

 이미지 생성 도구(Image Generator Tool)로, 원하는 텍스트에 따라 다양한 이미지를 생성하는 역할을 하고 있다. OpenAI의 GPT-4 아키텍처를 기반으로 해 텍스트 입력을 통해 이미지를 생성할 수 있다. 여기에서 이미지 생성 도구를 사용하는 방법에 관해 설명한다.

[그림12] image generator 챗봇

〈사용법〉

① 이미지 설명 작성

- 원하는 이미지에 대한 자세한 설명을 입력한다. 예를 들어, '산책로를 걷는 사람들'과 같이 구체적이고 명확한 설명을 작성한다. [그림13]
- 설명이 구체적일수록 챗봇이 생성하는 이미지가 사용자 의도에 가까워진다. 색상, 배경, 인물, 사물 등을 상세히 기술하는 것이 좋다.

② 세부 사항 포함하기

- 이미지의 크기, 개수, 특정 요소 등 세부 사항을 포함한다. 예를 들어, '해변에서 파라솔 아래 책을 읽고 있는 사람, 1024x1024, 1개'와 같이 작성할 수 있다. [그림14]

[그림13] image generator 챗봇에서 '산책로를 걷는 사람들'이라고 입력한 이미지

③ 이미지 크기 설정

– 다양한 이미지 크기를 설정할 수 있다. 기본 크기는 1024x1024이다. 가로로 긴 이미지는 1792x1024, 세로로 긴 이미지는 1024x1792로 설정할 수 있다.

– 예시 : 가로로 긴 이미지를 원한다면 1792x1024 크기로 설정한다. [그림15]

④ 요청 보내기

– 모든 설정을 마쳤다면 요청을 완료한다.

– 챗봇이 입력한 설명을 기반으로 이미지를 생성한다.

⑤ 결과 확인

– 생성된 이미지는 바로 확인할 수 있다. 원하는 결과와 얼마나 일치하는지 평가한다.

– 예시 : '해변에서 파라솔 아래 책을 읽고 있는 사람'이라는 설명으로 생성된 이미지를 확인한다.

[그림14] '해변에서 파라솔 아래 책을 읽고 있는 사람, 1024x1024, 1개'

[그림15] '해변에서 파라솔 아래 책을 읽고 있는 사람, 1792x1024, 1개'

[그림16] Adobe Express 챗봇

3) Adobe Express 챗봇 사용법

Adobe Express 챗봇은 디자인 템플릿을 찾거나 개인 맞춤형 디자인을 생성하는 데 도움을 준다. 여기에서는 챗봇을 사용하는 방법을 단계별로 안내한다. Adobe Express 챗봇을 통해 다양한 디자인 템플릿을 검색하거나 개인 맞춤형 디자인을 생성할 수 있다.

〈사용법〉

챗봇에 원하는 템플릿 유형과 디자인 요구 사항을 설명한다.

① 시작하기

- Adobe Express 챗봇을 통해 다양한 디자인 템플릿을 검색하거나 개인 맞춤형 디자인을 생성할 수 있다.

- 챗봇에 원하는 템플릿 유형과 디자인 요구 사항을 설명한다.

② 템플릿 유형 선택

- 템플릿 유형을 명확히 전달해야 한다. 예를 들어, '포스터, 명함, 초대장' 등의 템플릿 유형을 지정한다.

– 템플릿 유형을 지정하지 않으면 챗봇이 추가 정보를 요청할 것이다.

③ 디자인 세부 사항 제공

– 개인 맞춤형 디자인을 원할 경우, 이름, 장소, 날짜 등 구체적인 정보를 제공한다.

– 특정 스타일, 색상, 분위기 등을 지정하면 챗봇이 이를 반영해 디자인을 제안한다.

④ 챗봇의 응답을 하기 전에 아래와 같이 이미지가 나온다.

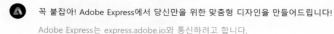

[그림17] 이미지를 생성하기 전에 허용을 클릭한다.

⑤ 디자인 생성을 하기 위해서는 이런 문구가 생성된다. '잠깐만요! Adobe Express에서 나만을 위한 맞춤형 디자인을 제작하고 있습니다!' Adobe Express에서 express.adobe.io와 대화하고 싶다. 허용 항상, 허용, 거부라는 단어 중에 허용 항상이나 허용을 클릭한다.

– 챗봇은 요청한 디자인을 생성하거나, 수천 개의 템플릿 중에서 적합한 템플릿을 찾아 제시한다.

– 생성된 디자인 또는 검색된 템플릿은 클릭 가능한 이미지 링크로 제공된다.

⑥ 템플릿 수정 및 다운로드

– 제공된 템플릿을 클릭해 Adobe Express에서 편집할 수 있다.

– 편집 후 다운로드하거나 공유할 수 있다.

[그림18] 포스터, 제목, 장소, 날짜를 입력한 포스터 이미지

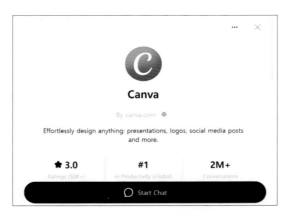

[그림19] Canva 챗봇

4) Canva 챗봇 사용법

Canva는 사용자가 창의적인 디자인을 쉽게 만들 수 있도록 돕는다. 프리젠테이션, 로고, 소셜 미디어 게시물 등 무엇이든 손쉽게 디자인한다. 사용 방법은 다음과 같다.

〈사용법〉

Canva 챗봇을 사용해 디자인을 만드는 과정을 단계별로 설명한다.

① Canva 챗봇을 연다.

② 챗봇이 '안녕하세요! 여러분의 비전을 실현할 수 있게 도와드리게 돼 기쁩니다. Canva와 함께 창의적인 여정을 시작해 보세요. 오늘 무엇을 디자인해 볼까요?'라고 인사한다.

③ 디자인하고 싶은 내용을 입력한다. 예: 생일 카드, 웨딩 초대장, 홍보 포스터 등

'온라인 스토어의 시즌 세일 포스터를 만들어줘'라고 입력한다.

> 📎　우리 회사의 온라인 상점의 시즌 세일 포스터를 만들어줘　　　　　　　　⬆

[그림20] 디자인 내용을 입력한다.

④ 챗봇이 '온라인 스토어의 시즌 세일을 위한 멋진 포스터를 만들어 보겠습니다.', '디자인에서 전달하고 싶은 메시지는 무엇인가요?'라고 물어본다.

우리 관광회사의 주력상품인 동남아 여행상품에 대
해 여름맞이 50%세일을 알리는 포스터를 작성해
쳐

[그림21] 디자인에서 전달하고 싶은 메시지를 입력한다.

⑤ 입력한 내용을 바탕으로 챗봇이 디자인을 생성한다.

[그림22] 관광회사의 주력상품인 동남아 여행상품 포스터 디자인이 완성

⑥ 다음은 여러분의 관광회사의 주력상품인 동남아 여행상품을 위한 여
   름맞이 50% 세일 포스터 디자인들이다. 마음에 드는 디자인을 클릭
   해 Canva에서 편집하라.
⑦ 챗봇이 제공한 썸네일 이미지를 클릭하면 Canva 편집 페이지로 이동
   한다.
⑧ 원하는 디자인을 선택하고 Canva 플랫폼에서 편집을 시작한다.

[그림23] 챗봇이 제공한 썸네일 이미지를 클릭하면 Canva 편집 페이지로 이동한다.

　　Canva 챗봇을 통해 간편하게 창의적인 디자인을 만들어 보자. 필요한 정보를 입력하고, 원하는 디자인을 만들고 캔바 앱에서 직접 수정도 가능하다. AI 이미지 생성 챗봇은 다양한 기능과 특징을 갖고 있어, 직장인들이 업무에 필요한 시각 자료를 손쉽게 만들 수 있도록 도와준다.

　　이 책을 통해 다양한 AI 이미지 생성 도구를 이해하고, 이를 실제 업무에 적용해 업무 효율을 높이는 방법을 배우길 바란다. 각 도구의 사용법과 활용 사례를 참고해, 자신의 업무에 맞는 도구를 선택하고 효과적으로 활용해 보자. AI 이미지 생성 도구들은 직장인의 창의성과 생산성을 극대화하는 데 큰 도움이 될 것이다.

이 책을 통해 생성형 AI 이미지의 세계를 탐험했다. 우리는 생성형 AI 이미지의 기본 개념부터 시작해 실질적인 활용 방법, 그리고 다양한 도구의 사용법까지 깊이 있게 살펴보았다. 이제 이 지식을 바탕으로 창의적이고 효율적인 업무 환경을 만들어 나갈 차례다.

생성형 AI 이미지는 단순한 도구가 아니다. 이는 창의성과 효율성을 동시에 높여 주는 강력한 수단이다. 반복적인 작업에서 벗어나 더 중요한 일에 집중할 수 있게 돕는다. 팀 간 협업을 촉진하고, 프로젝트의 진행 속도를 높이며, 더 나은 아이디어를 도출하게 한다.

생성형 AI 이미지는 우리에게 새로운 가능성을 열어준다. 광고 이미지를 제작할 때, 프레젠테이션 자료를 강화할 때, 소셜 미디어 콘텐츠를 생성할 때, 이 기술을 활용하면 더욱 풍부하고 창의적인 결과물을 만들어 낼 수 있다. 더 이상 디자인 작업에서 시간이 많이 소요되는 반복적인 작업에 얽매이지 않아도 된다. 대신 창의적인 아이디어를 더 많이 실현할 수 있게 된다.

생성형 AI 이미지를 실무에 적용해 보자. 처음에는 낯설고 어려울 수 있다. 그러나 꾸준히 사용하면서 익숙해지면 그 효과를 실감하게 될 것이다. 생성형 AI 이미지는 업무의 질을 높이고, 더 나은 성과를 이루는 데 큰 도움이 된다. 이를 통해 더 많은 시간을 절약하고, 그 시간을 보다 중요한 창의적인 작업에 투자할 수 있다.

실제 사례들을 통해 본 바와 같이, 생성형 AI 이미지는 다양한 분야에서 놀라운 성과를 이뤄내고 있다. 마케팅 캠페인에서는 빠르고 효율적으로 다양한 광고 이미지를 제작할 수 있었고, 영업 팀은 중요한 프레젠테이션 자료를 강화할 수 있었다. 소셜 미디어팀은 매일 새로운 콘텐츠를 제공해 팔로워들과의 소통을 더욱 강화할 수 있었다. 이러한 사례들은 모두 생성형 AI 이미지의 강력한 잠재력을 보여준다.

이제 당신 차례다. 생성형 AI 이미지를 통해 업무 효율성을 높이고 창의적인 결과물을 만들어 보자. 처음에는 작은 시도부터 시작해도 좋다. 점차 익숙해지면서 더 큰 프로젝트에 도전해 보자. 생성형 AI 이미지는 당신의 업무수행 방식을 혁신적으로 변화시킬 것이다.

이 책이 직장인의 업무 효율성을 높이고 창의적인 결과물을 만들어 내는 데 도움이 되길 바란다.

생성형 AI를 활용한
이미지(Image) 향상 비법

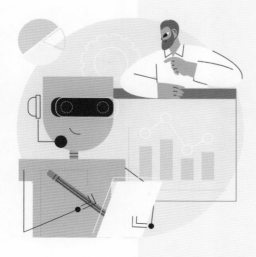

양양금

제12장
생성형 AI를 활용한
이미지(Image) 향상 비법

Prologue

　생성형 인공지능(Generative AI)은 데이터를 학습해 새로운 데이터를 생성하는 기술로 딥러닝의 발달과 함께 급격히 진화하고 있다. 초기에는 단순한 패턴 인식과 데이터 분류에 머물렀던 인공지능 기술이 이제는 기존 데이터를 바탕으로 텍스트를 이용해 영상을 만들고, 자연스러운 고품질 이미지를 생성하며, 오디오를 생성하는 등 새로운 콘텐츠를 창출할 수 있게 됐다. 이는 다양한 분야에서 시간과 노력을 절약하고 높은 품질의 결과물을 얻을 수 있어 혁신적인 변화를 이끌고 있다.

　이러한 시대에 이미지 제작의 필요성과 이미지 향상의 중요성이 크게 대두되고 있다. 이미지 향상은 예술, 광고, 의료, 보안 등 다양한 분야에서 중요한 역할을 한다. 디지털 이미지의 품질을 향상시키는 작업은 고해상도의 선명한 이미지를 통해 제품의 가치를 높이고, 의료 영상의 정확한 분석을 가능하게 하며, 보안 시스템의 효율성을 증가시킨다. 특히 저해상도 이미지나 노이즈가 많은 이미지를 고해상도, 고품질 이미지로 변환하는 기술은 정보의 명확성과 신뢰성을 크게 향상시킨다. 따라서 이미지 향상 기술은 현대 디지털 사회에서 그 필요성이 점점 더 강조되고 있다.

이 장에서는 생성형 인공지능을 활용한 이미지 향상 기술의 중요성과 필요성에 대해 다루고, 생성형 AI 기반 이미지 향상의 방법을 이해하고 습득해 이를 실무에 적용할 수 있도록 했다. 이 글을 통해 AI 이미지를 필요한 곳에 사용할 수 있는 높은 품질의 이미지를 만드는 데 도움이 되기를 바란다.

1. 생성형 AI란 무엇인가?

생성형(Generative) 인공지능(Artificial Intelligence, AI)은 데이터를 학습해 새로운 데이터를 생성하는 인공지능 기술을 말한다. 이는 기존의 데이터를 바탕으로 텍스트를 이용해 영상을 만들고 이미지, 오디오를 생성하는 등 새로운 콘텐츠를 생성할 수 있다. 이는 다양한 분야에서 시간과 노력을 절약하고 높은 품질의 결과물을 얻을 수 있으며 혁신적인 변화를 이끌어내고 있다.

2. AI 이미지 생성의 주요 모델

생성형 인공지능을 이용해 손쉽게 이미지를 생성하고 사용하는 시대가 됐다. 사회·경제·문화·예술 분야는 물론, 신문 기사에 사용하는 이미지도 이제는 생성형 AI를 통해 제작되고 있다. 이러한 변화는 이미지 제작의 효율성을 크게 높이고 창의적인 표현을 가능하게 한다. AI 이미지 생성의 주요 모델로는 OpenAI의 DALL-E, MidJourney, Stable Diffusion, Adobe Firefly 등이 있다. 이 모델들은 텍스트 설명을 기반으로 고품질 이미지를 생성하며, 각기 다른 특성과 강점을 지니고 있어 다양한 분야에서 혁신적인 활용이 가능하다.

1) DALL-E 3

'DALL-E 3'는 OpenAI에서 개발한 이미지 생성 모델로 텍스트 설명을 기반으로 이미지를 생성한다. DALL-E 3는 이전 버전들보다 더 높은 해상도와 정교한 디테일을 제공하며 복잡한 장면이나 추상적인 개념도 자연스럽게 표현할 수 있다. 이 모델은 창의적인 콘텐츠 제작, 광고, 교육 등 다양한 분야에서 활용이 가능하다.

2) MidJourney

'MidJourney'는 AI 기반 이미지 생성 플랫폼으로 주로 예술과 디자인에 중점을 둔다. 사용자는 간단한 텍스트 설명을 입력해 고유한 예술 작품을 생성할 수 있다. 이 플랫폼은 아티스트와 디자이너들이 창의적인 영감을 얻고 빠르게 시각적 아이디어를 구현하는 데 유용하다.

3) Stable Diffusion

'Stable Diffusion'은 딥러닝을 활용한 이미지 생성 기술로 이미지의 디테일을 향상시키고 안정적인 결과를 제공한다. 이 기술은 이미지의 잠재 공간을 탐색해 다양한 스타일과 형태를 생성할 수 있다. 특히 고해상도의 선명한 이미지를 필요로 하는 분야에서 유용하게 사용된다.

4) Playground

‘Playground’는 다양한 AI 모델을 통합해 사용자들이 직접 실험하고 결과를 확인할 수 있는 플랫폼이다. 이미지 생성, 텍스트 생성, 데이터 분석 등 다양한 기능을 제공하며, 교육과 연구 목적으로 많이 활용된다. 사용자는 인터랙티브한 환경에서 AI 모델의 성능을 시험하고 응용할 수 있다.

5) Leonardo

‘Leonardo’는 AI 기반 이미지 생성 도구로 주로 예술과 창작에 중점을 두고 있다. 사용자는 텍스트 설명을 입력해 고품질의 예술 작품을 생성할 수 있다. Leonardo는 세밀한 디테일과 정교한 표현을 제공해 예술가와 디자이너들에게 유용하다.

6) SeaArt

‘SeaArt’는 AI 기반 예술 창작 도구로 텍스트 입력을 통해 다양한 스타일의 예술 작품을 생성할 수 있다. 이 도구는 예술가와 디자이너들이 손쉽게 창의적인 작품을 만들 수 있도록 돕는다.

7) Lexica

‘Lexica’는 AI를 활용한 이미지 생성 도구로 텍스트 설명을 기반으로 고품질의 이미지를 생성한다. 주로 창의적인 콘텐츠 제작과 디자인에 사용되며 사용자에게 다양한 스타일 옵션을 제공한다.

8) Clipdrop

‘Clipdrop’은 텍스트 기반 이미지 생성 및 편집 도구로 다양한 AI 기능을 통합해 사용자 경험을 향상시킨다. 사용자는 텍스트 입력을 통해 이미지를 생성하고 간단한 조작으로 이미지를 편집할 수 있다.

9) Adobe Firefly

'Adobe Firefly'는 Adobe의 AI 기반 이미지 생성 도구로 강력한 편집 기능과 함께 창의적인 이미지를 쉽게 생성할 수 있다. 사용자는 텍스트 설명을 입력해 다양한 스타일의 이미지를 만들고, Adobe의 다양한 도구와 통합해 편집할 수 있다.

10) Pokeit

'Pokeit'은 텍스트 기반 이미지 생성 도구로 간단한 입력을 통해 다양한 스타일과 주제의 이미지를 생성할 수 있다. 사용자는 직관적인 인터페이스를 통해 쉽게 이미지를 생성하고 다양한 설정을 통해 결과를 조정할 수 있다.

위의 AI 이미지 생성 모델들은 각각 고유한 기능과 장점을 갖고 있으며 다양한 분야에서 창의적이고 혁신적인 결과물을 제공한다. 이러한 도구들을 활용하면 사용자들은 손쉽게 고품질의 이미지를 생성하고 다양한 시각적 콘텐츠를 제작할 수 있다.

3. 이미지(Image)의 품질 향상

1) 해상도 및 품질

이미지의 '해상도'와 '품질'은 그 선명도와 디테일을 결정하는 중요한 요소다. 해상도는 이미지가 포함하는 픽셀의 수를 나타내며, 품질은 이미지의 '색상, 대비, 선명도' 등을 포함한 전반적인 시각적 이미지의 표현이다. 해상도가 높을수록 이미지의 디테일이 더 명확하게 나타나지만 파일 크기도 커진다.

2) 색상 및 명도 조절

이미지의 '색상 및 명도 조절'은 시각적 품질을 향상시키기 위한 중요한 과정이다. 색상 조절은 이미지의 색상을 조정해 보다 자연스럽고 생동감 있는 이미지를 만드는 작업이다. 명도 조절은 이미지의 밝기 수준을 조절해 적절한 대비와 시각적 명료성을 확보하는 데 중점을 둔다.

(1) 색상 조절

① 색상 조절은 주로 색상 균형(Color Balance), 색상 보정(Color Correction), 색조 조정(Hue Adjustment) 등의 기법을 사용한다. 이러한 기법들은 이미지의 색상을 수정하고 보정해 원본 이미지보다 더 생동감 있고 시각적으로 만족스러운 결과를 제공한다.

② 주요 도구로는 Adobe Photoshop, GIMP, Lightroom 등이 있으며, 이들은 색상 조절 기능을 제공해 사용자가 손쉽게 이미지를 보정할 수 있도록 돕는다. 이러한 도구들은 고급 필터와 프리셋을 사용해 색상 조절을 자동화할 수 있으며 사용자 지정 설정을 통해 세부 조정이 가능하다.

(2) 명도 조절

① 명도 조절은 이미지의 밝기를 조정하는 작업으로, 이미지의 전반적인 명료성을 높인다. 이를 위해 노출(Exposure), 감마 보정(Gamma Correction), 대비(Contrast) 조절 등의 기법이 사용된다.

② 주요 도구로는 Adobe Photoshop의 '레벨(Levels)'과 '커브(Curves)' 기능이 있으며, 이를 통해 사용자는 이미지의 밝기와 대비를 정밀하게 조절할 수 있다.

(3) 전문적인 색상 및 명도 조절 기법

① '색상 보정(Color Correction)'은 이미지의 색상이 자연스럽고 일관
되게 나타나도록 조정하는 과정이다. 이는 특히 제품사진, 인물사진
등에서 중요한 역할을 한다. 색상 보정작업은 캘리브레이션 된 모니
터에서 수행되며, 정확한 색상 재현을 위해 ICC 프로파일을 사용하기
도 한다.

② '국부 명도조절(Local Brightness Adjustment)'은 이미지의 특정 부
분의 밝기만을 조절해 중요한 디테일을 강조하거나 불필요한 부분을
덜 눈에 띄게 만드는 기법이다. 이를 통해 사진의 주요 피사체를 더욱
부각시킬 수 있다.

이미지 향상 기술은 사진 및 디지털 아트 작업에서 필수적인 요소이며
이러한 기술들을 잘 이해하고 활용함으로써 더욱 완성도 높은 이미지를
만들 수 있다. 이 책은 색상 및 명도 조절의 기본 원리를 통해 독자들이 이
러한 기술을 효과적으로 적용할 수 있도록 돕는다.

3) 전통적인 이미지 향상 방법

이미지 향상은 오래전부터 사진과 그래픽 디자인에서 중요한 역할을 해
왔다. 전통적인 이미지 향상 방법은 주로 필터링과 리샘플링 기술을 사용
해 이미지를 개선하는 데 중점을 둔다. 이러한 기법들은 디지털 이미지 처
리의 기초를 이루며, 현대의 고급 기술들과 결합해 더욱 향상된 결과를 제
공한다.

(1) 필터링(Filtering)

'필터링'은 이미지의 특정 속성을 강화하거나 억제하기 위해 사용되는
기법으로, 다양한 이미지 처리 작업에서 필수적으로 사용된다. 필터링 기

법은 이미지의 시각적 품질을 향상시키는 데 중요한 역할을 하며 블러링(Blurring), 샤프닝(Sharpening), 엣지 디텍션(Edge Detection) 등의 기법은 다양한 이미지 처리 작업에서 필수적으로 사용된다.

(2) 리샘플링(Resampling)

'리샘플링'은 이미지의 해상도를 변경하는 과정으로 이미지의 크기를 조절하면서 품질을 유지하거나 개선하는 데 사용된다. 이 과정은 새로운 픽셀값을 기존 픽셀값을 기반으로 계산해 이미지의 크기를 증가시키거나 감소시키는 작업이다.

① 리샘플링의 응용

'리샘플링'은 다양한 응용 분야에서 사용된다. 예를 들어, 디지털 사진의 해상도 변경, 그래픽 디자인에서 이미지의 크기 조절, 의료 영상에서 고해상도 이미지를 생성하는 데 사용된다. 또한 리샘플링은 프린팅 작업에서도 중요한 역할을 한다. 프린트할 이미지의 해상도를 프린터의 해상도에 맞춰 조정함으로써 고품질의 출력물을 얻을 수 있다.

② 주요 소프트웨어 도구

리샘플링을 위한 주요 소프트웨어 도구로는 'Adobe Photoshop, GIMP, OpenCV, PIL' 등이 있다. 이러한 도구들은 다양한 리샘플링 방법을 지원하며 사용자에게 이미지의 크기 조절과 품질 최적화를 위한 다양한 옵션을 제공한다. 리샘플링은 이미지의 품질을 유지하면서 크기를 조절하는 데 필수적인 기술로, 디지털 이미지 처리의 기본 중 하나다.

1) 이미지 업스케일링(Image Upscaling)

이미지 업스케일링은 저해상도의 이미지를 고해상도로 변환해 디테일과 선명도를 향상시키는 기술이다. 원본 이미지의 디테일을 최대한 보존하면서 원본 이미지의 픽셀 정보를 바탕으로 더 많은 픽셀을 생성해 이미지의 해상도를 높이어 확대하는 과정을 말한다. 전통적인 방식에서는 이미지의 픽셀을 단순히 복제하거나 보간(interpolation)하는 방식을 사용해 확대함으로써 화질 저하와 디테일 손실을 초래할 수 있었다. 그러나 최근 인공지능의 기술 발전으로 인해 훨씬 정교하고 효율적인 업스케일이 가능해졌다.

2) 이미지 업스케일 도구 및 사용 방법

(1) 업스케일(Upscapyl)

Upscapyl(https://www.upscayl.org)은 AI 기반 이미지 업스케일링 도구로, 딥러닝 기술을 활용해 저해상도 이미지를 고해상도로 변환한다. 이 도구는 이미지의 세부 사항을 정교하게 복원하며, 노이즈를 최소화해 깨끗하고 선명한 이미지를 생성한다.

Linux, MacOS 및 Windows용 무료 및 오픈소스 AI 이미지 업스케일러이다. 오픈소스로 제작된 이미지 업스케일링 무료 프로그램 앱으로 개인정보나 비용 부담 없이 자유롭게 사용할 수 있다.

[그림1] Upscayl - Free and Open Source AI Image Upscaler Free and
Open Source AI Image Upscaler for Linux, MacOS and Windows

• 사용 방법
- Upscapyl 웹사이트에 접속해 업스케일 할 이미지를 업로드한다.
- 업스케일링 옵션을 선택하고, 원하는 해상도를 설정한다.
- '변환' 버튼을 클릭해 이미지를 업스케일링 한다.
- 업스케일링이 완료된 이미지를 다운로드한다.

① 오른쪽 상단 'Download'를 클릭해 본인의 OS에 맞는 프로그램을
다운받아 앱을 설치한다.

[그림2] 다운로드하기

[그림3]은 Upscayl이 설치된 화면이다.

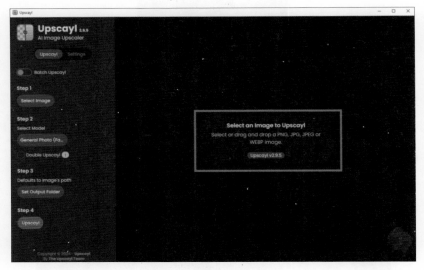

[그림3] 설치 완료 화면

② Upscayl의 옵션에서 Batch Upscayl을 설정한다. Batch Upscayl은 이미지를 1개 또는 다수의 파일이나 폴더를 동시에 선택하는 옵션이다.

[그림4] Batch Upscayl 설정

③ Step 1. Select Image 이미지를 선택한다.

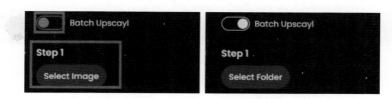

[그림5] Step 1. Select Image 이미지 선택하기

④ Step 2에서 이미지 업스케일링 선택과 세부 설정을 한다. 또한 업스케일의 유형은 5개의 옵션을 제공하며 종류별로 선택해 차이를 확인해 보며 원하는 옵션을 설정하면 좋을 것이다.

- Step 2. Select Model
- Double Upscayl : 2배X2배=4배로 업스케일 최대 16배까지 업스케일 가능
- Real-ESRGAN : 일반 업스케일링
- Fast Real-ESRGAN : 빠른 변환
- Ultrasharp : 실사이미지를 추천
- Ultramix Balanced : 실사이미지를 추천

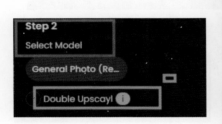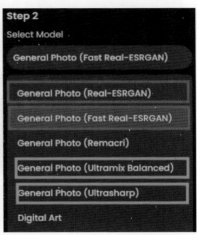

[그림6] Step 2 세부 설정하기

⑤ Step 3에서 저장할 폴더를 지정한다. 저장은 PNG, JPG, WEBP 세 종류로 저장할 수 있으며 원하는 형식을 선택해 저장할 수 있다.

- Step 3. Defaults to Image's path
  Set Output Folder : 저장할 폴더를 지정해 준다.
- Step 4. Upscayl from : Upscayl
  업스케일 버튼을 클릭하면 Step 3의 지정된 폴더에 자동 저장된다.

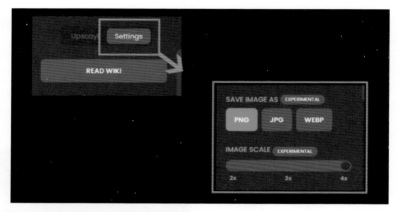

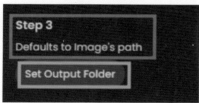

[그림7] 저장 형식 설정

⑥ **Settings** : 좌측의 메인 메뉴에서 여러 가지 옵션들을 변경할 수 있다.

- Having issues. Read : Wiki Guide(가이드 보기)
- If you like what we do : Donate(기부하기)
- Logs : 로그 정보
- Upscayl theme(업스케일 테마) : 컬러

- Save Image AS(이미지 포맷 방식) : PNG, JPG

[그림8] 세팅하기

⑦ 업스케일 비활성화의 중요성

output the original AI upscaling result as-is. Use this if you're having issues with file-size or color banding.

(활성화하면 이미지가 변환, 스케일링 또는 후처리가 되지 않는다. 이렇게 하면 원래의 AI 업스케일링 결과가 그대로 출력된다. 파일 크기나 색상 밴딩에 문제가 있는 경우 이를 사용한다.)

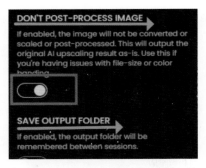

[그림9] 업스케일링 비활성화의 중요성

⑧ IMAGE SCALE(업스케일 배수)과 IMAGE COMPRESSION(이미지 압축) 지정

업스케일은 2X, 3X, 4X, 16X순으로 최대 16배까지 가능하다. 이미지 압축을 하게 되면 일부 이미지에 색상 문제를 일으킬 수 있으므로 가능하면 무손실 품질을 위해 압축을 0으로 하는 것이 좋다.

- IMAGE COMPRESSION : 이미지 압축

This option can cause color issues with some images. For PNGs, if you use compression, they'll use indexed colors. Keep compression to 0 for PNGs for lossless quality.
(이 옵션은 일부 이미지에 색상 문제를 일으킬 수 있다. PNG의 경우 압축을 사용하면 인덱싱된 색상을 사용한다. 무손실 품질을 위해 PNG의 경우 압축을 0으로 유지한다.)

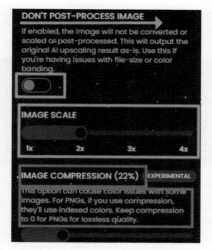

[그림10] 업스케일 배수와 이미지 압축

⑨ **SAVE OUTPUT FOLDER** : 출력 폴더 저장

If enabled, the output folder will be remembered between sessions.

(활성화 된 경우 출력 폴더가 세션 사이에 기억된다.)

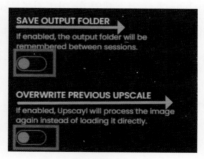

[그림11] 출력 폴더 저장

⑩ SHOW/HIDE IMAGE SETTINGS : 이미지 보기 모드 지정

[그림12] 이미지 보기 모드 지정 (출처 : 네이버, 쉐어클래스 김미영 :
무료 업스케일링 앱(Upscaly1), AI이미지 해상도 높이기)

(2) Adobe Photoshop 이미지 업스케일링

Adobe Photoshop은 강력한 이미지 편집 도구로, 다양한 업스케일링
기능을 제공한다. 특히 Photoshop의 'Preserve Details 2.0' 업스케일링
알고리즘은 AI 기반으로 고품질의 업스케일링을 가능하게 한다.

• 사용 방법-1 : 이미지크기 이용

① Adobe Photoshop에서 업스케일 할 이미지를 불러온다.
② 상단 메뉴에서 [이미지] – [이미지크기]를 선택한다.
  – 리샘플링 옵션에서 [세부 묘사유지 2.0/노이즈감소:90~100%]를
    선택한다.
  – 원하는 해상도를 설정하고 확인을 클릭 이미지를 업스케일링 한다.

[그림13] 사용할 이미지 크기 지정하기

③ 생성형 AI를 이용해 RAW 파일뿐만 아니라 JPG 파일도 Camera Raw 필터로 이미지의 파일 향상을 할 수 있게 됐고 파일 크기도 업스케일 할 수 있게 됐다. 이를 위해서는 PhotoShop의 환경설정을 바꿔 준다.

[편집] – [환경설정] – [Camera Raw(W)] – [파일처리] – [JPG] – [모든 JPG 자동열기]

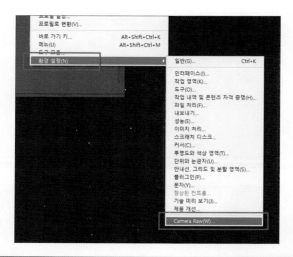

[그림14] 포토샵 환경 설정하기

• 사용 방법-2 : Neural Filters 이용

④ [필터] – [Neural Filters]   Neural Filters

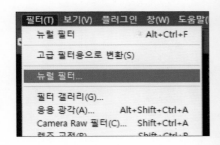

[그림15] 뉴럴 필터 사용하기

(3) 픽셀컷(PIXELCUT) 이미지 업스케일링

'PIXELCUT(https://create.pixelcut.ai/upscaler)'은 사용하기 쉬운 이미지 업스케일링 도구로 AI를 활용해 고품질의 업스케일링을 제공한다. 이 도구는 빠른 처리 속도와 사용자 친화적인 인터페이스를 갖추고 있어 누구나 쉽게 사용할 수 있다.

• 사용 방법
- PIXELCUT 웹사이트에 접속해 업스케일할 이미지를 업로드한다.
- 업스케일링 옵션을 선택하고, 원하는 해상도를 설정한다.
- '변환' 버튼을 클릭해 이미지를 업스케일링한다.
- 업스케일링이 완료된 이미지를 다운로드한다.

① 회원가입/로그인한다.

[그림16] PIXELCUT 메인 화면

② 업스케일러를 선택 클릭한다.

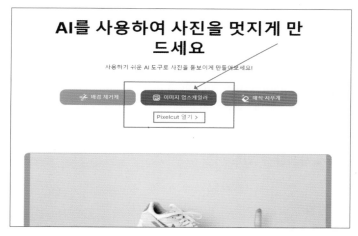

[그림17] 업스케일러 선택하기

③ 이미지를 업로드한다.

[그림18] 이미지 업로드 하기

④ 이미지를 업로드한 후에 몇 배로 업스케일을 할 것인지 옵션을 세팅한다. 업스케일이 된 파일은 바로 확인 할 수 있으며 해상도도 훨씬 좋아진 것을 확인 할 수 있다.

[그림19] 옵션 세팅하기

⑤ 4000픽셀보다 작은 이미지만 무료로 업스케일을 할 수 있고 그 이상이 되면 유료로 사용해야 한다. 그러나 인쇄 등의 큰 이미지가 필요한 경우가 아니면 무료로 사용해도 무리가 없다.

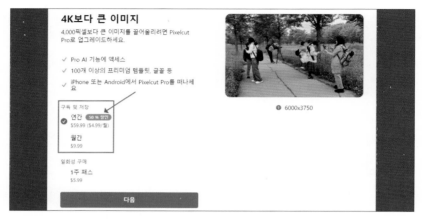

[그림20] 4000픽셀보다 큰 이미지 사용료

(4) 빅JPG(bigjpg) 이미지 업스케일링

'Bigjpg(https://bigjpg.com)'는 딥러닝 기술을 활용해 이미지를 업스케일링하는 도구로, 특히 애니메이션 및 예술 작품에서 뛰어난 성능을 발휘한다. 이 도구는 이미지의 디테일을 최대한 유지하면서 고해상도로 변환할 수 있다.

• 사용 방법
- Bigjpg 웹사이트에 접속해 업스케일할 이미지를 업로드한다.
- 업스케일링 옵션을 선택하고, 원하는 해상도를 설정한다.
- '확대' 버튼을 클릭해 이미지를 업스케일링한다.
- 업스케일링이 완료된 이미지를 다운로드한다.

① 회원가입/로그인한다.

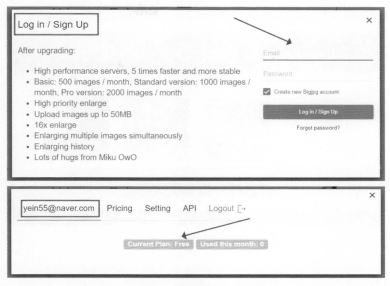

[그림21] 회원가입, 로그인하기

② 업스케일할 이미지 파일을 선택해 업로드한다.

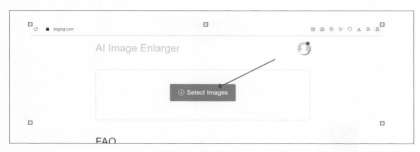

[그림22] 이미지 업로드 하기

③ 여러 개의 파일을 같이 업로드할 수 있으며 필요한 이미지만 선택해
업스케일할 수 있다.

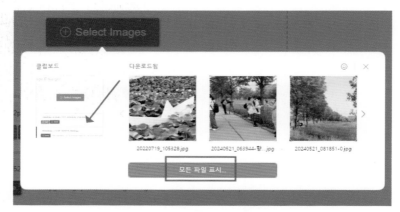

[그림23] 여러개 파일 업로드 하기

④ 원하는 이미지를 선택해 업스케일을 하고 옵션을 세팅한다.

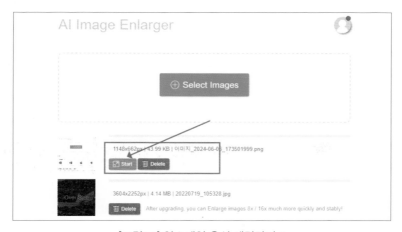

[그림24] 업스케일 옵션 세팅하기 1

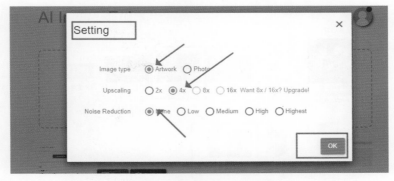

[그림25] 업스케일 옵션 세팅하기 2

⑤ 업스케일이 끝나면 다운로드한다.

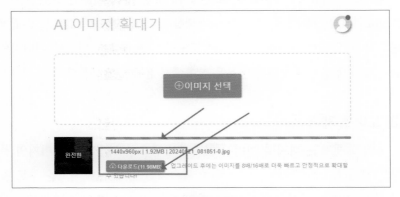

[그림26] 다운로드하기

⑥ PC에 다운로드 된 것을 확인할 수 있으며. 업스케일이 끝난 파일을
확인해 보면 옵션에 세팅한 대로 2X, 4X … 등으로 업스케일 된 것을 확
인 할 수 있다.

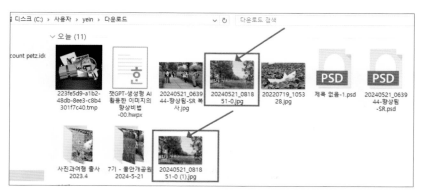

[그림27] PC에서 다운로드 확인하기

이미지 업스케일링은 생성형 AI 기술의 발전으로 인해 더욱 정교하고 효율적으로 이뤄지고 있다. Upscapyl, Adobe Photoshop, PIXELCUT, Bigjpg와 같은 도구들은 사용자가 저해상도 이미지를 고해상도로 손쉽게 변환할 수 있도록 도와준다. 이러한 도구들을 활용하면, 디지털 이미지의 품질을 크게 향상시켜 다양한 응용 분야에서 유용하게 사용할 수 있다.

3) 노이즈 제거

'노이즈 제거'는 디지털 이미지 처리에서 중요한 과정으로 이미지의 품질을 개선하고 선명도를 높이기 위해 필수적인 단계다. 노이즈는 주로 촬영 환경, 카메라 센서의 한계, 압축 과정 등 여러 요인에 의해 발생하며 이는 이미지의 디테일을 손상시키고 시각적 품질을 저하시킨다.

(1) 노이즈의 종류와 특징

노이즈는 사진이나 이미지에 포함된 불필요한 정보를 의미한다. 이는 여러 가지 원인으로 발생할 수 있으며 주요 노이즈의 종류는 다음과 같다.

① Gaussian 노이즈

주로 카메라 센서의 열 소음이나 전자적 간섭에 의해 발생하며, 픽셀값이 평균값 주위에서 무작위로 분포된다.

② Salt-and-Pepper 노이즈

픽셀값이 극단적인 밝기(검은색 또는 흰색)로 변하는 노이즈로 주로 이미지 전송 과정에서의 오류나 센서 결함에 의해 발생한다.

③ Speckle 노이즈

주로 레이더 이미지나 초음파 이미지에서 발생하며 곱셈적 노이즈로 분류된다.

(2) 노이즈 제거의 중요성과 AI를 활용한 노이즈 제거

노이즈 제거는 이미지의 선명도를 높이고 중요한 디테일을 복원하며 시각적 품질을 개선하는 데 필수적이다. 전통적인 노이즈 제거 방법은 주로 필터링 기법을 사용했으나, 이는 이미지의 디테일을 함께 손실시킬 수 있다는 단점이 있다. 반면, 생성형 AI를 활용한 노이즈 제거 기술은 이미지의 디테일을 최대한 보존하면서 노이즈를 효과적으로 제거할 수 있다.

① 전통적인 노이즈 제거 방법

전통적인 노이즈 제거 방법은 주로 필터링 기법을 사용해 노이즈를 감소시키고 이미지를 더 깨끗하고 선명하게 만든다. 전통적인 노이즈 제거 방법들은 각각의 특성과 장단점을 갖고 있으며 다양한 상황에서 유용하게 사용될 수 있다. 미디언 필터, Gaussian 필터, 위너 필터는 가장 널리 사용되는 필터링 기법으로 이미지의 품질을 개선하고 노이즈를 효과적으로 제거하는 데 중요한 역할을 한다. 이러한 전통적인 방법들을 잘 이해하고 활용하면, 이미지 처리에서 더욱 깨끗하고 선명한 결과를 얻을 수 있다.

② AI를 활용한 노이즈 제거 방법

AI 기술, 특히 딥러닝을 이용한 노이즈 제거는 이미지의 디테일을 최대한 보존하면서 노이즈를 효과적으로 제거할 수 있는 혁신적인 방법이다. 이러한 모델은 대량의 데이터셋을 학습해 노이즈 패턴을 인식하고 이를 제거하는 데 매우 효과적이다. 대표적인 AI 기반 노이즈 제거 기술로는 CNN(Convolutional Neural Network)을 활용한 모델들이 있다.

이러한 AI를 활용한 노이즈 제거 방법들은 전통적인 필터링 기법과 비교할 때 더 정교하고 자연스러운 결과를 제공한다. 특히 이미지의 세부 사항을 유지하면서 노이즈를 효과적으로 제거할 수 있어 사진, 의료 영상, 보안 시스템 등 다양한 분야에서 광범위하게 사용되고 있다.

(3) 노이즈 제거 도구
① Adobe Photoshop
'Adobe Photoshop'은 다양한 필터를 제공해 노이즈 제거를 도와준다. 예를 들어, 'Noise Reduction' 필터를 사용하면 쉽게 이미지의 노이즈를 줄일 수 있다.

② Topaz DeNoise AI
'Topaz DeNoise AI'는 AI 기반의 강력한 노이즈 제거 도구로 이미지의 디테일을 유지하면서 노이즈를 효과적으로 제거한다.

③ Neat Image

'Neat Image'는 노이즈 제거에 특화된 소프트웨어로 주로 사진작가와 영상 편집자들 사이에서 인기를 끌고 있다.

노이즈 제거는 이미지 품질을 향상시키는 중요한 과정으로 AI 기술의 발전으로 더욱 정교하고 효율적인 노이즈 제거가 가능해졌다. Adobe Photoshop, Topaz DeNoise AI, Neat Image와 같은 도구를 활용하면 누구나 손쉽게 고품질의 이미지를 얻을 수 있다.

4) 이미지 합성
(1) 이미지 합성의 기본 원리

이미지 합성은 여러 개의 이미지를 하나의 이미지로 결합해 새로운 이미지를 생성하는 기술이다. 이는 그래픽 디자인, 영화 제작, 광고 등 다양한 분야에서 활용되고 있다. 이미지 합성은 각 이미지의 특정 요소를 추출해 이를 자연스럽게 합성하는 것이다. 이를 위해서는 레이어(layer), 마스크(mask), 채널(channel) 등의 개념이 필요하다.

① 레이어(layer)

이미지를 겹겹이 쌓아 다양한 요소를 한 이미지로 합성할 수 있게 하는 구조이다.

② 마스크(mask)

이미지의 특정 부분을 숨기거나 드러내기 위해 사용되며 합성 시 중요한 역할을 한다.

③ 채널(channel)

이미지의 투명도 정보를 담고 있으며 여러 이미지를 자연스럽게 합성하는 데 도움을 준다.

(2) 이미지 합성 기술과 도구

이미지 합성을 위한 주요 기술과 도구는 다음과 같다:

① Adobe Photoshop

'Adobe Photoshop'은 이미지 합성에 가장 널리 사용되는 도구이다. 다양한 기능과 강력한 편집 도구를 제공해 정교한 이미지 합성이 가능하다.

② GIMP

'GIMP'는 무료로 제공되는 이미지 편집 도구로 Photoshop과 유사한 기능을 갖고 있다. IMP를 사용해도 효과적인 이미지 합성이 가능하다.

(3) 다중 이미지 합성 방법

다중 이미지 합성 방법은 여러 이미지를 결합해 하나의 이미지를 만드는 기술이다. 이는 주로 파노라마 사진, HDR(High Dynamic Range) 이미지, 멀티노출 사진 등에 많이 사용한다.

① 파노라마

여러 장의 이미지를 합성해 넓은 시야를 가진 이미지를 만든다. 주로 넓은 풍경 사진에서 많이 사용된다.

② HDR

서로 다른 노출값으로 촬영된 이미지를 합성해 밝기와 색상이 풍부한 이미지를 만든다.

③ 멀티노출

서로 다른 피사체를 촬영한 여러 이미지를 겹쳐 독특한 효과를 만드는 방법이다.

(4) AI를 활용한 이미지 합성

최근 인공지능(AI)을 활용한 이미지합성 기술이 크게 발전했다. 특히 'GAN(Generative Adversarial Networks)'과 같은 딥러닝 모델을 사용해 매우 정교하고 현실적인 이미지 합성이 가능해졌다.

① 딥드림(DeepDream)

구글에서 개발한 기술로 신경망을 사용해 이미지를 분석하고 새로운 패턴을 생성해 꿈같은 이미지를 만든다.

② 딥페이크(Deepfake)

GAN을 활용해 인물의 얼굴을 다른 영상에 합성하는 기술로 주로 동영상 합성에 사용된다.

이미지 합성은 다양한 분야에서 창의성과 기술력을 발휘할 수 있는 중요한 작업이다. Adobe Photoshop과 GIMP 같은 도구를 사용해 이미지 합성을 배우고, 다중 이미지 합성 기술과 AI 기반 합성 기술을 활용하면 더욱 정교하고 현실적인 이미지를 만들 수 있다.

5) 스타일 변환

(1) 이미지 스타일 변환의 원리와 기본 개념

이미지 스타일 변환은 하나의 이미지에 다른 이미지의 스타일을 적용해 새로운 시각적 효과를 만드는 방법이다. 이 과정에서 콘텐츠 이미지(content image)는 구조와 디테일을, 스타일 이미지(style image)는 색상, 질감, 패턴을 제공한다. 스타일 변환의 핵심은 손실 함수(loss function)로 콘텐츠 손실(content loss)과 스타일 손실(style loss)을 최소화해 두 이미지의 조화를 이루는 것이다.

(2) AI를 활용한 스타일 변환

인공지능, 특히 딥러닝 기술의 발전으로 스타일 변환이 더욱 정교하고 효과적으로 이뤄지고 있다. 딥러닝을 활용한 스타일 변환은 주로 '컨볼루션 신경망(Convolutional Neural Networks, CNN)'을 사용한다. CNN을 활용하면 이미지의 고유한 패턴과 스타일을 학습하고 이를 다른 이미지에 적용할 수 있다.

(3) 스타일 변환 도구

스타일 변환을 쉽게 할 수 있는 다양한 도구들이 있다. 다음은 많이 사용되고 있는 도구들이다.

① DeepArt

DeepArt는 웹 기반의 스타일 변환 도구로 사용자가 간편하게 스타일 변환을 할 수 있도록 도와준다. 유명한 예술가의 스타일을 선택해 자신의 사진에 적용할 수 있다.

② Prisma

Prisma는 모바일 애플리케이션으로 사용자가 스마트폰에서 쉽게 스타일 변환을 할 수 있도록 해준다. 다양한 필터와 스타일 옵션을 제공해, 예술적인 이미지 변환이 가능하다.

③ 사용 방법 및 팁

- 콘텐츠와 스타일 이미지 선택 : 스타일 변환의 결과물은 선택한 이미지에 크게 의존한다. 적절한 콘텐츠 이미지와 스타일 이미지를 선택하는 것이 중요하다.
- 손실 함수 조정 : 콘텐츠 손실과 스타일 손실의 가중치를 적절히 조정해 원하는 결과물을 얻을 수 있다.
- 다양한 시도 : 여러 스타일과 설정을 시도해 다양한 결과물을 비교해 보는 것이 좋다. 이를 통해 최적의 스타일 변환 결과를 얻을 수 있다.

이미지 스타일 변환은 예술적 창작과 디자인에서 매우 유용한 도구다. AI와 딥러닝 기술을 활용해 높은 품질의 스타일 변환이 가능해졌으며, VGG19와 GAN 같은 모델은 그 대표적인 예다. DeepArt와 Prisma와 같은 도구를 사용하면 누구나 손쉽게 스타일 변환을 시도해 볼 수 있다.

6) 디테일 향상

(1) AI 기반 이미지 디테일 향상의 원리

AI 기반 이미지 디테일 향상은 인공지능, 특히 딥러닝 기술을 이용해 저해상도 이미지를 고해상도로 변환하거나 이미지의 세부 사항을 더 명확하게 표현하는 기술이다. 이 기술은 주로 컨볼루션 신경망(Convolutional Neural Networks, CNN)을 사용해 이미지의 다양한 특징을 학습하고, 이를 바탕으로 더 세밀한 디테일을 생성한다. CNN은 여러 층의 뉴런으로 구성된 구조로 각 층은 입력 이미지의 특정 패턴을 인식하고 이를 조합해 더 복잡한 구조를 만들어 낸다. 이를 통해 원본 이미지의 디테일을 보완하거나 복원할 수 있다.

(2) 이미지 세부 묘사 기술

이미지 세부 묘사 기술은 이미지의 작은 디테일을 강조하거나 복원하는 다양한 기법을 포함한다. 이러한 기술은 사진, 영화, 의료 영상 등 다양한 분야에서 활용된다. 주요 기술로는 다음과 같은 것들이 있다.

① 슈퍼 해상도(Super-Resolution)

'슈퍼 해상도' 기술은 저해상도 이미지를 고해상도로 변환하는 방법이다. 이 과정에서 AI는 기존의 픽셀 정보를 바탕으로 더 많은 픽셀을 생성해 이미지를 더 선명하게 만든다. 이는 단순한 보간법과 달리 학습된 데이터를 이용해 보다 자연스럽고 디테일한 이미지를 생성할 수 있다.

② 노이즈 제거(Denoising)

'노이즈 제거'는 이미지의 불필요한 잡음을 제거해 더 깨끗한 이미지를 만드는 기술이다. 이는 특히 어두운 환경에서 촬영된 사진이나 오래된 이미지에서 유용하다. AI를 활용한 노이즈 제거는 기존의 방법보다 더 효과적이며, 이미지의 디테일을 최대한 보존하면서 노이즈를 제거할 수 있다.

③ 경계선 강조(Edge Enhancement)

'경계선 강조'는 이미지의 경계선을 더 뚜렷하게 만들어 디테일을 강조하는 기술이다. 이는 이미지의 주요 특징을 더 명확하게 보여주며, 인식의 정확성을 높인다. 경계선 강조 기술은 주로 이미지 필터링 기법을 사용해 구현된다.

(3) 디테일 향상 기술 및 도구 소개와 사용 방법

① Topaz Labs의 Gigapixel AI

Gigapixel AI는 AI 기반의 이미지 디테일 향상 도구로, 저해상도 이미지를 고해상도로 변환하는 데 특화돼 있다. 이 도구는 딥러닝 알고리즘을 사용해 이미지를 분석하고, 디테일을 자연스럽게 복원한다.

② Adobe Photoshop의 디테일 향상 기능

Photoshop은 다양한 디테일 향상 기능을 제공하는 강력한 이미지 편집 도구다. 특히 이미지의 디테일을 향상시키는 다양한 필터와 조정 도구를 통해 이미지를 더욱 선명하고 명확하게 만들 수 있다.

③ DXO PhotoLab의 AI Clear

DXO PhotoLab은 고급 사진 편집 소프트웨어로, AI Clear라는 노이즈 제거 및 디테일 향상 기능을 제공한다. AI Clear는 이미지의 디테일을 유지하면서도 노이즈를 효과적으로 제거해 이미지를 더욱 선명하게 만든다.

AI 기반 이미지 디테일 향상 기술은 다양한 분야에서 이미지를 더 선명하고 명확하게 만드는 데 중요한 역할을 한다. 슈퍼 해상도, 노이즈 제거, 경계선 강조와 같은 기술을 통해 이미지를 향상시키는 방법을 배울 수 있으며, Topaz Labs의 Gigapixel AI, Adobe Photoshop, DXO PhotoLab과 같은 도구를 사용하면 누구나 쉽게 이러한 기술을 활용할 수 있다.

생성형 AI를 활용한 이미지 향상 기술은 디지털 미디어의 혁신을 주도하는 핵심 요소다. 이 책에서는 이미지의 해상도와 품질 개선, 색상 및 명도 조절, 전통적인 이미지 향상 방법과 AI 기반 첨단기술까지 다양한 주제를 다뤘다. 각 챕터는 독자들이 이미지 향상 기술을 깊이 이해하고 실무에 적용할 수 있도록 체계적으로 구성됐다.

이미지 업스케일링, 노이즈 제거, 이미지 합성, 스타일 변환, 디테일 향상 등 다양한 분야에서 AI 기술이 어떻게 적용되는지 구체적인 사례와 도구를 통해 살펴보았다. 특히 Upscapyl, Adobe Photoshop, PIXELCUT, Bigjpg 등 다양한 도구를 활용해 실질적인 이미지 향상 방법을 배울 수 있도록 했다. 또한 노이즈 제거와 디테일 향상, 스타일 변환과 같은 고급 기술들을 실질적으로 사용할 수 있도록 정보와 지식을 제공했다.

AI 기반 이미지 향상 기술은 단순히 이미지의 품질을 높이는 것을 넘어 예술, 광고, 의료, 보안 등 다양한 산업에 혁신적인 변화를 가져오고 있다. 이 장을 통해 독자들이 이러한 기술들을 실무에 적용해 더욱 창의적이고 높은 품질의 디지털 이미지를 제작할 수 있기를 바란다.

마지막으로, 생성형 AI의 발전은 계속될 것이며 이에 따라 이미지 향상 기술도 지속적으로 진화할 것이다. 이 글이 독자들에게 미래를 준비하는 데 있어 유익한 가이드가 되기를 바라며 고품질의 디지털 이미지를 만들기 위한 중요한 길잡이가 되기를 바란다.

13

생성형 AI로 SNS 마케팅
홍보 문구와 동영상 만들기

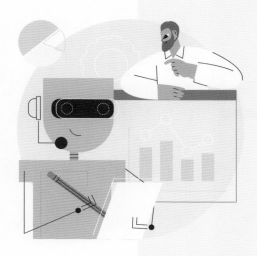

임 상 희

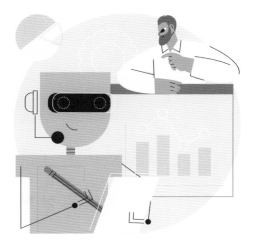

제13장
생성형 AI로 SNS 마케팅
홍보 문구와 동영상 만들기

Prologue

최근 불경기로 전보다 많이 판매가 부진해 피가 마르나요? 끊임없이 경쟁하기에 하루하루가 전쟁터에 있는 것 같나요? 우리 회사를 빼고 모든 경쟁사는 코로나 불경기에도 승승장구하는 것 같아서 배가 아프나요?

(문제점)
"대기업이나 브랜드 파워가 있는 기업의 경우는 소비자가 홈페이지나 운영 채널로 쉽게 유입되는 경우가 많아요."
"반면에 중소기업이나 소상공인들은 브랜드 파워가 약하다 보니 홈페이지 같은 운영 채널로 유입되기가 어려워요."

"그럼 중소기업들과 중소상공인들의 고민 어떻게 해결해야 하나요?"
"대기업은 홈페이지만 개설하면 되나요?"

(해결책)
"온라인 마케팅 4가지를 꾸준히 해보세요!"

[그림1] 네이버 블로그   [그림2] 유튜브   [그림3] 인스타그램   [그림4] 틱톡

1. 마케팅의 정의

1) 가짜 마케팅이란 무엇인가?

한마디로 철저히 기업 위주의 '이기주의(利己主義)마케팅'이다. '자신의 배만 불리고 제품 매출만 상승시키면 그만이다'라는 정신으로 고객을 일회용처럼 취급한다. 고객들은 온갖 감언이설에 한 번은 속아서 제품을 사지만 다음에는 손절이다. 이런 기업은 오래가지 못하고 남을 해롭게 했으므로 자신도 일회용 취급을 받아 해를 입는다. 폐업이 속출하는 이유이다.

2) 진짜 마케팅이란 무엇인가?

고객 중심의 이타주의(利他主義)로 '홍익인간(弘益人間)'의 정신이다. 브랜드의 제품이 고객의 요구사항(고객의 필요 즉, 실용성, 편의성, 심미성, 자부심, 안정성, 속도감, 지식 충족)으로 인해 꾸준한 만족을 가져오고, 이것이 제품의 구매로 이어진다면 그것은 성공한 마케팅이다. 마케팅이란 남을 이롭게 하기 위해 상대방의 마음이 무엇인지를 헤아리는 것이다. 상대방이 불편한 것이 있으면 개선해 준다. 꾸준한 제품 구매는 곧 신제품을 런칭할 수 있는 여력으로 이어진다. 남을 이롭게 했기 때문에 나도 이로워지는 것이다.

3) 나의 경험

필자는 대학 시절, 일요일도 단 하루도 빠지지 않고 공부에 몰두해 영어 학과를 수석으로 졸업하면서 총장상을 수상했다. LG정밀 인재 개발팀에도 근무했지만, 수십 년 후의 미래를 대비하고자 스스로 그만두었다. 젊은 시절 창업하는 것이 나이 들어 창업하는 것보다 덜 고생스러울 것이라는 점이 그 이유였다.

영어 전공을 살리고 필자는 어릴 때부터 학생들을 가르치고 싶은 마음이 커서 우선은 영어학원에서 근무했다. 나는 차차 티칭 실력을 인정받아서 영어 과외 요청이 많아지면서 영어학원을 운영하고 그룹과외도 했다. 젊은 시절 창업의 어려움을 극복하기 위해 다양한 마케팅 홍보기법을 고민하고 실천해 보았다. 초창기에는 전단지, 현수막, 아파트 광고 등 다양한 광고를 활용했다. 지금 생각하면 원시적인 방법이지만 그 시절에는 누구나 다 그렇게 했다.

그러나 코로나 사태를 겪으며 비대면의 시대를 맞아 모든 종류의 학원들이 거의 문을 닫게 됐다. 필자도 피해를 입어 학생이 그만 2명 정도만 남게 됐다. 비대면 시대에 비대면으로 해야 하는 마케팅이 절실히 필요하게 된 것이다. 거기에 맞는 피나는 노력이 또한 요구됐다. 코로나를 견디고 지금까지 이겨낸 사업체는 정말이지 내공이 탄탄한 것이다.

코로나 시대에 나는 20년간의 강의력과 SNS로 일대일로 영어 과외를 운영해 살아남게 됐다. 필자는 1년에 책을 100권 이상 읽었고 온라인으로 강연을 1,000여 개를 들었다. 수능 영어를 가르치기에는 다양한 영역의 지식을 알고 배경지식을 가르쳐야 하기에 20년간 뼈를 깎아내는 고통을 견뎌왔다.

매일 새로운 영어 지식을 업그레이드했고 신간을 사서 읽어 보았다. 남들은 비대면의 코로나 시대에 거의 다 문을 닫았지만 20년간의 탄탄한 강의력, 입소문, 그리고 SNS를 활용한 결과로 지금까지 살아남은 것이다. 요즘에는 물리적인 광고물보다는 SNS를 활용한 블로그를 보고 많은 문의가 들어온다.

정보통신(IT)의 시대를 거쳐서 AI 기술이 발전하면서 마케팅 분야는 끊임없이 쇄신을 거듭하고 있다. 2024년은 AI를 활용한 SNS의 중요성이 높아졌다. 점차 오프라인 시장의 매출은 감소하고 온라인 판매가 상승곡선을 그리고 있는 사실을 모두가 목도하고 있다.

당장 오프라인 쇼핑몰에 가 보면 파리만 날리고 있다. 마케팅 시장이 완전히 바뀐 것이다. 물론 오프라인 매장도 반드시 필요하다. 그러나 매출을 올리려면 AI를 활용한 SNS 마케팅 기술은 무엇보다 필수적이다. 특히 2024년 AI 기술이 발전하면서 말이다.

시대의 변화에 따라 이번 책에는 'AI를 활용한 SNS 마케팅으로 매출을 상승시키는 법'을 알려드리려고 한다. 그리고 20년 동안 영어학원을 운영한 경험에 따른 컨설팅 철학을 공개한다.

요즘 소상공인 중 소셜미디어 계정이 하나도 없는 분은 거의 없다. 그러나 그것을 적극적으로 활용하는 분도 많지는 않다. 대부분이 SNS 활동을 꼭 필요한 마케팅 홍보전략으로 보기보다는 그냥 생각날 때 한 번씩 올리는 정도에 머물고 있다는 것이다.

소셜미디어를 활용한 홍보를 게을리하다 보면 시장은 온라인 비즈니스 시장으로 재편됐는데 시대 흐름에 편승하지 않으면 여기에서 도태될 수밖에 없다. 그래서 앞으로는 대기업이든 중소상공인이든 브랜드를 알리는 온라인 시장에 대한 지식을 습득해야 한다. 이에 대비하지 못하면 디지털 격차의 '양극화 현상'이 더욱 심해질 것이다.

나도 블로그 유입이 많을 때에는 너무 유입이 많은 것이 힘들어 그만둔 때도 있었다. 그러나 SNS 마케팅은 내가 쉬거나 자고 있을 때도 나 대신 홍보를 해주는 효자이다. 우리는 그 점을 활용해야 한다.

2. SNS 활용 시 나의 제안

1) 제품의 소비층에 맞는 SNS 채널을 각각 다르게 운영하라

인공지능 시대에 성공하려면 제품의 소비층에 맞는 SNS 채널을 각각 다르게 운영하라. 인공지능 시대에 어떤 마케팅이 트렌디하고 어떤 것을 운영해야 하는지, 내가 만약에 사업을 운영하는 기업가라면 반드시 파악하고 직원들한테 알려줘야 한다. SNS 마케팅의 최신경향은 먼저 역사를 좀 살펴봐야 한다.

2018년도 이전에는 '블로그 마케팅'이 대세였다. 카드 뉴스 마케팅이 조금 있긴 했지만, 어쨌든 블로그가 가장 유효했다. 2018년도 들어서는 '퍼포먼스·유튜브·인스타그램 마케팅' 이런 것들이 조금씩 등장했다. 2019년에 들어서서 '유튜브 브랜디드 마케팅'이라고 해서 유튜버가 제품을 설명하는 형태의 트렌드가 있었다.

2023년에는 '쇼츠·릴스·틱톡 마케팅'이 굉장히 유행하게 됐다. 2018년부터 가장 효율이 좋은 마케팅은 '인스타그램 릴스'이다. 그러나 만약에 해외 사업을 하시는 분들이라면 틱톡을 활용해야 한다. 지식 콘텐츠 사업을 하는 분들은 릴스를 활용해야 한다. 또한 블로그만으로 수익이 한계가 있는 사업체는 인스타그램을 같이 운영하면 매출이 3~5배 정도 상승한다.

2) 고객의 목소리에 귀 기울이고, 고품질 지식 콘텐츠를 구성하라

항상 고객의 목소리에 귀 기울이고, 고객이 듣고 싶어 하는 고품질 지식 콘텐츠를 구성하라. 이에 앞서 자신의 사업과 타깃 고객의 데이터를 분석하는 것이 가장 중요하다. 데이터 분석 후에는 주요 타깃 고객이 듣고 싶어 하는 내용, 보고 싶어 하는 내용 위주로 콘텐츠를 구성해야 한다.

콘텐츠 내용은 내가 팔려는 '제품이나 서비스 이야기'만 하면 안 된다. 콘텐츠 내용의 대부분이 메뉴판의 메뉴처럼 '팔고자 하는 제품만 나열하는 경우'가 많다. 이렇게 해서는 고객의 관심을 끌 수 없다. '당장 사라'고만 강요한다면 이 경우 고객은 해당 콘텐츠에 오래 머무르지 않으며 반응하지 않고 3초 만에 빨리 이탈한다.

이 시즌에 내 소비자가 궁금해하는 것, 소비자가 필요한 것, 소비자를 이롭게 해줄 수 있는 것이 무엇인지를 소비자의 입장에서 끊임없이 연구해 SNS 채널을 운영해야 한다. 중요한 정보를 주는 것이 가장 좋다. 진정성이 있는 내용을 갖고 진심으로 감성적으로 공감할 수 있게 만드는 것이 중요하다.

자신의 성장 스토리나 회사의 성장 스토리를 올리는 것도 진정성이 있다. 주요 타깃 고객이 원하는 제품을 파는 것이 사업이라면, SNS 채널 원리도 똑같다. 내 고객이 원하는 게 무엇인지 분석하고 그것을 어떻게 SNS 채널에서 표현할지 연구해야 한다. 경쟁이 치열한 시장에서 살아남기 위해서는 다양한 SNS 플랫폼에서 고객에게 흥미나 감동을 주거나 유용한 정보를 주면서 내 콘텐츠나 제품에 반응하게 만들어야 한다. 이를 통해 잠재고객을 충성고객으로 만들 수 있고, 우리 회사를 응원하고 우리 회사의 브랜드라면 믿고 사는 좋은 고객층을 확보할 수 있다.

3) 나만의 차별화된 콘텐츠로 독특한 퍼스널 브랜드를 형성하라

더 이상 남의 콘텐츠를 따라 하지 말고 나만의 차별화된 콘텐츠로 독특한 퍼스널 브랜드를 형성하라. 기업의 경영철학이 담긴 제품이 탄생 된 역사를 콘텐츠에 적어보아라. 여러분은 내 제품이나 서비스 가치를 담은 독특한 콘텐츠를 제공하는 생산자가 돼야 한다.

사람들은 퇴근 뒤 또는 휴식 시간에 유튜브, 인스타그램, 블로그 등의 콘텐츠에 많은 시간을 할애하고 있다. 사람들은 '이 회사는 이런 점이 좋아, 이 회사는 이런 것에 전문성이 있네, 독특해서 나도 써보고 싶어'라는 생각이 자연스럽게 흘러나오는 제품에 반응을 한다.

성공적인 콘텐츠는 나만의, 우리 회사만의 차별화된 콘텐츠가 있다. 이효리에 열광했던 사람들을 생각해 보자. 이효리만의 독특한 개성에 대중들은 심취해 있었다. SNS 채널도 우리 회사만의 독특한 매력을 만들어 보자. 그리고 남의 콘텐츠를 도와 협업도 해보자. 그러다 보면 새로운 틈새 시장이 보이고 아이디어가 샘솟는다.

도서관에 가서 마케팅 관련 책도 읽어 보자. 책에는 아이디어가 무궁무진하다. 사람들은 책을 잘 읽지 않는데, 빌 게이츠가 성공한 이유는 빌 게이츠 어머니가 집을 공공 도서관 옆으로 이사 가면서부터이다. 빌 게이츠는 집주변에 아무것도 놀 것이 없어서 매일 도서관에 가서 책을 읽었고 무한한 지식의 우물을 판 끝에 승승장구하는 Microsoft의 창업주가 된 것이다.

4) 진정성이 있는 팬덤을 만들어라

SNS를 진정성 있게 운영해 진정성이 있는 팬덤을 만들어라. 연예인들을 떠올리자. 팬덤이 있으면 브랜딩 가치가 계속 유지되지만, 팬덤이 없으면 계속 마케팅을 해야 하고 소리 소문없이 폐업을 해야 한다. 팬덤이 없으면 무명인 것이고, 팬덤이 있으면 유명인이고, 진정성 있는 마음가짐과 행동은 두터운 팬덤을 형성하고 계속 재구매로 이어지는 것이다.

자, 이제 본격적으로 AI를 활용해 SNS에서 당신을 기다리는 팬들의 팬덤을 형성할 차례이다. 팬덤을 형성하고 고객을 사로잡을 'AI 카피라이팅'과 동영상 '쇼츠'를 만들어 보자.

3. SNS 마케팅의 용도

1) 네이버 블로그, SNS 마케팅의 원조로 반드시 해야 한다

블로그 마케팅 같은 경우에는 네이버에서 '큐(Cue:)'라는 인공지능 서비스가 이제 도입이 됐다. 인공지능 시대 네이버 블로그에서는 '큐(Cue:)'를 기반으로 검색될 것이다. 그래서 우리는 인공지능 '큐(Cue:)'를 무시하면 안 된다. 블로그가 '큐(Cue:)'로 검색될 때 운영 중인 블로그가 상위노출이 되는지를 점검하고 블로그 전략을 다시 개편해야 한다. 한국에서는 네이버가 중요한 검색 엔진이니 네이버 서칭과 같이 사용해 마케팅도 활용해 인공지능 시대에 대비해야 할 것이다. 그래서 인공지능 '큐(Cue:)'로 네이버 블로그 카피라이팅을 해보겠다.

(1) 네이버 '큐(Cue:)' 활용 사례

네이버에서 '큐(Cue:)'를 검색하고 대화하기를 누르면 사용이 가능하다.

[그림5] 네이버 큐를 활용한 사례

(2) '키워드 마스터', '블랙 키위'로 핵심 키워드 발굴하라

네이버에 '키워드 마스터', '블랙 키위'를 검색해 보자. 블로그 운영 시 핵심 키워드를 발굴할 수 있다.

whereispost.com > keyword(키워드마스터 – 웨어이즈포스트)

blackkiwi.net(블랙 키위 – 키워드 검색량 조회, 분석)

나의 관심 키워드가 언제 가장 많이 검색되고, 어떤 성향과 특징을 갖고 있는지 알아본다. 2개의 싸이트를 이용해 여기서 자신이 운영하는 회사의 핵심 키워드를 발굴해야 한다. 어떤 키워드를 공략해야 검색 상위에 올라오게 될지를 연구해야 한다.

매일 들어가서 모바일 검색량, 총조회수, 문서 수를 확인해 보고 연관검색어로도 다양하게 검색해 본 뒤 반드시 자신의 기업에 맞는 핵심 키워드를 발굴해야 한라.

(3) 인공지능 챗GPT 활용 사례

[그림6]과 같이 내 블로그를 세계 최고 수준으로 개선하려면 어떻게 해야 하는지 물으면 10가지 답변을 뚝딱 올려준다.

너는 세계최고 블로거야 내 블로그를 세계최고 수준으로 개선하려면 어떻게 해야되

당신의 블로그를 세계 최고 수준으로 개선하기 위해 다음과 같은 전략을 제안합니다:

1. **프리미엄 디자인**: 전문적인 레이아웃과 세련된 디자인을 통해 시각적 매력을 높이세요. 맞춤형 로고와 브랜드 색상을 사용하세요.
2. **고품질 콘텐츠**: 깊이 있는 연구와 분석을 바탕으로 유익한 콘텐츠를 작성하세요. 전문적인 글쓰기와 편집을 통해 읽기 쉽게 만드세요.
3. **SEO 최적화**: 철저한 키워드 연구를 통해 검색 엔진에서 상위 노출될 수 있도록 하세요. 메타 태그, 제목, 본문에 적절히 키워드를 배치하세요.
4. **멀티미디어 활용**: 고해상도 이미지, 동영상, 인포그래픽 등 다양한 멀티미디어 요소를 활용하여 콘텐츠를 풍부하게 만드세요.
5. **소셜 미디어 연동**: 페이스북, 인스타그램, 유튜브 등 소셜 미디어와 블로그를 연동하여 더 많은 방문자를 유도하세요.
6. **사용자 참여**: 댓글, 설문조사, 퀴즈 등을 통해 사용자와의 상호작용을 늘리세요. 사용자의 피드백을 반영하여 블로그를 지속적으로 개선하세요.
7. **속도 최적화**: 페이지 로딩 속도를 개선하여 사용자 경험을 향상시키세요. 이를 위해 이미지 최적화, 캐싱, CDN 등을 활용하세요.
8. **모바일 최적화**: 모바일 사용자도 불편 없이 블로그를 이용할 수 있도록 반응형 디자인을 채택하세요.
9. **전문적 네트워킹**: 관련 분야의 전문가들과 네트워크를 형성하고, 게스트 포스트를 작성하거나 인터뷰를 진행하세요.
10. **분석과 개선**: 구글 애널리틱스와 같은 도구를 사용하여 방문자 통계를 분석하고, 데이터를 기반으로 지속적으로 블로그를 개선하세요.

[그림6] 인공지능 챗GPT 활용 사례 1

자신의 네이버 블로그 주소를 입력하고 부족한 점을 보완하는 방법을 알려달라고 해도 알려준다.

네이버에 블로그를 쓰려고 해 나의 블로그 페이지야
https://blog.naver.com/agafaw 어떤점을 보완해야되

당신의 블로그를 더 매력적으로 만들기 위해 다음과 같은 점을 보완할 수 있습니다:

1. **시각적 요소 강화**: 학원의 모습, 교실, 학생들의 성공 사례 등을 담은 고화질 이미지와 영상을 추가하여 페이지를 더 생동감 있게 만드세요.
2. **다양한 콘텐츠**: 성공 사례, 학생 후기, 영어 학습 팁 등의 인터랙티브한 콘텐츠를 포함해보세요.
3. **SEO 최적화**: 포스트에 관련 키워드를 사용하여 검색 엔진 순위를 높이세요.
4. **사용자 상호작용**: 댓글 기능을 활성화하고, 방문자들과 정기적으로 소통하여 커뮤니티를 구축하세요.

이러한 변화를 통해 블로그의 매력을 더욱 높일 수 있을 것입니다.

상위 노출을 하려면 어떤점을 보완해야 되

상위 노출을 위해 블로그를 최적화하려면 다음과 같은 점을 보완해야 합니다:

1. **키워드 최적화**: 관련 키워드를 제목, 본문, 태그에 적절히 포함하세요.
2. **정기적 업데이트**: 주기적으로 새로운 콘텐츠를 게시하여 블로그의 활성 상태를 유지하세요.
3. **고품질 콘텐츠**: 유익하고 흥미로운 콘텐츠를 제공하여 방문자들이 오래 머물게 하세요.
4. **내부 링크**: 블로그 내의 다른 게시물로 연결되는 링크를 추가하여 방문자들이 더 많은 페이지를 탐색하도록 유도하세요.
5. **메타 태그 최적화**: 제목 태그, 설명 태그를 적절히 사용하여 검색 엔진에서 더 잘 인식되도록 하세요.

이러한 전략을 통해 블로그의 검색 엔진 최적화(SEO)를 개선할 수 있습니다.

[그림7] 인공지능 챗GPT 활용 사례2

(4) '판다랭크' AI를 블로그에 활용하기

'판다랭크'는 온라인 사업자를 위한 종합 이커머스 마케팅 플랫폼이다. 주요 기능으로는 키워드 분석, 시장조사, 상품 최적화, 채널 영향력 분석, 블로그 분석 등이 있다. AI 기반 챗봇을 통해 사용자에게 맞춤형 마케팅 솔루션을 제공한다. 판다랭크는 데이터 기반의 인사이트를 제공해 사용자가 더 효과적인 마케팅 전략을 수립할 수 있도록 돕는다.

① 판다랭크 장점
- 종합적 기능: 키워드 분석, 시장조사, 상품 최적화 등 다양한 마케팅 도구 제공
- AI 기반: 인공지능을 활용한 맞춤형 마케팅 솔루션
- 사용자 친화적: 간편한 인터페이스와 실시간 데이터 분석 기능

② 판다랭크 단점
- 초기 비용: 일부 고급 기능 사용 시 높은 비용 발생 가능
- 학습 곡선: 모든 기능을 효과적으로 활용하기 위해서는 일정 시간의 학습 필요
- 고객 지원: 특정 시간대에 고객 지원 서비스 제한

③ 네이버에 판다랭크를 검색하면 [그림8]과 같은 화면이 나온다.

[그림8] 판다랭크를 블로그에 활용하기

④ 판다랭크로 블로그 제목과 초안 쓰기

[그림9] 판다랭크로 홍보를 위해 블로그 제목과 초안 쓰기 페이지

⑤ 블로그 제목을 쓰면 인공지능이 [그림10]처럼 다양한 블로그 제목을 만들어 준다. 이 내용에서 블로그 제목을 선택해서 초안을 작성하는데, 9번 'AI 기반 SNS 마케팅으로 2주 만에 수익 창출'을 선택해서 이렇게 제목을 쓰면 인공지능이 이 내용으로 블로그 포스팅을 작성해 준다.

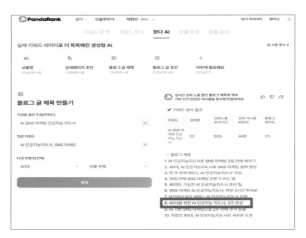

[그림10] 판다랭크로 블로그 제목 쓰기

[그림11] 판다랭크로 홍보 문구로 블로그 초안 쓰기

⑥ 이번에는 블로그에서 'SNS 마케팅 키워드'를 분석해 보자.

[그림12] 판다랭크로 SNS 마케팅 키워드 분석하기

⑦ SNS 마케팅 관련 조회 수 높은 콘텐츠도 이렇게 알려준다.

[그림13] 판다랭크로 SNS 마케팅 키워드 분석하기

(5) 네이버 블로그 상위노출로 블로그 고수 되기 위한 10계명

① 키워드 연구

네이버 키워드 도구를 사용해 인기 검색어를 파악하고, 포스트 제목과 본문에 적절히 삽입한다.

② 콘텐츠 품질

유익하고 상세한 정보를 제공해 방문자의 체류 시간을 늘리고, 재방문을 유도한다.

③ 정기적 업데이트

꾸준한 포스팅으로 블로그의 활동성을 유지한다.

④ 태그 활용

관련 태그를 사용해 검색 노출을 높인다.

⑤ 내부 링크

관련 포스트끼리 링크를 연결해 블로그 내 체류 시간을 증가시킨다.

⑥ SEO 최적화

제목, 메타 설명, 이미지 대체 텍스트에 키워드를 포함한다.

⑦ 소셜미디어 활용

포스트를 다양한 소셜미디어에 공유해 트래픽을 유도한다.

⑧ 댓글 관리

방문자의 댓글에 성실히 답변해 블로그의 활발한 이미지를 유지한다.

⑨ 시간

사용자가 콘텐츠를 3분 이상 지속적으로 방문해 읽는다면, 검색 결과에 노출될 확률이 상승한다.

⑩ 외부 링크와 백링크 활용

외부 웹사이트나 다른 블로그에서 여러분의 블로그로 링크를 걸어주면, 네이버 검색 알고리즘이 해당 블로그를 신뢰할 수 있는 소스로 인식해 상위노출에 긍정적인 영향을 미칠 수 있다. 이를 위해 다른 블로거와의 협업을 통해 상호 링크를 주고받거나, 유용한 정보를 제공해 자연스럽게 링크를 유도한다.

2) 유튜브

'유튜브'의 긴 영상은 기업을 홍보하는 '브랜디드 광고'라 할 수 있다. 유튜브 운영 노하우는 먼저 1강 분량의 영상을 찍고, 유튜브에 올리려면 하이라이트를 한번 선정 후, 썸네일로 활용해 올리면 조회 수가 많이 오른다.

썸네일을 위해 촬영하는 경우는 강의 전체를 촬영하기보다는, 하이라이트 부분을 집중적으로 촬영하는 것이 좋다. 이렇게 하면 썸네일을 통해 제공되는 정보에 관심을 갖게 되는 사람들이 강의 전체를 보게 되는 효과가 있다. 따라서 강의를 제작하는 경우라면 하이라이트와 썸네일을 중심으로 제작하기를 추천한다.

3) 인스타그램 릴스

'인스타그램 릴스'는 짧은 시간 동안 시청자의 관심을 끌 수 있는 짧은 동영상 콘텐츠이다. 인스타그램 릴스의 특징은 ▲ 짧은 시간 동안 시청 가능한 짧은 동영상 콘텐츠 ▲ 다양한 효과와 필터를 사용해 시각적으로 매력적인 콘텐츠를 만들 수 있음 ▲ 음악, 영상, 텍스트 등 다양한 요소를 포함할 수 있음 ▲ 시청자의 참여를 유도하는 기능이 있음(예: 좋아요, 댓글, 공유 등)이다.

릴스는 가장 좀 똑똑한 층들이 많이 보는 분포를 보인다. 지적인 콘텐츠로 올렸을 때 릴스에 반응할 확률이 훨씬 높다. 그 다음이 '쇼츠', 그 뒤를 있는 것이 '틱톡'이다.

4) 뤼튼(wrtn)

인공지능 '뤼튼'에서 인스타그램에 홍보할 문구를 만들어 볼 수 있다.

[그림14] 뤼튼에서 인스타그램에 홍보할 문구 선택

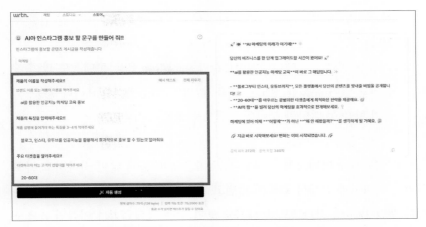

[그림15] 뤼튼에서 인스타그램에 홍보할 문구 작성

5) 틱톡(tiktok)

'틱톡(TikTok)'은 중국의 소셜미디어 기업인 바이트 댄스(Bytedance) 가 개발한 동영상 공유 플랫폼이다.

〈틱톡의 특징〉

– 빠른 업로드 영상 길이가 짧기에 빠르게 촬영하고 업로드할 수 있다. 또한 스마트폰 카메라 앱과의 연동도 지원하므로 더욱 쉽게 영상을 찍을 수 있다.

– 다양한 필터 및 효과 : 다양한 필터와 효과를 적용해 자신만의 개성 있는 영상을 만들 수 있다. 이를 통해 재미있고 흥미로운 콘텐츠를 제작할 수 있다.

– 음악 라이브러리 : 다양한 음악을 무료로 사용할 수 있으며, 자신이 만든 음악이나 음원을 등록해 사용이 가능하다.

– 글로벌 유저들과의 소통 : 전 세계적으로 많은 사람이 사용하고 있기

에 글로벌 유저들과 함께 소통하면서 다양한 문화와 트렌드를 접할 수 있다.

– 교육용 콘텐츠 : 엔터테인먼트뿐만 아니라 교육용 콘텐츠도 많이 제공되고 있어 유용한 정보를 얻을 수 있다. 예를 들어, 요리나 운동, 외국어 학습 등 다양한 분야의 콘텐츠를 즐길 수 있다.

틱톡은 해외 마케팅에 유리하다. 틱톡은 10대들이 많이 사용하고 글로벌한 이미지가 강해서 굉장히 가볍고 재밌는 것들이 통하는 곳이다. 단순히 재미 위주에 직관적으로 사진을 보여 주는 형태의 영상이라면 쇼츠도 좋을 수 있다. 10대를 타깃으로 하는 해외 수출기업은 틱톡이 좋다.

4. 2024년부터 제일 주목해야 할 SNS 마케팅은?

올해부터 제일 주목해야 할 SNS 마케팅에는 여러 가지가 있겠지만 릴스, 쇼츠, 틱톡에 주의하길 바란다. 이들을 활용함에 있어 주의 사항은 자신의 운영 사업의 타깃 층에 맞춰서 각각 다르고 독특하게 표현해야 한다는 점이다.

[그림16] 릴스   [그림17] 쇼츠   [그림18] 틱톡

1) 캡컷(CapCup)

릴스 & 쇼츠 & 틱톡에 가장 효과적인 AI는 '캡컷(CapCup)'이다.

[그림19] 캡컷

캡컷 고수가 되려면 한 가지 '브랜드 키트'를 기억해야 한다. 브랜드 키트는 내가 자주 쓰는 텍스트, 영상, 글꼴 이미지 등을 저장해서 미리 만들어 두면 간편하게 릴스 & 쇼츠 & 틱톡을 만들어 주고 내 시간을 절약해 준다.

[그림20] 브랜드 키트로 캡컷 고수되기

2) 캔바

블로그, 유튜브, 인스타그램, 틱톡 고수가 되고 싶다면 인공지능 '캔바'를 배워라!

(1) 캔바의 기능
① 비주얼 다큐먼트

프레젠테이션, 화이트보드, PDF 편집지, 그래픽, 다이어그램 등

② 사진과 영상

사진과 영상 편집기, 유튜브 영상 편집기, 포토 콜라주 등

③ 인쇄

명함, 카드, 초대장, 머그컵, 티셔츠, 후드, 캘린더 등

④ 마케팅

로고, 포스터, 유인물, 소셜미디어, 웹사이트 QR 코드 생성기

⑤ 스마트폰 사용 가능

스마트폰에서도 사용 가능해 빠르게 동영상을 올릴 수 있다.

(2) 무수히 많은 템플릿과 레이아웃

캔바는 매우 다양한 템플릿과 기능을 지원한다.

인스타그램 피드용 포스트, 페이스북 포스트와 커버 이미지, 틱톡 비디오, 유튜브 썸네일과 인트로, 소셜미디어용 애니메이션, 트위터 포스트, 링크드인 배경 사진이 있다.

템플릿을 직접 만들 수도 있다. 이를 이용하면 일정한 형식의 포스트를 더 빠르게 만들 수 있다. 캔바 템플릿에 원하는 이미지와 로고를 추가·대체·수정해 사용하는 것도 가능하다. 캔바에서 마케팅을 클릭하면 명함, 전단지, 로고, 포스터, 브로슈어, 메뉴, 뉴스레터, 인포그래픽도 무료로 사용할 수 있다.

[그림21] 캔바로 SNS 고수되기

3) 미리캔버스

인공지능 '미리캔버스(miricanvas)'를 배워보자.

[그림22] 미리캔버스로 유튜브 썸네일 만들기

4) 소셜미디어 마케팅(SNS 마케팅)에 관해 고수가 되기 위해 정기적으로 서점에 들려라

이 책은 SNS를 시작해야 하는 이유와 퍼스널 브랜딩을 어떻게 해나가야 하는지 이야기 한다.마케팅의 본질적인 부분을 다루기 때문에 SNS 매체에 상관없이 적용할 수 있는 내용이 많았다. 다양한 매체에 대해서도 언급하고 있어 SNS 마케팅을 하는 사람들에게 도움이 된다.

[그림23] 크러쉬 잇

[그림24] 크러쉬 잇의 영영사전 뜻

5) '디자인스 AI' 활용 동영상 촬영

'디자인스 AI'를 활용해 동영상 촬영해 보자. 브루(VREW)보다 동영상 만들기가 더 편리하다.

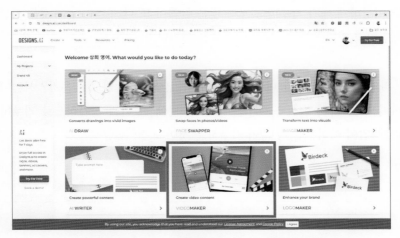

[그림25] 디자인스 AI를 활용해 동영상 촬영이 간편

6) 보너스

여기까지 읽으신 분들에게는 보너스로 한 가지 더! SNS 마케팅보다 더 효과적인 마케팅은? 자신의 분야에서 마이크로 소프트의 창업자 빌 게이츠처럼 계속 승승장구하고 롱런하고 싶다면?

무료 급식소에 꾸준하게 기부하는 것이다.

고시방에서 폐업으로, 취직이 안 돼서, 우울해서, 방구석에서 혼자 처절하게 살다가 자살을 하는 사람들, 생활고로 사각지대에 놓여 보호받지 못하고 있는 사람들은 방송에 내보내지 않지만 너무나 많다. 항상 남을 생각해서 기부하자.

나는 하는일이 어려울때마다 오히려 기부를 하고 선행을 쌓았다. 그러면 이상하게 내가 기부한 것보다 많은 금액이 또 다시 돌아오는 것을 항상 체험하고 있다. 그렇게 해서 어려움을 헤쳐나가곤 했다.

타인을 이롭게 하면 내가 이롭게 된다. 많은 돈을 벌고 싶은가? 사업이 어려운가? 나의 핵심 노하우는 돈을 한 달에 한 번씩 정기적으로 기부하라. 사업이 어려우면 더 많이 기부하는 것이 요점이다.

Epilogue

이 책을 집필하며, 인공지능이 마케팅의 미래를 어떻게 변화시키고 있는지를 깊이 탐구할 수 있었다. 마케팅 초보자부터 전문가까지 모두가 AI 기술을 활용해 더 효과적인 캠페인을 만들 수 있도록 돕고자 했다. 특히, AI를 활용한 맞춤형 콘텐츠 생성 방법은 매우 혁신적이며, 시간과 노력을 크게 절약할 수 있다. AI의 혁신적인 기법과 실습 예제를 통해 독자들이 직접 자신의 마케팅 전략에 적용하고, 큰 성과를 거두길 바란다.

마케팅은 끊임없이 변화하는 분야이다. 하지만, AI 기술을 활용하면 변화에 더욱 민첩하게 대응할 수 있다. 이 책이 여러분의 마케팅 여정에 작은 도움이 되기를 바란다. 마지막으로, 이 책을 완성하는 데 도움을 주신 모든 분들께 깊은 감사를 드린다. 앞으로도 AI와 함께하는 마케팅의 무한한 가능성을 함께 탐구해 나가길 기대한다.